농촌발전과 여성의 역할

농촌발전과 여성의 역할

조 관 일 著

KSⅰ 한국학술정보㈜

머리말

본 저작물은 필자의 박사학위논문이다. 논문을 작성하던 시기가 1998년 즈음이었으니까 세월이 꽤 흐른 셈이다. 그래서 그 논문을 단행본으로 내자는 한국학술정보(주)의 제의를 받았을 때 조금 망설였다. 최신의 저작물이 되려면 각종 통계나 내용을 최근의 것으로 보완해야 하는 것 아니냐는 생각에서다.

그러나 그 작업은 간단한 일이 아니다. 단순한 통계수치의 교체에 머무는 게 아니라 논문을 새로 써야 하는 것이기 때문이다. 그것은 엄밀히 말해 본 연구와는 다른 또 하나의 연구가 될 것이다. 따라서 '이것은 이것대로의 의미가 있다'는 결론을 내리고 출판을 결심하게 되었다.

내용을 읽어보면 아시겠지만, 본 연구는 시대적으로 우리나라의 원시시대로부터 고대사회, 고려를 중심으로 한 전기 봉건시대와 조선왕조 말기까지의 후기 봉건시대, 그리고 해방 후로부터 현재에 이르기까지를 대상으로 한 것이다. 그 긴 역사 속에서 우리나라 농촌 여성의 역할이 어떻게 변화되어 왔고 그 변화의 요인이 무엇인지를 고찰하였는데, 과문한 탓인지는 몰라도 그런 것을 다룬 학위논문으로는 처음인 것으로 자부한다.

농촌여성들의 역할은 시대와 상황에 따라 달라져왔다. 특히, 심각할 정도로 급격하게 노령화되고 부녀화 되어가는 우리농촌에 있어서 최근의 역할 변화는 어떻게 진행되고 있는지, 그리고 앞으로는 어떻게 변할 것인지 궁금하다. 그런 뜻에서 본 연구는 앞으로의 농촌여성 연구를 위한 디딤돌이 될 것이라 믿으며 출간의 의미를 발견하게 된다.

본 연구는 농가여성의 생산노동참여를 중심으로 포괄적으로 접근하였으나, 앞으로 농촌여성에 관한 연구는 생산노동은 물론이고 가사노동을 비롯한 여성의 여타 활동 상호간의 연관성도 심도 있게 다루어야 할 것이라 생각한다. 또한 젊은 세대와 고령층 간에 의식의 차이가 있을 것이고 소득이 높은 농가와 낮은 농가 사이에도 여성의 역할에 차이가 있을 것임으로, 연령층별 또는 소득 계층별로도 세분하여 농촌여성문제에 접근해야 할 것이다.

뿐만 아니라, 여성들의 역할변화를 단순한 연구의 결과로만 끝낼 것이 아니라 정부의 농업정책 및 여성정책에도 적극 반영되어야 한다. 그러한 여러 부문에서 본 연구가 좋은 참고자료가 될 수 있기를 기대해보며 그렇게 된다면 큰 보람이겠다.

출판을 기획한 한국학술정보(주)와 좋은 책을 만들기 위해 애쓰신 관계자 여러분께 깊이 감사드린다.

2006. 가을

조 관 일

목 차

표 목차

I. 서 론

1. 연구의 목적과 내용

1) 연구의 목적과 문제제기

본 연구는 한국의 자본주의가 성장하고 공업화·산업화를 통해 농촌의 구조가 바뀜에 따라 농촌여성의 역할이 어떻게 변화되어 왔으며, 그 변화를 가져온 요인은 무엇인지를 고찰하고자 한다.

지난 수 십 년간 한국에서는 비록 충분한 정도는 아니지만 여성과 관련된 연구가 다양하게 이루어져 왔다. 특히, UN이 1975년을 「세계여성의 해」로 정하자 이를 계기로 여성발전에 대한 관심이 크게 확대되었고, 그에 따라 여성연구가 활발히 전개되었다.

여성연구는 그 분야나 내용, 방법 등에 차이가 있겠으나 이들은 모두 인간의 존엄성과 남녀평등사상을 토대로 해서 지금까지의 남녀관계의 불평등성을 지적·비판하고 여성의 지위향상을 도모하는 공통점을 보이고 있다.

여성에 관한 연구 중에서 농촌여성과 관련된 연구는 주로 농촌가족의 문제와 가족 내에서 여성의 역할과 지위에 초점이 모아졌는데, 그중에서도 농촌여성들의 역할이 본격적으로 논의된 것은 1970년대에 들어와서이다.

1970년대 이전의 연구들은 주로 사회인류학적 관점에서 가족의 구성과 가족구성원 간의 관계, 가족구성원의 역할과 지위, 가족의 재생산 메커니즘 등이 주 관심사였으나, 1970년대 이후부터의 연구는 자본주의화(산업화)에 따른 농촌인구의 대량 이농과 농촌사회의 변화에 연관된 여성의 역할과 지위에 대한 연구가 주된 내용이 되었다.

농촌여성에 관한 연구가 활발해지는 것과 더불어 정부는 물론 각종 공·

사의 여성 관련 단체에서도 농촌여성을 주제로 삼아 문제를 제기하고 대안을 제시하려 노력해 왔다. 그러나 국가의 여성정책은 전체 국민경제에서 중요한 몫을 차지하는 도시산업부문에 취업한 여성을 주 대상으로 삼아 그들의 사회진출을 지원하고 성차별과 관습의 변화를 도모하는 정책을 도입하는 수준에 머물렀다. 그리하여 「여성정책」이라는 것이 정부조직 중 여성 관련 부서를 확대한다든가 공직에서의 여성채용 비율을 상향조정한다는 등 일반여성의 관심사와는 괴리된 것이었으며 농촌여성과는 더욱 그러하였다.

UR 이후, 급변하는 국제정세 속에서 각계의 농업전문가로 구성된 「농어촌발전특별위원회」가 마련한 농어촌발전특별대책(1994년)에서 농촌여성에 대한 내용이 제시되고, 「전국여성농민회 총연합」의 제안으로 여성농민에 관한 정부정책을 논의하기 위해 「여성농업인 정책자문기구」가 설치되는(1996년) 등 몇 가지 변화가 있었으나, 국민경제에서 그 비중이 크게 줄어들고 있는 농촌지역의 여성문제는 여전히 사각지대화 되고 있으며 '문제는 알고 구호는 있지만 구체적인 정책이 없는' 수준을 벗어나지 못하는 실정이라고 생각된다.

이러한 상황에서 농촌여성문제를 심각히 생각하는 일부 여성단체와 학자들은 농촌여성문제를 농업정책이나 여성정책의 우선과제로 삼아 줄 것을 촉구하고, 또한 농촌여성의 역할이 증대됨에 따라 여성의 사회적·경제적 지위[1]도 그에 상응하게 향상되어야 한다며 나름대로 농촌이 당면한 여러 문

---

1) 우리나라와 마찬가지로 청·장년층의 이농과 농업노동력의 노령화·여성화 문제를 안고 있는 일본에서는 농수산부 주도하에 1992년에 「새로운 농촌여성: 2001년을 향하여」라는 보고서를 발표하였다. 이 보고서에서 일본 농촌여성의 역할과 지위에 대하여 다음과 같이 진단하였는데 흡사 우리나라의 농촌여성에 대한 문제점을 지적한 것처럼 비슷한 상황이다.
①농촌여성이 생산자로서 매우 중요한 역할을 수행하고 있으나 정책 관련 결정과정에서 소외되어 있음. ②농촌여성이 가사와 지역사회 모두에서 중요한 역할을 수행하나, 전통적인 성역할 관념과 관습 및 사회적 지원체계의 부족으로 사회참여가 제한되어 있음. ③'경제성장'위주의 발전을 지양하고 '생활'위주의 발전을 지향할 필요성에 대한 인식이 증가되었으나 농촌지역사회에 관하여 상대적으로 이러한 노력이 부족함(한경혜, "미래의 농촌여성: 발전적 변화를 위하여", 『농촌생활과학』 동계호, 농촌진흥청 농촌영양개선 연수원,

제를 연구하여 해결책을 제시하고 있다. 그러나 우리나라에서 발표된 연구 가운데 농촌에 관한 것은 많지만 농촌여성에 관한 것은 의외로 적으며, 그 대부분이 농촌여성의 역할증대와 그에 따른 고통의 증가에 초점이 모아졌다.

또한 역할변화의 요인을 인구론적 측면에서 분석한 것이 대종을 이루었고 여성해방론적 시각에 머무는 경우도 많았다. 즉, 농촌인구의 감소, 고령화, 여성인구 비중의 증대, 농업취업인구의 성별구성비 등이 농촌여성의 역할에 어떤 변화를 주었는지에 중점을 두었으며, 농촌여성의 경제활동을 남성에 대한 종속이나 자본의 농업지배에 의한 노동력 착취로 보아 자본주의화(산업화)나 농촌개발이 농촌여성에게 노동부담의 과중을 몰고 와 2중의 고통을 준 것으로 결론짓기도 하였다. 그리하여 산업화(농촌개발) → 인구론적 요인발생(이농 등) → 농촌여성의 역할증대 → 노동부담 과중 → 농촌여성의 2중고통(가사와 생산노동참여)이라는 고정된 틀을 벗어나지 못하는 실정이다.

이와 관련하여 기존의 연구가 농촌현실에 대한 이론적 분석의 단계에 이르지 못하고, 특히 농촌의 자본주의화와 연관된 농촌여성의 역할에 대한 치밀한 분석이 많지 않으며, 이농과 상업농 확대에 따른 구조조정과정에서 농촌여성들의 생산활동상의 변화에 대한 연구가 미흡하다는 문제점이 지적되고 있다.[2]

이상과 같은 문제의식하에, 본 연구에서는 원시시대부터 오늘에 이르기까지 우리나라 농촌에서 여성의 역할이 어떻게 변화되어 왔고 그 변화의 요인은 무엇인지를 역사적으로 고찰함과 동시에, 자본주의의 발달이 농촌여성의 노동역할변화에 어떠한 영향을 미쳤는지를 조사하였다. 특히 개방과 구조개선의 시대로 표현되는 1990년대에 산업화로 인한 농촌의 변화가 농촌여성의 역할변화에 어떤 의미가 있으며, 인구론적 요인 이외에도 역할변화에 어떤 요인들이 어떻게 작용하고 있는지는 실증분석을 통해 밝혀보고자 한다.

또한 농촌여성에 관한 연구가 시작된 이후 거의 모든 연구들이 여성의 생산노동참여가 늘어났다고 결론을 내리는데, 한 인간(여성)으로서 감내할

1994, 14~15쪽).

2) 조옥라, "여성농민연구의 회고와 전망", 『여성농민연구』 창간호, 한국여성농민연구소, 1997, 31쪽.

수 있는 노동의 강도와 양에는 분명히 한계가 있을 것임에도 불구하고 그렇듯 계속하여 노동참여가 증대되고 있는지, 그리고 농촌여성에게 있어서 생산노동의 참여가 가사노동에 덧붙인 2중고의 고통뿐인 것인지, 또는 경제활동참여에 따른 보람은 없는 것인지 등도 알아보고자 한다. 그럼으로써 현재의 농업과 농촌의 여건 하에서 농촌여성이 처해있는 위상과 상황을 규명하고, 농촌여성의 지위 향상을 위해 어떤 방향으로 농업정책이 수립되고 농촌이 발전되어야 하는지를 모색해 보고자 한다.

2) 연구의 대상과 범위

본 연구는, 시대적으로는 우리나라의 원시시대로부터 고대사회, 고려를 중심으로 한 전기 봉건시대와 조선왕조 말기까지의 후기 봉건시대, 그리고 해방 후로부터 현재에 이르기까지의 농촌여성을 대상으로 다루었다.

오늘날 농촌여성은 농가이든 비농가이든 농촌[3]에 살고 있는 여성을 지칭한다. 농촌여성은 농업생산노동 참여, 농업경영 참여 등을 기준으로 하여 농가주부, 농사보조자, 농가여성, 농가부인, 여성농민, 여성농업인 등 논자에 따라 그 분류를 달리하고 그 개념에도 차이를 보이고 있어 적지 않은 혼란을 나타내고 있다.

그러나 본 연구에서는 농촌여성[4]을 지역과 가구 그리고 취업형태에 따라

---

3) 농촌의 개념이나 범위는 연구의 목적에 따라 차이가 난다. 때로는 도시의 대치개념으로 「농촌」을 사용하고 때로는 면(面) 이하의 지역을 농촌이라고 말한다. 일반적으로 공간적 차원에서 우리나라를 지역특성별로 분류할 경우 시, 군(읍, 면 포함)으로 나누고 군을 농촌으로 간주하나, 1970년대부터는 군에 포함된 읍지역이 면보다는 오히려 시와 비슷하게 되었다는 점을 고려하여 행정구역상으로는 면지역만을 농촌으로 보는 것이 더 타당하다 할 수 있다. 그러나 각종 통계자료와 기존의 연구결과를 활용해야 하는 농촌연구에 있어서 자료 활용상의 제약으로 인하여 부득이 군을 농촌으로 간주하지 않을 수 없는 게 현실이다(김남일·최순, "농촌인구의 변화와 전망", 인구변화와 한국사회의 미래에 관한 세미나 자료, 통계청·한국인구학회, 1997. 11월, 5~6쪽). 본 연구에서는 '군 이하의 농업생산지'를 농촌으로 보았다.

〈그림 1-1〉과 같이 분류하고, 농가여성은 비농업 부문에의 취업 또는 전업주부에 속하더라도 농가5)에 속하는 한 일시적 농사보조자의 역할을 하는 것이 현실이므로 미성년이 아닌 한 총체적으로 농업종사자로 보아, 미성년자를 제외한 농가여성을 연구대상으로 하였다.

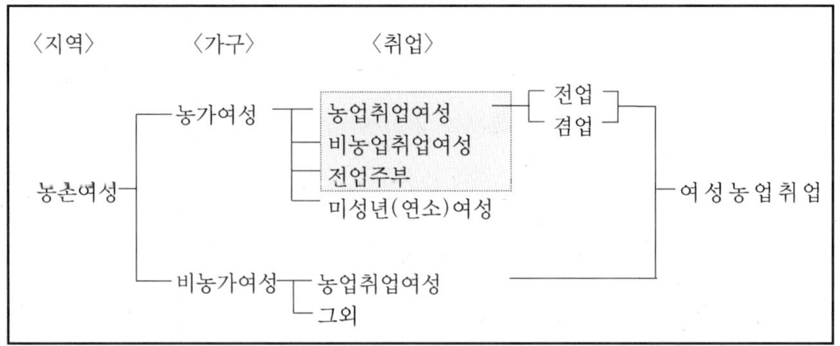

주: 김이선, "농촌여성의 당면과제와 전망", 농정연구포럼, 1997. 10의 자료에 의거 작성.

〈그림 1-1〉 농촌여성의 분류

---

4) 1980년대부터 농촌여성 연구에 있어서 「여성농민」이라는 개념이 등장하기 시작하였다. 「농촌여성」은 지역적 개념이고 포괄적 지칭인데 비하여, 「여성농민」은 농업노동을 통해 생계를 유지하는 직업인으로서의 의미가 강하기 때문에 여성농민이 더 적합하다는 주장이 점점 강하게 부각되는 듯하다. 최근에 이르러서는 한걸음 더 나아가 「여성농업인」이라는 전향적인 용어까지 등장하고 있다. 그러나 본 연구는, 농촌에 살고 있는 여성으로서 전업적이든 일시적 보조자이든 농사일을 하는 「농가여성」을 연구대상으로 삼았다.

5) 우리나라에서 「농가」라는 용어가 정확하게 언제부터 사용되었는지는 분명하지 않으나 일제시대의 농업통계에서 비롯된 용어라고 한다. 우리 농업에 있어서 농업경영단위로 널리 인지되고 있는 「농가」는 그 개념을 어떻게 규정할 것이냐에 관한 논의가 아직도 계속되고 있는 실정이다(김정호, 『농가의 정의에 관한 연구』, 한국농촌경제연구원, 1993, 2~9쪽).
통계적으로는 "생계, 영리 또는 연구를 목적으로 농업을 경영하거나 농업에 종사하는 가구"를 말하며, 법률적으로는 일정규모의 농지소유자격을 요건으로 하여 농가여부를 따진다. 본 연구에서는 농가의 개념을 포괄적으로 보아 '농촌가구(용어 그대로, 농촌에 거주하는 가구)중 농지를 소유하고 전업이든 겸업이든 직접 영농에 종사하고 있는 가구'의 의미로 사용한다.

우리나라 농촌여성의 역할[6)]에 관한 연구는 그동안 농촌여성 연구의 대종을 이루어 왔으며 전통적으로 농업생산에의 참여, 가사담당, 그리고 시민으로서의 지역사회 활동 등 세 가지로 그 역할이 규정되어 왔다. 이 세 가지 역할 중 생산적 역할은 산업화 및 도시화에 따른 농촌인구의 도시이출에 크게 영향 받은 것으로 설명되었고, 지역사회에서의 역할은 새마을운동 등 지역에서의 시민적 참여증대로 해석되었다.

그러나 근래에 이르러 농업기계화가 진전되고 삶의 질 향상과 도시근로자와의 균형 있는 생활을 위해 농촌여성의 농외소득활동이 활발해짐으로써 농촌여성의 역할은 농업생산자로서의 역할, 농가경제 담당자로서의 역할(농외소득활동 등), 가사노동 전담자로서의 역할, 그리고 지역사회에서 활동하는 주민으로서의 역할 등 그 범위가 확대되고 있다.

본 연구는 이상에서 밝힌 농촌여성의 역할 전반을 다룬 것이 아니라 농업생산자로서의 역할을 대상으로 삼아 영농참여 부분을 주로 분석하였으며, 농촌여성의 지위변화에 대하여는 고려하지 않았다. 또한 본 연구는 강원도내 2개 사례지역의 농가여성을 대상으로 조사하고 부분적으로는 지난 10년간의 변화상황을 분석하였는바, 시계열적인 비교분석을 함에 있어서 다소 어려움을 느꼈으며 이를 우리나라 농촌과 농촌여성의 평균적 상황과 역할로 일반화시키는 데는 한계를 갖는다.

---

6) 「역할」이란 사회구성원들이 행하는 실제행위의 측면으로 그 사회의 문화에 의해 규정된 규범의 일정한 틀 안에서 이루어진다. 농촌여성의 역할변화의 핵심과제는 전통적으로 남성의 영역으로 인식되어 왔던 농업생산노동에 여성의 참여가 어느 정도 늘어났느냐에 관한 것이다(농협중앙회, 『농촌부녀자의 의식과 역할』, 1984, 57쪽).

3) 연구의 내용과 방법

(1) 연구의 내용

본 연구는 모두 6장으로 구성되어 있으며 주요내용은 다음과 같다.

Ⅰ장은 서론으로서 연구의 목적과 문제제기 그리고 연구의 접근방법을 다루고 분석의 범위를 제시하였다.

Ⅱ장에서는 원시시대부터 조선시대 말 개항 이전까지를 대상으로 농촌여성의 노동의 역사를 통해 여성의 역할이 어떻게 변화되어 왔는지를 살펴봄으로써 전통적 한국농촌사회에서 여성의 역할과 그 변화요인이 무엇인지를 고찰하였다.

Ⅲ장에서는 개항 이후부터 오늘에 이르기까지 한국자본주의 전개과정에서 농업의 지위는 어떠하였으며, 그리고 자본주의화가 농촌여성의 역할에 어떤 영향을 미쳤는지를 파악하였다.

Ⅳ장에서는 본 논문의 중점연구대상이며 Ⅲ장에서 다룬 한국자본주의 전개과정 중 마지막 단계인 1980년대 후반 이후 1990년대를 중심으로 농촌의 변화와 농촌여성의 역할변화 그리고 변화요인을 고찰하였다.

Ⅴ장에서는 사례조사지역의 실증분석을 통하여 Ⅳ장에서의 연구과제를 검증하였다.

Ⅵ장에서는 연구결과를 요약, 결론짓고 연구결과를 토대로 농촌여성을 지원해줄 수 있는 방안과 농촌개발의 방향을 제시하고자 하였다.

(2) 연구의 방법

본 연구는 농촌여성문제와 관련된 국내외의 문헌을 통한 이론연구와 사례지역의 설문조사를 병행하였다. 문헌을 통하여 우리나라의 농촌여성들이 역사적으로 그 역할에 어떤 변화가 있었으며 그 변화의 요인은 무엇이었는지를 고찰하였으며, 특히 개방과 농촌구조개선이 본격화된 최근 10여 년 동안의 변화에 대하여는 기존의 연구와 본 연구의 사례조사를 비교·분석하였다.

사례조사는 1998년 10월 30일부터 12월 3일까지 35일간에 걸쳐 실시하였는데, 조사지역은 중산간지인 강원도 홍천군 내촌면 물걸2리와 근교평야지인 강원도 춘천시 신북읍 율문3리이다.

연구목적에 부합하는 사례지역을 선정하여 사전 조사하고, 전문가와의 논의를 거쳐 완성된 조사표(설문서: 93개 항목)에 의거, 훈련된 조사원들이 조사지역의 농가 전체를 대상으로 하여 농가여성을 직접 면접 조사하였다. 며느리와 시어머니가 동거하는 경우처럼 1가구에 2명 이상의 농가여성이 있을 때는 농사일을 많이 하는 농가여성을 조사대상자로 하였다. 면접 완료된 농가여성은 조사대상농가 중에서 현실적으로 면접이 가능한 총 117명(물걸리 66명, 율문리 51명)이다.

본 조사에서 수집된 자료들은 편집·부호화 과정을 거친 다음 SAS(Stra- tegic Application Software)프로그램에서 범주형 자료분석(Categorical data analysis)을 할 수 있는 FREQ절차를 사용하여 단순분석과 크로스분석을 수행하였다. 또한 조사대상농가의 농촌여성 역할변화에 대한 구체적인 요인분석을 위하여 의사결정나무분석(Decision tree)기법을 사용하였고 SAS Enter-prise Miner 프로그램을 이용하여 분석하였다.

2. 연구의 접근방법

1) 농촌여성의 역할체계

1960년대 이후 전개된 경제개발계획의 추진으로 급격한 사회변동이 일어나고 근대화, 산업화, 도시화됨으로써 농촌이 제반 구조 및 기능적 측면에서 큰 변화를 가져온 것은 주지의 사실이다. 그에 따라 그 구성원들의 삶과 가치관, 그리고 역할과 규범 등에도 많은 변화가 나타났으며 그 변화 가운데서도 여성의 역할변화가 가장 두드러진다.

농촌여성이 수행하는 다양한 역할은 일반적으로 농업노동과 같은 가치생
산역할과 육아·의식주·생활관리 같은 노동력 재생산역할로 구분된다. 이
러한 여성의 역할 구분은 시대상황에 따라 매우 다양하고 복합적으로 나타
나며 또한 사회구조나 문화양식에 따라 상이한 모습을 보인다.[7]

농촌여성이 수행하는 이러한 역할들은 그 역할 상호간에도 관계성이 깊다.
즉, 농촌여성은 가족농업경영이라는 한국농업 특유의 틀 안에서 활동하게 됨으
로 농촌가족의 생활구조로 볼 때 농촌여성은 가정 내 지위가 주부이거나 시어
머니일 것이다. 따라서 그중 어느 경우라도 가사 및 양육과 같은 재생산역할을
담당하게 되며 그러한 재생산역할이 농업생산과 같은 가치생산역할에 영향을
미치게 된다. 그런 이유로 여성의 역할체계는 남성과 다르다.

이러한 농촌여성의 역할체계는 그 구분에 있어 논자에 따라 약간의 차이를
보이나 대체로 ①농업생산역할, ②가사담당역할, ③시민으로서의 지역사회역할
로 나누어 왔으며[8], 농협중앙회는 농촌부녀자의 행위영역을 ①가사노동 및 육
아, ②농업노동, ③농외소득활동, ④조직활동, ⑤여가활동 등 5가지로 구분하여
그에 대한 역할을 조사하기도 하였다.[9]

물론, 농촌여성의 역할은 그것을 크게 보느냐 작게 세분하느냐에 따라 역할
의 수가 많아질 수도 있고 적어질 수도 있다. 그러나 본 연구에서는 ①농업생
산자로서의 역할, ②가사담당자로서의 역할, ③농외소득자로서의 역할, ④지역
사회에서의 역할 등 4가지로 구분하고 농업생산자로서의 역할을 중심으로 접
근하였다.

이와 같은 농촌여성의 역할 중 농업생산 참여는 직업상의 노동형태이며(소
득활동의 일환인 농외소득 활동도 같은 범주라 할 수 있다) 가사노동은 성별
구분에 의해 전통적으로 강요되고 있는 또 다른 형태의 이중노동이다. 생산노

---

7) 김종숙 외,『농촌여성의 의식변화와 역할에 관한 연구-충남지역 4개 마을
   을 중심으로』, 한국농촌경제연구원, 1992, 78쪽.
8) 김주숙,『한국농촌의 여성과 가족』, 한울아카데미, 1994, 218쪽.
9) 농협중앙회,『농촌부녀자의 의식과 역할』, 1984, 58쪽.

동은 농업을 직접적으로 하는 사회구성원들의 일상적인 노동형태로서 농촌여성의 생산노동도 본질적으로 같은 형태이나, 지역사회활동 참여는 선택적 사회활동으로서 직업으로서의 농업생산에의 노동투하와는 전혀 차원이 다른 자발적인 활동이라는 점에서 차이가 난다.[10]

농촌여성의 역할변화의 핵심은 전통적으로 남성의 영역으로 인식되어 왔던 농업생산노동에 여성의 참여가 늘어났다는 것이다. 이렇듯 농촌여성의 생산참여를 증대시켜 역할에 변화를 가져오게 한 원인은 여러 가지일 것이나 산업화 과정에서 대량 이농에 의해 농촌노동력 구조에 변화가 일어났다는 게 으뜸 요인이다. 농촌노동력 구조의 변화는 필연적으로 새로운 노동분업을 야기시킴으로써 그 사회구성원들의 역할·지위·의식에 변화를 초래한다. 즉, 전통적인 노동분업에 따라 농업노동은 남성의 영역으로 인식되었고 가사와 육아는 여성의 영역으로 되어 있었으나 노동력 구조가 변화함으로써 성에 따른 역할분담·노동분업에 변화를 몰고 온 것이다.

이와 같은 역할변화는 보통 그에 따른 역할수행자의 지위에 변화를 가져오고 또한 그의 영향력이 커져 권력구조까지 변화시키는 게 일반적이다. 그러나 이러한 역할변화 → 지위변화 → 영향력의 변화가 항상 동일하게 나타나는 것은 아니다.[11]

---

10) 김주숙, 전게서, 1994, 219쪽.

11) 이처럼 역할의 변화에도 불구하고 사회적인 지위의 변화가 나타나지 않는 것을 사회학에서는 「지위와 역할의 불일치」라 한다. 이러한 지위와 역할의 불일치가 나타나는 것은 기존의 권력관계의 불일치를 반영하는 현상이기도 하다. 특히 여성농업인을 비롯한 자영업 여성의 역할과 지위의 불일치는 다음과 같은 요인에 의해 더욱 문제가 된다.
①이들이 많은 생산적 노동에 참여함에도 불구하고 가족노동의 보조자로서 참여하는 경우가 많아 생산적 노동으로 대외적으로 인정받지 못함. ②이들의 생산적 노동이 제대로 평가받지 못함으로써 사회보장의 혜택으로부터 소외되기 쉽고 이혼이나 남편의 사망 시 불이익은 물론 생활에 큰 위협이 됨. ③이들의 사회적 노동이 사회적으로 드러나지 않음으로써 각종 직능집단이나 직업집단에의 가입이 봉쇄되고 이들을 대변할 수 있는 조직적 기반을 가지지 못함. ④가족의 생활과 노동이 분리되어 있지 않아서 임신, 출산과 같은 생애주기나 사망,

사회구조는 그 사회구성원들이 행하는 역할에 의해 생성·유지되는데, 역할의 이행은 사회적으로 규정된 권리와 의무를 바탕으로 행해지지만 반드시 사회의 기대와 합치되는 것은 아니다. Winch는 역할을 '역할의 수행'과 '역할의 유지'로 분류하는데 역할수행은 실제로 행하는 행동이며, 역할유지는 역할수행에 대한 타인들로부터의 기대로서 역할수행에 따른 평가기준이다. Winch의 분류는 실제로 행하는 역할이 사회의 기대와 괴리될 수 있다는 가능성을 보여준다. 예를 들어 농가여성들의 행위는 이미 재래의 성적인 분업의 기준을 넘어선 영역에까지 확대되고 있는 데 반해, 농가여성을 평가하는 기준은 전통적인 성적이 노동분업에 기초를 두고 있다는 점이다. 그럼으로써 역할과 지위, 그리고 권력의 불일치가 파생된다. 실제로 행하는 역할 수행과 사회적 기대나 평가 간의 괴리는 급격한 사회변동의 시기에 특히 잘 나타난다.[12]

2) 역할연구에 관한 입장

우리나라에서 농촌여성과 관련된 연구는 주로 농업생산에의 참여가 증가하면서 나타나는 경제활동에 관한 연구로서 여성의 역할과 지위의 문제가 중심주제로 다루어져왔다. 이러한 연구들은 접근방법에 따라 시각이 서로 다른 데, 주류 경제학적 입장, 마르크스 경제학적 입장, 여성해방론적 입장, 사회구조 기능론적 입장, 그리고 제도론적 입장 등으로 구분한다.[13]

질병과 같은 생활상의 문제점이 가족경영에 직접적인 영향을 미침.
이러한 현상은 우리나라만이 아니라 전 세계적인 것으로 농촌여성이 공통으로 안고 있는 문제로서 여성의 지위가 법으로 보장되어 있는 가장 선진적인 유럽의 농촌여성도 현실적으로 공유하고 있는 문제이다(European Commi-ssion, 1994, pp.4~6. 및 1997, pp.9~15).

12) 농협중앙회, 전게서, 1984, 57쪽.

13) 이에 대하여는 정기환의 연구보고서에 종합적으로 잘 정리되어 있으므로 여기에서는 그것을 바탕으로 요약 재정리하였다(정기환, 전게서, 1997, 10~31쪽).

주류 경제학적 입장은, 농촌여성들의 생산활동을 농가가 필요로 하는 소비활동을 충족시키기 위해 선택되는 합리적인 경제행위로 보며, 농촌여성들의 생산활동 참여 증가는 농가의 노동생산성 향상을 위해 바람직한 현상이며 농가경제의 합리화 과정이라고 본다. 따라서 농촌여성들의 경제활동이 증가하는 것은 농가의 가계소비 충족을 위해서, 그리고 보다 적극적인 입장에서 농가의 보다 개선된 삶을 위해서 바람직한 일이므로 이를 적극 권장할 필요가 있다고 인식한다. 다만 여성노동력의 노령화, 낮은 교육수준, 열악한 노동환경 등은 농촌여성의 경제활동과 복지 향상을 저해하는 요인이 되므로 이를 개선하기 위해서는 교육·훈련을 통한 인적자본의 형성과 사회복지 정책의 확충이 필요하게 된다고 주장한다.

마르크스 경제학적 입장은 농촌여성의 생산활동 증가를 자본의 농업지배와 자본가와 농업 노동자 간의 계급적 대립의 결과로 해석한다. 즉, 자본의 농업지배로 농가경제가 악화되었기 때문에 농촌여성들은 자신들의 노동을 증가시키고 노동강도를 강화해야 하는 입장에 서 있다고 보는데 농촌여성의 경제활동과 관련된 비판적 시각은 대부분 마르크스경제학적 입장에서 제기되어 왔다. 자본이 농업을 지배한 결과, 농촌경제의 악화와 농가경제의 피폐가 나타나게 되어 농민은 토지로부터 유리되어 결국 소작농으로 전락하게 된다고 주장하며, 1970년대 이후 한국 농업에서의 소작농 증가와 농가부채의 증가를 자본의 농업지배의 결과로 해석한다. 이와 같은 입장에서 볼 때, 농촌여성의 경제활동 증가는 농가경제의 악화를 만회하기 위하여 자가 노동력의 투입을 증가시키고 노동강도를 강화해 온 결과로 해석한다.

여성해방론적 입장에서 보는 여성의 생산활동증가는 자본주의의 발달이나 농촌개발 등 모든 것을 남성우위에 의한 여성의 종속이나 노동집중으로 파악한다. 가부장적 가족제도하에서 여성은 남성에 종속되어 있으며 농업생산을 위한 경제활동, 특히 농업경영을 위한 중요한 의사결정이 남성위주로 이루어지고 있어 여성은 남성의 의사에 따라 노동력을 제공하는 보조자의 위치에 남아 있다는 주장이다. 또한 농업 부문에 여성 종사자들이 증가하는 이유가 남성들은 여건이 좋은 비농업 부문으로 진출하고 그 자리를 농가의 여성들이 차지하게 된 결과로 인식한다.

농업기계화에 있어서도 여성해방론자들은 가부장적 사회 속에서 남성이 주로 담당해 온 수도작 농업, 특히 경운과 이앙, 탈곡 등 작업은 기계화가 촉진된 반면, 여성이 많이 담당해 온 밭농사 중심의 농업에서는 기계화가 이루어지지 못했다고 주장한다. 비닐하우스 농업의 증대 등 농업의 상업화도 결국은 잡다한 작업과 많은 시간을 필요로 한 작업 분야에 여성노동력이 많이 동원됨으로써 여성의 노동강도가 높아질 수밖에 없다고 주장한다.

사회구조 기능론적 입장은 가정 내에서 이루어지는 경제활동에서의 성별 분업체계는 남성과 여성 간의 신체·생리적 특성과 감성 등의 차이로 이루어지게 되는 자연스러운 현상으로 받아들인다. 즉, 여성은 자녀의 출산과 양육을 담당하고 남성은 가족의 안전과 생계유지에 필요한 노동을 담당하게 된다는 점을 강조한다. 따라서 남성은 주로 집밖에서 힘을 필요로 하는 노동 분야를 담당하게 되고 여성은 집안에서 활동하게 되므로 가사노동이 남성보다는 여성의 노동으로 분화되었다는 입장이다. 이러한 관점에서 볼 때, 남성과 여성의 노동분업과 역할분담은 수렵채취의 원시시대, 농경사회 그리고 산업화사회 등 사회구조의 변화에 따라 달라진다는 것이다.

한국사회는 농경사회에서 농업에 종사하던 많은 보조적 노동력이 산업화 과정에서 이농하게 되자 부족한 노동력을 보충하기 위하여 가사노동을 전담하던 농가여성들이 농업 생산활동에 적극 참여하게 되었다. 농가가족의 형태가 직계가족 중심에서 부부 중심의 핵가족형으로 변화하면서 농가여성은 가사노동과 농업노동, 자녀의 양육과 사회활동을 동시에 수행하는 과다한 역할과 노동을 담당하게 되었다.

이처럼 사회구조 기능론은 한국에서 농촌여성의 생산참여 증가를 산업사회화에 따른 이농과 농업 및 농촌가족의 구조적 변화에 따라서 나타나는 현상으로 본다.

　제도론적 입장은 남녀간의 역할차이나 차별은 그 사회가 지니고 있는 문화, 구성원들의 가치관 등에서 비롯되는 사회제도의 산물이라는 입장이다. 따라서 남녀간의 역할차이나 차별을 해소하기 위해서는 사회구성원의 의식이나 가치관의 변화, 그리고 남녀의 역할구분과 차별을 용인하는 사회제도의 개선이 중요하다고 주장한다.

3) 분석의 범위

　이상에서 살펴본 바와 같이 농촌여성의 경제활동과 역할에 관한 연구는 그 접근방법에 있어서 여러 시각이 있는데, 지금까지 한국농촌여성에 관한 연구들은 남성에 대한 여성의 종속, 노동착취, 자본에 의한 수탈 등 마르크스 경제학이나 여성해방론적 관점에서 접근하는 경우가 많았다.

　이러한 마르크스 경제학적 관점과 여성해방론적 입장은 주로 지배와 종속, 계급적 갈등, 착취, 그리고 여성해방과 같은 이념의 틀에서 문제를 제기하였다. 그러나 그와 같은 접근은 여성의 종속과 착취 등의 문제 제기에는 용이했지만 대안은 근본적으로 사회를 개혁하지 않으면 달성하기 어려워 현실성이 약할 수밖에 없다. 그러므로 본 연구에서는 주류 경제학적 입장과 사회구조 기능론적 및 제도론적 입장을 중심으로 하여 농촌여성의 역할변화 요인을 고찰하고자 한다.

　여성들의 역할은 여러 가지 요인에 의하여 변화하게 되는데 한국여성개발원(1990)은 현대사회에서 여성들의 사회참여 특히 경제활동에의 역할이 증가되는 요인을 ①산업구조의 변화, ②여성의식의 변화, ③가족구조의 변화 때문으로 보았으며,[14] 정기환(1997)은 여성의 경제활동변화 요인을 촉진요인과

---

14) 첫째 요인은 자본주의 진전에 따른 산업화로 산업구조가 바뀜으로써 농촌의 청·장년층의 이농 및 도시취업으로 농촌의 노동력이 부녀화되고 농촌여성들의 경제활동이 늘어나는 것이며, 둘째 요인은 여성들에게도 교육을 받을 수 있는 기회가 증가함으로써 독립적이고 자율적이며 평등적인 가치관을 습득하여 사회참여를 통한 여성의 자아실현 욕구와 여성노동력에 대한 수요가 증대

저해요인으로 나누고 촉진요인으로 ①사회구조적 요인, ②농가경제적 요인, ③심리적 요인을 꼽았고, 제약요인으로는 ①신체·생리적 차이, ②가부장적 가치관, ③노동분업체계에 의한 여성노동의 주변화, ④노동시장에서의 차별, ⑤제도적 차별로 나누었다.

그러나 경제활동의 증가나 촉진요인으로 구분되는 것, 예컨대 여성의식의 변화나 사회구조의 변화도 경우에 따라서는 경제활동을 저해하는 요인이 될 수도 있는 것이며, 저해요인이라고 하는 신체·생리적 차이 등도 경우에 따라서는 경제활동을 증대시키는 요인이 될 수도 있다. 그러므로 본 연구에서는 '증가(촉진)요인'과 '저해요인'을 통합하여 '역할변화 요인'으로 재구성하고 다음같이 틀을 정하여 접근하기로 한다(〈그림 1-2〉 참조).

(1) 사회구조적 요인

산업화로 인하여 농가에 정체되어 있던 과잉노동력이 비농업 부문으로 이동하고 농가의 농업노동력이 부부중심으로 변하게 되면 농가여성은 가사일 이외에 농업생산활동이 더욱 증대된다. 이렇듯 자본주의의 진전과 산업화의 정도가 여성의 역할을 변화시키며, 그 외에도 가부장적 가족제도, 남녀차별적 사회제도, 가족규모의 축소 등 가족구조의 변화, 국가체제의 형태 등 사회구조에 따라 농촌여성의 역할 정도가 변하게 된다.

(2) 농가경제적 요인

농가의 생활수준 등 경제적 여건여하에 따라 농촌여성의 경제활동참여 비중

되어 여성의 경제활동이 늘어나는 것이다. 셋째는 과학기술 및 의학의 발달로 인간의 평균수명이 연장된 반면, 자녀수는 줄어들었으며 또한 가사를 간소화시켜주는 각종기계의 이용으로 여성의 삶의 터전이 되어온 가족구조가 변화함으로써 여성으로 하여금 적극적으로 사회·경제활동에 참여할 수 있는 실질적인 기회가 늘어나는 것이다(한국여성개발원, 『현대사회와 여성의 역할』, 1990, 7~8쪽).

이나 역할의 정도가 달라진다. 가계비 지출이 증가하면 증가하는 가계비를 충족시키기 위해서는 가사에만 종사하던 여성들이 현금 소득원을 확보하기 위하여 농업 및 비농업 부문의 생산활동에 참가하게 될 것이고 농가경제가 윤택하게 되면 여성의 노동강도는 약화될 것이다.[15]

(3) 의식·심리적 요인

산업화와 더불어 여성의 의식과 가치관 등이 변하면서 여성의 역할이 변하게 될 것이다. 남녀평등의식의 확산, 남성이 가장이 되어 가족 내 의사결정을 주도하는 가부장적 가치관의 변화, 경제활동참여를 통한 자아실현의 기대, 도시가 잘살게 됨에 따라 동등한 소비생활 및 문화생활을 누리려는 욕구, 그리고 여성노동력에 대한 사회적 수요증대 또는 감소, 종교적 이념이나 신념 등이 여성의 역할을 변화시키는 요인으로 작용한다.

(4) 신체·생리적 요인

여성의 신체적, 생리적 요인으로 인하여 성별분업이 이루어지고 그로 인하여 경제활동 참여와 역할에 변화를 일으킨다. 예를 들어 임신과 출산, 육아 등의 생리적 재생산활동을 수행하는 동안에는 가치생산활동의 역할이 축소될 것이며, 또한 힘을 많이 필요로 하는 일은 남성이 주로 담당하게 되고, 힘보다는 섬세한 작업을 필요로 할 때는 여성이 담당하게 될 것이다.

---

15) Chayanov(1996)는 가족농은 가족의 소비에 맞추어 노동의 강도를 조절한다고 주장한다. 소농의 경우는 가계와 경영이 분리되어 있지 않으므로 가족의 생애주기에 따라 농업의 생산이 영향을 받을 수밖에 없고 가계의 소비구조에 맞추어 농업의 집약도를 결정하게 된다. 즉, 지출이 커지는 생애주기에서는 가족원의 노동강도가 커진다고 설명하고 있다.

(5) 기타 특수 요인

식민체제나 전쟁의 시기에 남자가 징발되면 자연히 여성의 역할이 변할 것이다. 또한, 가족 내 남성이 질병 또는 사망으로 유고가 되면 당연히 부인의 역할이 증대될 것이다. 지역 특유의 풍습이나 문화에 따라서도 여성으로 하여금 특정 노동을 못하게 하거나 장려함으로써 역할에 변화를 가져오게 된다. 이렇듯, 특수 여건에 따라 여성의 경제활동 참여와 역할의 정도가 달라진다.

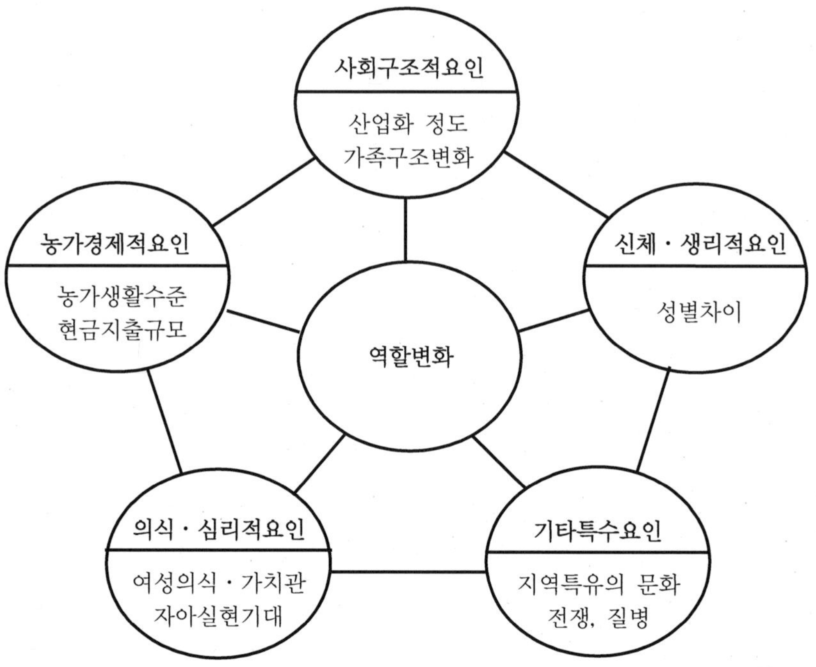

주: 필자 작성.

〈그림 1-2〉 역할변화의 요인

Ⅱ. 한국 전통사회의 여성의 역할

1. 한국 농촌여성 역할변화의 역사적 고찰

인류가 생긴 이래 여성은 지구의 모든 지역, 모든 유형의 사회에서 끊임없이 항상 노동을 해왔다. 그러면서도 여성의 노동은 정당한 평가를 받지 못했으며 심지어 가사노동의 경우, 사람들은 여성들이 노동을 한다는 사실조차 제대로 인식하지 못하고 있을 정도이다. 사회적 편견과 그에 수반된 역사적 누락 등이 여성의 노동을 격하시켜 왔으며 그래서 우리가 '노동'이라는 단어나 '일을 한다'는 말에서 떠올리는 인간상은 고정관념적으로 남성적인 것이다. 이러한 여성노동의 문제 중 가장 큰 핵심은, 여성의 노동이 사회적으로 드러나지 않는 (invisibility)것과 과소평가되거나 저평가되는 것이다.

인류의 반을 차지하는 여성―특히 우리나라처럼 전통적인 농경국가에 있어서는 여성의 노동역할이 남성에 비하여 결코 적지 않음에도 불구하고 그 평가가 제대로 이루어지지 않은 게 사실이다. 또한 여성의 역할은 시대적 상황에 따라 변화하며 그 변화의 요인도 다양할 것이나 지금까지의 역할 연구들은 주로 해방 이후에 초점을 맞추어 왔다.

본 연구는 해방 이후의 자본주의 발달에 따른 농촌여성의 역할 변화와 그 요인을 고찰하기에 앞서, 우선 원시시대로부터 근대 이전까지의 전통적 한국사회에 있어서 농촌여성의 역할 변화사를 살펴보고자 한다.

산업화 이전의 우리나라 전통사회[16]에서 농촌여성의 역할은 어떠했으며, 어떻게 변화하여왔고, 그 변화의 요인은 무엇이었을까? 그것을 고찰하는 것은 앞

---

16) 사회과학에서 '전통사회'라는 말은 주로 근대 및 현대사회와 대비하여 사용되는 가치중립적인 개념적 용어로서, 본 연구에서는 구체적으로 개항기까지의 조선과 그 이전의 사회를 통칭한다.

으로 지속될 농촌여성연구를 위해서 매우 의미 있는 것이 될 것이다. 따라서 본 장에서는 농촌여성의 농업생산역할을 중심으로 그 변천과정과 그 변화 요인을 역사적으로 고찰하고자 한다.

1) 원시사회[17]

고고학자 및 인류학자들은 인류의 초기사회에서의 생존원칙은 스스로 모든 것을 하는 것(do-it-yourself)이었다고 기록하고 있다. 특히 생존이 노동의 첫 번째 목적이었기 때문에 아이들(소녀든 소년이든)까지도 주어진 영역에서 자급하여 먹고 살도록 훈련 받았다.[18] 하물며 성인 여성의 노동은 지극히 당연한 것이다.

원시사회는 생산력 수준이 매우 낮아, 노동 도구에 대한 개별 공동체들의 집단적 소유로 인한 협동노동과 평등분배가 지배적인 생산관계였다. 오랜 군집생활을 거쳐 형성된 씨족사회 초기단계에 노동도구가 발전하면서 개별 인간들이 가지고 있는 자연적 조건인 성, 연령 등에 의해 분업이 발달하였다.

여성은 아이를 낳고 양육할 수 있는 생물학적인 조건에 의해 이동이 적고

---

17) 한국의 역사에 있어서 시대구분을 어떻게 하느냐 하는 것은 일치된 결론에 이르지 못하고 있으며 학자들은 입장과 관점에 따라 다른 견해를 보이고 있다. 일반 역사를 서술함에 있어서는 왕조의 변화에 따라 시대를 구분하기도 하고 경제사 서술에서는 다른 구분을 하기도 한다. 조기준은 우리나라의 전통사회를 원시사회, 고대사회, 중세사회로 나누었고(조기준, 『한국경제사』, 일신사, 1979, 30~36쪽), 주봉규는 원시사회, 고대사회, 봉건사회로 구분하였다(주봉규, 『한국농업경제사 연구』, 선진문화사, 1983, 9~10쪽). 여성의 역할변화를 논하는 본 연구에서는 사회경제사적 시대의 성격과 왕조의 변화 그리고 학자들의 시대구분 기준을 고려하여 원시사회(삼국성립 이전까지, A. D. 3세기 말~4세기 중엽), 고대사회(삼국성립부터 고려 이전까지), 전기 봉건사회(고려시대) 및 후기 봉건사회(조선시대, 개항 이전까지)로 구분한다.

18) 셸라 레웬학, 김주숙 옮김, 『여성노동의 역사』, 이화여자대학교 출판부, 1995, 15쪽.

비교적 안전한 채집노동에 종사하였고, 상대적으로 임신과 출산에서 자유로웠던 남성은 이동의 폭이 크고 동물을 대상으로 하는 사냥을 담당하였다.[19]

이 시기에는 인간에 의한 인간의 착취가 없는 생산 관계에 모계중심[20]의 집단혼을 이루며 살아갔으므로 남녀는 사회적 차별을 동반하지 않고 자연스럽게 형성된 성별 분업이 지배적인 사회에서 평등할 수밖에 없었다. 노동도구가 발달하지 못해서 사냥기술은 매우 낮았고, 남자들이 노동을 통해 얻는 생산물은 매우 불확실하며 부정기적이었다. 반면에 여성들이 주로 담당했던 채집노동 분야에서의 결실물은 상대적으로 안정적이고 확실한 것이었다. 이것은 공동체 성원들이 여성이 주로 담당한 채집노동을 통해 생계를 유지했다는 것을 의미한다. 이에 대해 고프(Kathleen Gough)는 수렵 채취사회에서 식량의 60~80%를 제공하는 채집활동을 여성이 담당했으므로 초기 인류사회에서는 여성이 남성보다 더 중요한 역할을 했을 것이라고 하였다.[21]

원시시대에 있어서 여성노동의 중요성은 그것을 연구한 많은 사람들에 의해 일반적으로 인식되고 있다.

오랜 채집경험을 통해 원시농경이 발달하자 인간의 정착생활이 시작되었고 채집활동의 연장선상에서 농사를 주도한 여성의 지위는 높아졌다.[22] 원시 사회에서 여성은 농경과 관련된 여러 제사의식에서 제사장 역할을 맡았으며, 공동체의 조화와 질서를 유지하는 우두머리 역할을 담당하기도 하였다.

그 당시 사람들에게는 먹을거리를 찾아내는 작업과 기술 등이 발달하지 못했으므로 식량공급을 보장받기에 충분치 못했다. 그렇기 때문에 신들에게 의례적인 기원을 하는 것이 필수적이었다. 원시시대 여성은 이러한 의식(儀式)의 중요한 관리인이었다. 때로는 여성들은 그런 책임을 남성과 공유했고, 때로는

---

19) 한국여성연구회, 『여성학 강의』, 동녘, 1994, 14쪽.
20) '모계'와 '모권'을 혼동해서는 안 된다. 모계는 어머니를 통해 혈통이 계승되는 것을 말하며, 모권은 어머니가 자식에 대한 권리를 행사하고 모든 실질적 권한과 주도권을 어머니가 갖는 것이다. 따라서 모계사회에서도 혈통만 어머니를 통해 계승될 뿐 실제 주도권은 남성이 장악하는 경우가 많다.
21) 한국여성연구회, 전게서, 1994, 15쪽.
22) 정현백, "새로 쓰는 여성의 역사", 『여성』 2호, 창작과 비평사, 1989, 276쪽.

여성들이 물의 공급과 땅의 풍요를 기원하는 제천의식의 집행자로서 사회의 존경을 받는 대상이기도 하였다. 그 시대 여성에게 있어서는 이러한 제사의식도 하나의 생산노동의 일환인 셈이다.

원시시대에 여성의 지위가 어떠했는지는 오늘날까지 내려오는 고대유산의 풍속을 통해서도 대개 알 수가 있다. 아프리카 수단에서는 남자가 막대기로 땅에 구멍을 파며 앞에서 걷고, 여자는 뒤따르며 씨를 뿌리는데, 이것은 대지의 혼이 여신이므로 작물을 싹틔우려면 여신의 혼을 가지고 있는 여성이 씨를 심어야 한다는 원시사람들의 의식을 보여주는 것이라고 한다.

유럽인들은 이러한 노동분업을 자신들 사회의 성적지위의 관점에서 남성의 우월성과 여성의 열등성을 보여주는 것으로 보았으나 고대의 종교와 사회를 연구한 사람들은 이것을 여성이 식량공급자로서 우월했던 시기로부터의 유습이라고 인식한다.

원시시대에 여성이 노동에 있어서 남성과 거의 동등한 수준의 역할을 수행함으로써 일차적인 경제적 책임을 가질 수 있었던 또 하나의 이유는 성별 간의 신체적 차이가 현대의 산업화된 사회에서만큼 두드러지지 않았기 때문이었다. 남성과 여성의 신체적 유사성은 석기시대인의 세계적인 특성으로서 그 당시에는 남성도 매우 발달된 유선(乳腺)을 가지고 있어서 이따금씩 아이에게 젖을 먹일 수 있었다고 한다.[23] 이처럼 원시사회에 있어서는, 노동에 있어서 여성이 보호받을 수 있는 처지가 아니었다. 오히려 여성이 식량공급자로서의 역할이 우월한 만큼 여성의 노동역할이 막중했다 할 것이다.

우리나라의 원시사회도 예외는 아니다. 한반도의 주인공인 우리들 한민족 - 우리의 조상이 어느 시대, 어디로부터 이곳에 옮겨왔는지에 대하여는 정설이 없는 실정이다. 다만, 잘 알려진 단군신화는 우리의 뿌리가 이렇게 탄생되었음을 전하고 있다.

『이때 범 한 마리와 곰 한 마리가 같은 굴속에 살고 있었다. 그들은 항상 신웅(神雄) 즉, 환웅(桓雄)에게 빌어 사람이 되기를 원했다. 그래서 신웅은

---

23) 셀라 레웬학, 전게서, 1995, 65~75쪽.

신령스러운 쑥 한 줌과 마늘 스무 개를 주면서 말하기를 "너희들이 이것을 먹고 백일 동안 일광을 보지 않으면 곧 사람이 될 것이다"고 하였다.

곰과 범이 이것을 받아서 먹고, 삼칠일(21일) 동안 기(忌)하니 곰은 여자의 몸으로 변했으나(웅녀:熊女), 범은 능히 기하지 못하여 사람이 되지 못하였다. 그런데 웅녀는 혼인해서 같이 살 사람이 없으므로 날마다 단수(檀樹) 밑에서 아기 갖기를 축원했다. 그리하여 천신인 환웅이 잠시 사람으로 변하여 그와 혼인했더니 이내 잉태하여 아들을 낳았다. 그 아기의 이름을 단군왕검(檀君王儉)이라 한다.』

이처럼, 태초에 이 땅에는 여자가 먼저 나타났다고 했는데 이는 상징하는 바가 크다. 어느 민족에 있어서나 원시사회가 모계사회였음은 널리 인정된 사실이다. 그러나 개국신화에 이와 같이 분명하게 드러내는 경우는 흔하지 않으며, 고구려 개국신화에도 모신(母神)은 부신(父神)의 우위에 놓이고 있다.[24] 이것은 아담(남자)의 갈비뼈 하나로 이브(여자)를 만든 기독교의 창세기 신화와 매우 대조적인 것이다.

그러나 지금까지의 연구에 의하면 한반도에 인류가 살기 시작한 것은 신석기시대부터라 한다.[25] 그 연대는 기원전 2천~3천 년경으로 추정된다. 중국대륙에서는 구석기시대의 유적과 유물이 도처에서 발견되고 있는데 그것들이 우리나라에서 발견되는 유적, 유물과 관련성이 깊은 점으로 미루어 보아 우리 민족은 중국대륙에서 구석기 시대를 거친 다음 신석기시대의 초기에 우리의 조상이라고 할 원조선족(原朝鮮族)이 오랜 세월에 걸쳐 한반도에 흘러들어 왔을 것이다.

중국대륙을 버리고 신천지를 찾아 온 우리 선주민들은 그 이동의 시기와 이동방향을 달리하면서, 혹은 두만강을 넘어 동해안을 끼고 남으로 내려왔을 것이고, 혹은 압록강을 건너 서해안을 따라 서남부로 내려왔을 것이다.

---

24) 김종택, 『조선의 여인』, 문화출판사, 1984, 8~9쪽.
25) 이러한 견해에 대하여 학자들 간에 이견이 있다. 최근에 와서 한반도에서도 구석기시대의 것으로 보이는 유물이 발견됨에 따라 한반도에 사람이 살기 시작한 것은 구석기시대부터라는 주장이 정설로 굳어지고 있다.

그들은 해안이나 평야의 살기 좋은 곳을 골라 정착하기 시작하였고 새로운 환경에 알맞은 생활방식을 찾아내었다. 그들은 강의 유역이나 해안 또는 섬에서는 어로를 하고 산야에서는 수렵과 목축을 하며 또한 간단한 농사를 영위하였을 것이다. 이것이 곧 한반도에 있어서의 농업의 효시이다.[26]

당시의 분묘나 집터에서 발굴되는 유물을 보면 석기시대 우리 조상의 생활을 추측할 수 있는데, 예를 들면 석도(石刀) 중에서 반월형 석도는 곡식을 수확할 때 사용한 것이고 마석(磨石)은 탈곡조제 할 때 사용한 것이다. 따라서 이 시대에 이미 농경이 이루어졌음을 알 수 있는데, 처음에는 잡곡 위주의 밭농사를 지었으며 벼농사의 흔적은 청동기 시대의 유적에서 발견된다.

단군신화에서도 볼 수 있듯이 우리 민족은 금속문화가 유입될 때까지 모계사회였다. 원시사회의 지배적인 결혼형태는 난혼 내지는 집단혼이었으므로 부(父)의 확인이 분명하지 못하여 자녀들의 혈통은 자연히 모(母)를 중심으로 계승되었고 그에 따라 개인의 생존을 위한 기본적인 소유물과 노동도구는 모계를 통해 상속되고 모(母)가 공동체의 주도권을 갖게 되었다.

이 단계에서 우리 민족은 석기, 토기, 골각기 등의 노동도구를 가지고 수렵, 어로, 채집 및 유치한 수준의 원시농경을 통하여 비교적 평화로운 공동체 생활을 영위하였다. 수렵은 주로 남자의 노동이었고 어로, 채집 및 원시농경은 부녀자와 아동의 노동에 의존하였다. 이와 같은 노동의 원시적 분화를 자연분업이라고 한다.[27]

노동도구는 모두 공동체의 공유에 속하였고, 노동과 소비 역시 공동으로 평등하게 행하여졌으며 거기에는 계급이나 착취의 현상도 없었다.[28] 생산활동과 소비활동은 공동집단체를 기본단위로 평등하게 영위되어졌다. 도시와 농촌의 구별이 있을 수 없으며 남녀차별 없이 여성도 노동에 종사하였고, 오늘날과 같은 생산노동·가사노동 등과 같이 노동의 엄격한 구분도 존재하지 않

---

26) 주봉규, 『한국농업경제사연구』, 선진문화사, 1983, 15~16쪽.
27) 최호진, 『한국경제사』, 박영사, 1980, 18쪽.
28) 주봉규, 전게서, 1983, 17쪽.

았다.

그러나 이러한 원시사회는 기원전 후기부터 서서히 그 모습을 바꾸기 시작하였다. 원시사회의 말기에 이르러 붕괴과정의 결정적 역할을 한 것은 중국으로부터의 금속문화 유입이다. 기원전 3세기경에 이르러 본격적으로 금속문화가 들어오자 우리조상들은 금속제 '보습'과 '쟁기'를 이용하게 되었고 종래의 원시농경보다 훨씬 발달된 형태의 농업경작을 하게 되었다.

이때부터 원시인들은 안전한 농업을 주된 생업으로 하게 되었다. 농경이 본격적으로 발전하면서 개간이나 밭갈이에 엄청난 노동력과 강한 근력이 요구되어 강력한 남성의 노동이 필요하게 되었으며, 농사는 여성의 섬세힘민으로 해낼 수 없게 되었다. 아울러 목축이 발달함으로써 남성들은 사냥을 위해 더 이상 산야를 헤맬 필요가 없게 되었고, 사냥으로부터 벗어난 남성들은 생산활동의 새로운 주역이 되었다. 그리하여 여성들은 자연히 보조자로 밀려나서 주로 집안일이나 육아를 담당하게 되었다. 남성의 역할이 농경에 절대적 기여를 하게 되었으며 사회적 지위가 변화하는 중요한 계기가 되었다.

농경과 목축에서의 생산이 남성들에 의해 주도적으로 이루어지자 여성들은 경제적 역할의 중요성과 사회적 독립성을 빠른 속도로 상실해 갔으며 점차 사회적·경제적으로 남성에게 의존되고 심리적으로 예속되어 갔다. 결국, 여성들은 원시공동체사회에서 누렸던 평등하고 상대적으로 존경받던 위치를 상실하고 부권제적인 부계사회가 확립되게 된다.

2) 고대사회

기원 전후에 서서히 붕괴되기 시작한 원시사회는 종족통합을 본격화하면서 한반도에 고구려, 백제, 신라 등이 각각 집권적(集權的) 지배체제를 갖춤으로써 고대사회가 성립되었다. 고대 3국이 성립된 시기는 삼국사기에 A. D. 1세기를 전후한 시기라고 기록되어 있으나 그것이 국가적 체계를 갖추고 주권을 확립한 것은 A. D. 4세기 경부터라고 한다.[29]

삼국시대의 사회체제는 국가의 지배체제가 공동체를 토대로 하는 집단적 체제이었고 또한 토지의 지배관계도 공동체적 집단소유의 기초 위에 형성된 토지국유제를 내용으로 하는 것이었다. 따라서 농민에 대한 국가의 지배양식도 개개의 농민을 대상으로 한 것이 아니라 그들의 결합체인 공동체를 상대로 하는 집단적 수탈관계에 있었다. 즉, 농민수탈의 구체적 수단인 조세를 국민에게 직접 부담시키는 게 아니라 공동체를 단위로 하여 부과하고 그 공동체로 하여금 개개의 농민으로부터 징수하여 납부토록 하는 집단적 형태였다. 이 시대의 기본산업은 물론 농업이었으며, 농업으로서 입국(立國)의 대본(大本)을 삼고 국가경제의 기초를 확립하였다.

삼국사기에 의하면 신라의 시조 혁거세 17년(서기 41년)에 '왕은 6부를 돌아보며 농잠을 독려하였다'는 기록과, 일성왕 11년(서기 144년)에 '여러 고을에 제방을 수축하고 전야를 넓혔다'는 기록에서 농경지의 개발과 관개를 위한 수리사업이 전개되었다는 사실을 입증하고 있다.

낙동강 연안에 있는 진흥왕 순수비에 '해주백전답'(海州白田畓)이라는 글귀가 있는데 이를 통해서 당시에 벌써 畓이라는 문자를 사용하였을 만큼 벼농사가 강조되었음을 알 수 있다. 특히 벼농사에 관하여서는 중국의 역사서인 수서(隋書)에 '신라는 땅이 비옥하여 수륙겸종(水陸兼種)을 한다'는 기록이 있다. 이는 기후가 적합하고 토지가 평탄, 비옥하여 일찍이 농업이 발달하였던 백제와 마찬가지로 2모작의 윤작을 하고 있었음을 입증하는 것이 된다.[30]

지세가 비교적 험하고 토지가 비옥하지 못하여 농사에 적절하지는 못했지만 고구려 역시 농업이 주된 산업이었다. 고구려 초기인 유리왕 때에 이미 5곡을 재배하고 동물로 쟁기를 끄는 정도의 농사가 이루어졌다.

고국천왕 15년(서기 194년)의 기록에 의하면 관청에 명하여 빈곤한 사람들을 구호하고, 또 매년 3월부터 7월까지 관곡을 대여하여 주었다가 10월에 이르러 이를 회수한 이른바 환곡법이 있었을 정도로 농업은 생업의 중요한 방편이

---

29) 최호진, 전게서, 1980, 35쪽.
30) 주봉규, 전게서, 1983, 25~26쪽.

었다.

삼국시대에는 주로 밭농사를 지었으나 점차 논농사가 지배적인 농업의 형태로 바뀌었다. 삼국시대 농민들은 국가의 적극적인 독려와 권장으로 보다 생산력이 높은 벼농사에 동원되었는데 논풀이 작업이나 관개치수사업 등은 농민 개인이나 한 가족의 힘만 가지고는 하기가 어려운 것이었기 때문에 한 부락이나 한 지역의 많은 농민들이 집단적으로 협력하면서 공동노동의 형태로 수행되었다. 이러한 대규모 노동력 동원을 통하여 고대국가의 전제주의적 성격이 성립되고 왕과 귀족의 세력은 점점 강해진 반면에 농민의 지위는 상대적으로 약화되어 갔다.[31]

이 시대 우리 조상들 대부분은 직접 농사에 종사하는 농민들이었다. 그들의 사회는 이미 고조선의 팔조금법에도 나타나듯이 사유재산제도가 확립된 계급사회였으며, 노예도 광범위하게 존재하고 있는 신분사회였다. 당시의 농민들은 촌락공동체에 의하여 구속을 당하며 지배층에게 공납을 바치면서 농사에 종사하였다.

이렇듯 토지국유제의 원칙하에 지배계층은 농민과 토지를 집단적으로 지배함으로써 그들의 생활은 공납관계의 발전형태인 조세에 의하여 보장되고 있었으며, 지배적 생산노동은 일반적 피지배계층인 농민이 담당하였다.

삼국시대에는 노예[32]가 부분적으로 경작노동에 종사하는 경우도 있기는 하

---

31) 강동진, 『한국농업의 역사』, 한길사, 38～39쪽.

32) 일반적으로 노예라함은 독립적인 자기경영부분이나 가계를 갖지 못하고 단순한 노동공급자로 존재하면서 그 자체가 일반재화와 마찬가지로 거래의 대상이 되는 존재이다. 이런 의미의 노예는 이미 고조선 때에도 광범위하게 존재하였으나 노예제도가 확립될 정도는 아니었다. 삼국시대에 들어와 노예제도가 크게 발전하였는데 잦은 전쟁으로 인하여 노예의 증가가 더욱 촉진되었다. 노예에는 전쟁으로 인한 포로노예와 채무노예 그리고 형벌노예 등이 있었는데 이는 삼국시대의 일반농민의 생활이 어려웠다는 것과 계급분화가 크게 진행되었음을 암시한다. 노예 중에는 서양의 고대사회에서처럼 몸을 팔고 사는 완전한 노예도 있었으나 대개는 유력한 귀족의 가내노예로 혹사당하거나 귀족들의 소유지에서 농업에 사역되기도 하였다. 그러나 논농사의 경우, 농사짓는 사람의 성실함과 섬세한 주의력이 중요하였으므로 책임감이 없는 노예들은 잡역이나 가내노예로

였으나, 기본적으로 자기의 땅을 자기의 가족노동으로 경작하는 농민이 가장 많았다. 노예노동은 농업생산 전체의 측면에서 본다면 극히 미미한 것으로 노예노동은 직접적 농경노동에 충족되었다기보다는 일반적으로 가내노동이나 특수한 건축기예노동에 충족되었다.[33]

당시의 농업경영 방식은 자기의 땅을 자기의 가족노동으로 경작하는 농민이 가장 많았지만, 오늘날처럼 완전히 독자적인 힘과 채산을 가지고 경영하는 것이 아니고 마을을 단위로 하는 공동체에 의하여 구속을 받았다. 즉, 농민의 농노적 성격과 더불어 공동체적 토지지배에 기초한 집단적 지배체제하에서 규제되어 있는 농노적 농업경영양식 성격의 것이었다. 이러한 가운데 지배와 피지배관계가 형성되고 일반농민은 그의 경작관계에 있어서 가혹한 수탈의 대상이 되어 있었다.

그러나 농민들이 아무리 가중적인 수탈대상이 되어 있었다고 하더라도 농민은 어디까지나 자영농민이었던 것이고, 조세의 형태로 부담을 담당한 것이었으므로 농업생산양식은 노예적 농업경영 양식이 아닌 농노적 농업경영 양식의 성격을 지니는 것이었다.

삼국시대 농민의 지위는 농노적이었을 만큼 대단히 낮은 것이었다. 군(郡)·현(縣)의 하부에 있던 향(鄕)이나 부곡(部曲)에 살고 있었다는 것을 봐도 그 신분이 매우 미천하였음을 알 수 있다.

또한 농민의 생활은 힘겹고 어려운 처지였는데 춘궁기에 나라에서 곡식을 빌려주었다가 수확기에 돌려주는 진대법(賑貸法)이 있었다든가, 높은 이식을 물어야 하는 고리대가 삼국에 널리 성행하였다는 것이 그를 뒷받침한다.

원시시대에는 여성이 가정과 사회에서 상당히 높은 지위를 차지하고 있었다. 그것은 여성이 농경에서 중요한 역할을 수행하고 있었던 것에 기초한다. 그러나 삼국시대에 이르러서는 농경이 발달하면서 남성이 주요 생산활동을 독점하고 성에 따른 분업은 왜곡되기 시작하였다.

사용되고 논농사는 신분이 자유로운 농민이 했던 것으로 추정된다(강동진, 전게서, 1982, 29~40쪽).

33) 주봉규, 전게서, 1983, 29~30쪽.

여성은 농업생산의 주역으로부터 배제되기 시작하였고 부족사회가 발전하면서 전 씨족원은 씨족사회의 생산협력자로부터 개별가족 또는 가족군으로 분화 내지는 계층적 질서를 형성해갔다. 그 과정에서 서서히 가부장권이 확립되어 여성의 예속을 보게 되었다.

농사의 발달은 종전에는 생각할 수 없었던 여러 가지 문제를 불러왔다. 개인이 먹고 사는데 필요한 양을 넘는 잉여생산물이 생겨났다. 이를 바탕으로 사적인 소유가 발생하였고 빈부격차를 바탕으로 불평등한 계급사회가 성립되었다. 이제 씨족공동체 대신 가부장 가족이 생산과 소유의 새로운 주체로 등장하였다. 가부장 가족은 한명의 가부장 아래 여러 세대가 결합된 가족형테이다. 가부장은 생산수단과 생산물의 소유자일 뿐 아니라 가족 전체에 대한 지배자이기도 하였다. 이로써 여성은 남성의 부족한 노동력을 메워주는 부속물로 전락하였다. 질투한 여자를 죽여서 시체를 산에 내다버렸다는 부여의 습속은 여성의 역사적 패배를 보여주는 단면이다.[34]

삼국시대를 거쳐 통일신라시대로 갈수록 여성의 지위가 현저하게 저하되었던 이유의 하나는 사상적인 것으로서 중국으로부터 들어온 불교 역시 여성을 모든 악의 인격화로 보게 만들고 여성열등의 사상에 더욱 새로운 사상적 근거를 가해 3종(어려서는 부모를, 시집가서는 남편을, 늙어서는 자식을 따른다)의 교리와 여성격리(남녀칠세부동석)사상을 발전시킨 것이다.[35] 그러나 이 시대의 여성의 지위는 한 가지 기준으로 말할 수 없는 복잡한 양상을 보인다.

고구려나 백제와는 달리 신라에는 27대 선덕여왕, 28대 진덕여왕, 51대 진성여왕 등 세 명의 여왕이 존재할 만큼 여성의 사회활동을 용인하는 분위기였다. 또한 삼국시대의 사회기풍을 엿볼 수 있는 것으로 신라의 세속오계(世俗五戒)[36]가 있는데, 이는 조선시대에 유교가 강조한 오륜(五倫)과 비슷한 것이

---

34) 한국역사연구회, 『삼국시대 사람들은 어떻게 살았을까』, 청년사, 1998, 314~315쪽.

35) 김동희 옮김, 『세계여성사』, 백산서당, 1986, 101~102쪽.

36) 세속오계는 신라 진평왕 때 원광법사(圓光法師)가 지은 것으로 삼국시대 사회기풍의 척도가 된다. 내용은 임금에게 충성하라는 事君以忠, 효도를 강

다. 그런데 세속오계에는 오륜과 달리 부부유별(夫婦有別)이 없는 게 특이한데 이로 보아 남녀차별이 구조화되어 있던 조선 후기와는 달리 여성의 지위가 상당히 높았음을 알 수 있다.[37]

기본적으로 성차별의 가치나 규범이 있기는 하였으나 조선시대에 비해서는 남녀관계에 있어서도 상당한 자유와 평등이 주어졌던 것 같다. 예를 들어, 고구려의 서옥제(婿屋制), 즉 남녀가 결혼을 하면 남자는 여자의 집에 따로 지은 서옥에서 살며 아이를 낳아 장성할 때까지 오랜 기간을 처가에서 살았다든가, 신라 화랑의 기원이 되는 원화(源花)가 여자였다는 사실 등이 그를 말해준다.

또한 이 시대에는 국가형태가 제대로 갖추어져 신분에 따라 복식과 의관이 다를 만큼 신분사회였으므로 어떤 신분이냐에 따라 여성의 사회적 지위나 역할, 생산노동에 대한 참여의 정도가 달라졌다. 삼국[38] 중 특히 신라에서는 골품제라는 신분제도를 통해 신분간의 차별을 법으로 엄격히 정해놓고 사회생활과 주거생활에 규제를 하였다.

귀족의 처는 생산노동으로 이용되는 경우가 드물었지만 귀족에 있어서도 가사는 아내의 일이었기 때문에 그런 의미에서는 귀족의 아내도 중요한 노동력이었던 것은 의심할 바 없다.

당시의 여성노동을 생생히 보여주는 것이 있는데 1949년 황해도 안악군(安岳郡)에서 발견된 고분 벽화이다. 거기에는 여자가 디딜방아를 찧는 모습이 보이며 키질과 두레박질을 하고 부엌에서 세 여인이 불을 때고 식기를 닦는 모습

조한 事親以孝, 친구 간의 신의를 가르친 交友以信, 전쟁에서 물러서지 말라는 臨戰無退, 살생을 가려하라는 殺生有擇인데, 유교에서 강조한 오륜(五倫: 父子有親, 君臣有義, 夫婦有別, 長幼有序, 朋友有信)과 비교된다.

37) 한국역사연구회, 전게서, 1998, 128쪽.

38) 삼국시대 말인 7세기 중반경 삼국의 총인구는 고구려 150~300만, 백제와 신라가 각각 100만 명으로 총 350~500만 명 정도로 추정된다. 이들은 각국의 수도를 중심으로 각지의 지방도시와 성주변에 밀집해 모여 살았다. 이는 당시의 농업기술 수준과도 밀접히 관련되는데 이때는 아직 농업기술이 미숙해서 농경지가 널리 개간되지 못하였으므로 농민들이 넓은 지역에 산재해서 살기가 어려웠기 때문이다(한국역사연구회, 전게서, 1998, 215쪽).

이 그려져 있다고 한다. 또한 위지(魏志)에는 한반도의 마한에서는 누에, 양잠, 길쌈이 활발하다는 기록도 있는데 이러한 생산노동과 가사는 여성의 몫이었다.

삼국시대에 여성들이 농업노동에 참여하였음은 신라 흥덕왕 때 손순이라는 사람의 처가 남편과 같이 용작(고용농업노동)을 하여 시어머니를 봉양하였다는 기록으로도 알 수 있다.[39]

특히 하층계급에서는 귀족계층보다 여성의 노동이 중요한 역할을 했으므로 당연히 여성의 지위도 상대적으로 컸던 것이 사실이다. 그렇지만 원시시대와 비교한다면 전반적으로 여성의 사회적 무권리상태가 수세기에 걸쳐서 계속되어 왔다고 할 수 있다.

3) 전기 봉건사회

통일신라 이후 고려왕조가 세워졌으나 왕조의 성격은 기본적으로 신라와 다를 바가 없었고 사회상도 그 틀에서 크게 벗어나지 않았다. 역사의 진전과 더불어 왕조의 기틀이 잡히고, 토지제도의 변화 등 사회제도의 틀이 전시대에 비하여 보다 더 다듬어지기는 했으나 전형적인 농업국가, 농업사회인 것은 그 이전의 시대와 비교하여 하나도 다를 게 없다. 고려 태조는 새로운 정권의 안정을 기하고 신라 말부터 궁핍해진 농민들을 회유하기 위해 세금을 감해주고 권농정책을 펼쳤다.

솔선수범하여 농사장려에 힘썼으며 성종 2년(서기 983년)에는 몸소 상전(桑田)에 나가 경작을 시범하고 신농(神農)에게 제사를 지내 농사를 장려하기도 하였다.[40] 고려의 전성기에는 중농정책을 더욱 강화하여 농업생산력이 크게 증대되었으며, 정부는 농사철에 농사를 방해하는 일을 일체 중지시켜 농민들이 오직 농사에만 전념하도록 하였다.

---

39) 이배용 외, 『우리나라 여성들은 어떻게 살았을까』 1, 청년사, 1999, 127~128쪽.
40) 주봉규, 전게서, 1983, 48쪽.

그러나 고려 초기에 지배층은 국가로부터 토지를 받았으나 농민은 토지를 소유하지 못했다. 단지 땅을 경작하여 그 소출을 국가와 토지의 수조권(收租權)을 가진 자에게 바치는 의무만 있었다. 이 당시 고려의 농민은 자유가 있는 농민과 자유가 없는 노예농민으로 신분의 차이는 있었으나 다같이 토지에 구속되어 있는 농노에 불과하였다. 태조의 숭농정책으로 새 왕조가 들어선 직후 잠시 동안은 토지제도의 개혁과 세제의 정비로 농민의 생활이 신라시대에 비해 좀 나아지는 듯 했으나 얼마 못가 무거운 봉건적 부담이 되살아났다.

농민의 부담은 전세(田稅)와 공물(貢物)납부만이 아니었다. 특히 고려는 몽고, 거란 등 수많은 외침을 당한 수난의 역사를 이어왔으므로 농민들은 세납의 부담뿐만 아니라 요역(瑤役) 또는 부역(賦役)이라는 무상 강제노동과 병역의무 때문에 큰 고생을 하였다. 병역의무는 중세유럽의 농민에게도 없던 부담이었다. 중세유럽에서는 봉건영주가 거의 독립적인 국가형태를 하고 있었으므로 먼 거리에 끌려가 나라 일에 부역하는 일이 없이 자기 영내에서만 노력동원을 하였고, 병농분리(兵農分離)의 사회여서 병역은 기사가 하고 농사는 농민이 수행하였다. 그러나 고려의 부역과 병역은 농민에게 부과되었고 그것도 농가에서 가장 생산성이 높은 장정을 대상으로 하였기 때문에 농가로서는 큰 고역이었다.

빈번한 국역부담은 자연스럽게 농가의 여성들에게 영향을 미칠 수밖에 없었다. 가장이 오랫동안 집을 비우는 경우 농가여성이 농사일 등 노동에 참여하는 것은 자연스러운 것이었다.

농촌여성들은 결혼을 하여 가정을 꾸리면 출산, 육아, 농업노동, 가사노동, 직조노동 등 여러 가지 일에 시달렸다. 농업노동은 가족노동에 의존하는 경우가 대부분인데 논농사는 주로 남자들이 하는 것으로 생각하지만 여성도 많이 참여하였다. 특히 모를 심는 농번기에는 여성인력뿐 아니라 어린아이의 손을 빌릴 만큼 바빴다. 밭농사는 파종에서 수확에 이르기까지 여성의 노동력이 절대적으로 필요하였으며 밭일은 논농사에 비해 일정은 짧지만 김매기가 많이 요구되었고 이는 주로 여성이 담당하였다.[41]

---

41) 이배용 외, 전게서, 1999, 127쪽.

고려는 엄격한 신분제도의 사회였다. 일찍이 태조 왕건은 「훈요10조」에서 "노비와 같은 천류들은 그 종자가 따로 있는 것이니 절대 양인이 되지 못하게 하라"고 할 정도이다. 양인과 천인으로 2대분(大分)된 신분 중에서 양인이나 천인 중 일부가 농민이었다. 특히 고려시대에는 농민의 대표적 존재로서 「백정」이 있었는데 고려백정은 조선시대의 그것과 다른 것이다. 조선백정은 소나 개 등 짐승을 잡던 천민이었으나 고려백정은 조상 대대로 물려받은 토지에서 하루하루를 열심히 농사짓던 농민이었다.

그렇다고 하여 모든 농민이 백정은 아니었다. 상전의 농토를 경작하며 살던 노예농민도 많았다. 기록에 의하면 고려 중기에 전국의 호적에 올라있는 인구가 210만 정도였다고 한다. 그렇지만 이는 공식적인 숫자이고 실제인구는 250만내지 300만 정도로 추정된다.[42]

고려의 후기로 가면 귀족·관료들이 사사로운 권력을 이용하여 장원(莊園)을 형성하고 이를 확대하였는데 장원의 확대는 농민층의 분해를 촉진하였다. 즉, 그 땅에서 경작하던 농민이 장원으로 흡수됨으로써 자유민인 양민에서 장원에 예속된 천민으로 신분이 떨어졌다. 따라서 농가여성들의 생활은 더욱 비참하였을 것이다. 그들은 봉건사회의 피지배계급 내지는 천민인 농민의 아내나 딸들이었기 때문이다

특이한 것은 고려시대에 여성의 지위가 공식적으로는 남성과 거의 대등하였다는 점이다. 고려시대는 '양측(兩側)적 친속사회'로서 친족의 범위가 조선시대에 부계만을 강조하였던 것과 달리 모계도 역시 거의 같은 비중으로 중시하던 사회이다. 양측적 친속사회였던 만큼 친속 내에서 외가나 처가의 영향력이 컸으며 친족 내에서도 여성의 지위가 높았다.[43]

여성의 지위는 호적에 잘 드러나는데 고려시대 호적을 보면 남편이 죽었을 때 비록 장성한 아들이 있더라도 어머니가 호주가 될 수 있었으며, 또한 호적에 기록된 형제자매의 서열순서도 무조건 아들을 우선순위로 기록하던 조선시대와 달리 출생순, 연령순이었다. 즉, 누이와 남동생이 있는 경우 호적의 기록

---

42) 한국역사연구회, 『고려시대 사람들은 어떻게 살았을까』, 청년사, 1997, 205쪽.
43) 한국역사연구회, 전게서, 1997, 262쪽.

은 누이와 남동생의 순서로 이루어졌으며, 묘지명 등의 기록에 자녀수를 올릴 때도 '몇 남 몇 녀'의 식이 아니라 '몇 녀 몇 남'이라고 기록하였다.

　재산상속에 있어서도 자녀 간에 평등하였다. 부모의 특별한 유언이 없는 한 여성에게도 균등한 상속이 이루어졌고 반면에 그에 따른 의무도 동일해서 부모공양이나 제사도 아들과 딸이 돌아가며 하는 경우가 많았다. 상제례 비용도 아들과 딸이 균등하게 부담하였다. '출가외인'이라는 말은 조선시대에 나온 것이다. 남녀가 결혼을 할 때, 처갓집에서 결혼식을 올리고 결혼을 한 후에도 일정기간 사위가 처가살이를 하고 자신의 손자까지 처가에서 보는 경우가 있을 정도였으니 여자의 입김이 셀 수밖에 없었을 것이다.

　남녀차별이 있기는 했으나 여성에 대한 통제가 미약하여 여성들은 비교적 자유롭게 행동하였다. 자유분방하게 어느 곳에나 드나들었고 사찰 등에 가서 외박하기가 일쑤였다. 내외법도 없었고 사대부의 처들이 권문세가의 집안에 출입하는 것도 예사였다. 송나라 사신이 쓴 고려 견문기 「고려도경」에 의하면, 이 시대 여성들은 남녀구별 없이 냇물에서 남자들과 뒤섞여 멱도 감았으며, 쉽사리 이혼하기도 하고, 또한 남편이 죽은 뒤에 수절하는 경우도 거의 없을 정도였다고 한다.[44]

　따라서 고려시대에는 이혼과 재혼이 비교적 자유로워 이혼율도 상당한 수준에 이르렀다. 「고려도경」에 '고려인들은 쉽게 결혼하고 쉽게 헤어져 그 예법을 알지 못하니 가소롭다'고 기록되어 있을 정도로 조선시대에 여성의 재혼이 금지되고 수절을 강요당한 것과는 매우 다른 양상이었다.

　이처럼 여성의 지위가 상당한 수준을 유지하고 처신이 비교적 자유로웠다는 것은 역으로 여성의 경제활동 참여와 부담이 컸다는 것을 의미하는 것이기도 하다.

　자세한 기록이 없어 정확하진 않으나 고려시대에 여성의 지위가 비교적 높았다 하더라도 지배계급의 피지배계급(농민)에 대한 수탈, 전반적으로 궁핍한 경제와 살림, 계속 된 전쟁, 낮은 신분 등 당시의 시대상과 지위를 감안하면

---

44) 하현강, "한국여성상의 형성", 『한국여성의 전통상』, 김열규 외, 민음사, 1985, 16~17쪽.

농가여성의 대부분은 허술한 집에 살며 어려운 가정경제의 주역으로서 생산노동과 가사노동에 시달리며 막중한 노동역할을 수행하였을 것이 쉽게 짐작된다.

4) 후기 봉건사회

왕조가 새로 등장하면 대개 그러하듯이 조선왕조도 이성계가 집권하자 장원의 몰수와 토지재분배를 목표로 전제개혁(田制改革)을 하는 등 농민과 불만세력을 회유하려 하였다. 그러나 조선조 전체를 통틀어 볼 때 어떤 왕이 집권하였느냐에 따라 약간의 차이는 있었지만 농민의 생활과 지위는 고려 때에 비하여 나아진 게 없었다.

율곡(栗谷)과 이이(李珥)가 농촌의 황폐와 농민의 참담한 생활을 보다 못해 농업정책의 개혁을 촉구하는 상소를 임금에게 올렸다든가, 세종에 버금갈 만큼 정치를 잘한 영조 때에 굶주린 농민들이 사람의 시체를 먹었다는 기록이 있는 것은 농민의 처지가 어떠했는지를 말해준다.

더구나 임진왜란, 정묘·병자호란 등 계속된 전쟁과 학정(虐政)의 최대 피해자는 농민이었으며 그러하기에 조선시대에는 농민의 봉기가 계속 이어질 만큼 농민의 생활이 어려웠다. 이러한 전반적인 농촌의 실상과 농민의 처지를 이해하는 바탕 위에서 여성의 역할과 지위를 살펴봐야 한다.

조선시대에 있어서 여성의 역할과 지위를 고찰함에 있어서는 무엇보다도 유교적 사회윤리가 어떻게 확립되었는가를 고려하여야 한다. 그만큼 유교는 그 전시대와 구별짓는 중요한 기준이 된다. 따라서 조선조 농촌여성들의 생활과 노동실태를 살펴보려면, 이를 통시대적으로 고찰할 것이 아니라 유교적인 사회윤리가 널리 일반화되기 전인 조선 전기와 유교윤리가 본격적으로 영향을 미친 조선 후기로 나누어 보아야 한다.

조선 초기에는 위정자들이 높은 차원의 유교적인 가치관을 일반화시키고자 애썼음에도 불구하고 여성들에게 엄격한 규범과 절제를 요구하는 유교적 사회윤리가 아직 정립되지 못했다. 따라서 여성들의 삶은 비교적 자유로웠고 그에 따르는 권리와 지위를 어느 정도 누릴 수 있었다. 고려시대와 마찬가지로 여성이 재산분배를 받을 수 있었고 제사상속을 받기도 하였다. 아들이 없어도 대를 잇기 위해 양자를 세우지 않고 딸에게 재산과 제사를 물려주는 것이 관행이었다. 여성도 남성과 마찬가지로 재혼이 가능하였고 혼인은 고려 때와 마찬가지로 여가(女家)중심의 혼인형태였다.

혼인 후에도 남자가 여자의 집에 머물러 생활하는 이러한 혼인거주형태는 남녀간의 권력관계에 상당한 영향을 미쳤다. 여자가 가계를 계승할 수 있는 것도 여가혼과 밀접한 관계가 있다고 봐야한다. 이러한 혼인제도를 남자중심인 친영(親迎)45)으로 바꾸려고 당시 조정에서는 무척 애를 썼던 것으로 역사는 기록하고 있다. 심지어 세종 17년(1435년) 왕실에서 최초로 친영(親迎)의 모범을 보이며 혼인제도의 변화를 모색하였으나 친영제도가 조선사회에 완전히 뿌리내린 것은 조선 후기에 이르러서다. 친영이란 강한 남성이 약한 아내를 친히 맞이한다는 뜻으로 가부장권 안으로의 여성편입을 의미한다.

여가중심의 혼인제도 아래서 여성의 권한과 지위는 강하게 나타날 수밖에 없었다. 조선 초기 정도전은 당시의 여성들이 여가중심의 혼인제도에 힘입어 남편에게 교만한 자세를 보이고 있다고 비난할 정도였다.46)

조선 초기에 위정자들은 여성의 사찰출입을 금지하였다. 또한 전통적으로 고을마다 남녀가 한데 어울려 제를 지내고 노래와 춤을 즐긴 사신행위(祀神行爲) 및 남녀군취의 유흥을 못하게 했으며, 「내외법(內外法)」47)의 시행을 통해

---

45) 친영제도는 조선조 초기부터 유학자들이 유교 고전에 근거하여 자연법칙 또는 천도(天道)에 따르는 결혼제도하고 주장하면서 제시된 것이다. 그 이전까지는 남귀여가(男歸女家), 즉 결혼을 하면 남자가 여자의 집으로 들어가서 자식이 성장할 때까지 그곳에 살면서 생활하는 풍습이다. 그러나 친영은 유학자들이 주장한 것처럼 자연법칙에 순응하는 제도가 아니라 조선왕조의 건국명분을 유학사상에서 찾아 이를 통치이념화하는 과정에서 나온 결혼풍습이다. 남귀여가냐 친영이냐 하는 결혼제도가 남녀의 지위에 적지 않은 영향을 미쳤음은 물론이다.

46) 한국고문서학회, 『조선시대 생활사』, 역사비평사, 1997, 106쪽.

여성의 바깥출입을 억제하였는데, 이는 역으로 당시 여성들의 자유와 지위가 상당한 수준이었음을 암시하는 게 된다.

그러나 그렇다고 해서 조선 초기가 남녀평등의 사회라고 단정해서는 안 된다. 조선 전기 역시 근본적으로는 엄격한 신분사회였으며 부계혈통의 가부장적 사회였으므로 여성의 지위는 남성에 비교할 바가 못 되었다.

여성의 지위가 강했든 아니든, 조선시대 여성들도 무엇인가 노동을 하면서 살았을 것이라는 것은 틀림없는 일이다. 여성의 역할과 지위를 적시한 구체적인 자료는 빈약하나 전해져 내려오는 농서와 그림, 그리고 민담 등을 통해 유추해 보면 가사와 육아와 같은 재생산노동은 물론, 직조와 농업 등의 일차적인 생산노동에도 여성의 참여가 적지 않았음을 능히 짐작할 수 있다.

과연 조선시대 여성들은 어떤 일을 어느 정도 했고 남성노동과 비교해 볼 때 그것이 어느 정도의 비중이었으며, 또 사회적인 의미는 어떤 것이었을까?

조선시대 직조는 단순히 길쌈으로 옷을 지어 입는다는 자급자족의 의미만이 아니라 국가의 세금으로 납부되거나 또는 화폐 역할을 하는 직물을 만드는 일로서 중요했다. 국가에서는 언제나 농업을 장려했는데, 이때 반드시 '권농상(勸農桑)'이라 하여 직조업이 함께 강조되고 있음을 볼 수 있다. 즉 삼베나 무명은 쌀과 마찬가지로 국가의 중요한 재원이었고 또한 화폐로서의 기능도 있었다. 그런데 이러한 직물은 여성의 손을 거치지 않고 생산될 수 없는 것이며 그 생산과정은 쉬운 것이 아니었다. 그런 만큼 직조는 여성들의 생산노동 중 가장 대표적인 것으로서 국가적인 기여에서도 여성만의 고유한 영

---

47) 내외법이란 남녀간의 자유로운 접촉을 금하는 행동규제법인데, 실제에 있어서는 일방적으로 여성에 대한 행동과 생활을 규제하는 것이 주내용이다. 즉, 여성은 임의로 문밖출입을 할 수 없고 가까운 친척 이외의 사람과 접촉해서도 안 된다는 것 등이다. '내외(內外)'라는 말은 '안팎', '부부', '남녀'로 성(性)을 구분하는 경우와, 친족으로서 '부계·모계' 또는 가옥의 구조로 '내사·외사(內舍·外舍)', 나아가 관제상 '내·외(서울과 지방)'를 구분하는 기준이다(이배용 외, 전게서, 1999, 98쪽). 당시 지배층이 내외의 규범을 들어 여성의 생활을 이렇게 철저히 폐쇄적으로 한 이유는 유교적 의미에서의 정절을 여성이 지켜야할 최우선의 덕목으로 간주했기 때문이다.

역이라고 할 수 있을 것이다.[48]

조선 초기의 농업경영 형태는 대체로 소농경영이었는데, 소농적 농업경영에서는 여성의 농사 참여가 높을 수밖에 없었다. 따라서 여성들은 집안일과 직조노동의 주종사자였을 뿐 아니라 농사일에 있어서도 상당한 역할을 하였다. 농사일이 바쁜 영농기가 되면 오히려 집안일이나 길쌈이 뒤로 밀릴 수밖에 없는 형편이었다. 이렇듯 여성의 농사일은 사소한 것이 아니었다.[49]

조선 초기의 농서들을 통하여 농사일에 있어서의 남녀역할을 추정해 보면 벼농사에서 여성은 씨 준비, 씨 뿌리기, 김매기 등 여러 일을 수행한 것으로 보이며, 벼농사보다 밭농사에 참여율이 더욱 높았던 것으로 추정된다. 더욱이 조선 초기는 벼농사의 경우도 한전이 많아서 밭농사와 같은 형식으로 농사를 지었기 때문에 여성의 벼농사 참여율은 더욱 높았을 것이다.

조선 중기에 들어서면서 양반층을 중심으로 보급되던 주자학적 이데올로기가 그간의 한글창제 등 집요한 교화사업 끝에 일반서민에게까지 뿌리를 내리고 유교윤리가 전 사회적으로 확산되어 유교적 명분사회를 이루게 됨에 따라 남존여비·출가외인 사상이 강고해져 여성의 지위는 점점 낮아지게 되었다.[50] 14세기에 본격적으로 도입된 주자학은 조선왕조의 사회성격에 큰 영향을 미쳤고 17세기를 전후한 시기부터 우리의 의식과 사회관습에 많은 변화를 가져오게 된다. 오늘날 일반적으로 인식되고 있는 우리의 전통적인 여성상은 조선 중기 이후에 확립된 것이다.

남녀차별, 장자·차자의 구별이 생긴 것도 대략 이 시기부터이며 조선 후기로 갈수록 부계혈통의 원리가 절대화되어 딸에게 상속이 전혀 주어지지 않고 외손들은 완전히 배제되었다. 부계혈통의 조직화와 남녀유별의 관습을 통해 남성 지배적인 체제를 구축하였다. 따라서 조선 초기에 비교적

---

48) 한국고문서학회, 전게서, 1997, 122~123쪽.

49) 조선시대 실학 간에 약 10~15두락이라고 설명하고 있는데, 이로 미루어보아 당시 농촌여성의 노동력은 남성과 같게 평가되었음을 알 수 있다(이배용 외, 전게서, 1999, 128쪽).

50) 한국역사연구회, 『조선시대 사람들은 어떻게 살았을까』, 청년사, 1997, 30쪽.

자유로운 지위를 누리던 여성들의 처지는 조선 후기로 가면서 절대적 부계
혈통의 원리에 짓눌려 공적인 영역에서 철저히 배제되고 사적으로도 '삼종
지도(三從之道)'와 '부덕(婦德)'이 강조되는 내조에 머물게 되었다.

　일상생활에서도 이러한 구분은 분명하였다. 내외법(內外法)이라는 이름으로
행해졌던 이 남녀구별의 규범은 남녀간의 예의 혹은 역할분담을 강조하고, 구
별을 명목으로 내세워 여성의 영역을 가정에만 국한시킴으로써 그 활동영역을
축소하려는 의도가 표출되어 있다고 하겠다.[51]

　집의 구조 자체가 안채와 사랑채로 분리되고 중문이 있어 특별한 경우를 제
외하고는 중문을 넘어가지 못했다. 따라서 남자는 안이 일을 말하지 않고 여자
는 밖의 일을 말하지 않는 것이 당연했고, 부부간에 옷홰나 시렁도 구분하여
섞이지 않게 하였다. 여자는 문밖출입도 자유롭지 못해 촛불을 켜고 밤에만 다
녀야 했으며, 외출할 때는 반드시 얼굴을 가리게 하였다. 길을 걸을 때도 남자
는 오른쪽, 여자는 왼쪽으로 다녔다. 그러나 이러한 남녀의 서로 다른 교육 및
내외법은 양반층의 이야기일 뿐이다. 서민의 경우에는 특별히 교육이랄 것도
없었고 내외법도 지켜지지 않았다. 남자들과 같이 논밭에서 일을 해야 하는 처
지에 내외란 가당치도 않은 일이었다.[52]

　반면에 남성들은 양반의 후예임을 자처하며 공적 세계에서 활약할 꿈을 키
우며 노동을 천시하고 일반적 경제활동에는 관심이 없는 선비를 이상형으로
삼았다. 유교윤리에 입각한 이러한 남녀의 구별은 공적 영역을 제외한 분야에
서 오히려 여성의 활동과 노동의 강도를 높이는 데 기여하게 된다.

　생계유지에서부터 봉제사, 접빈객을 위한 철저한 준비, 그리고 아들을 훌륭
한 공인으로 길러내는 것까지 이 모두 여성의 일이었으며 여성은 이런 활
동을 통하여 공식적·비공식적 인정을 받아왔던 것이다.[53]

　그러나 양반 지배층의 가문에서는 이러한 유교적 규범체계가 비교적 엄

---

51) 이배용, "유교적 전통과 변형속의 가족윤리와 여성의 지위", 『여성학논집』,
　　　제12집, 이화여대 한국여성연구원, 1995, 16쪽.
52) 한국역사연구회, 전게서, 1997, 27쪽.
53) 조혜정, 『한국의 여성과 남성』, 문학과 지성사, 1988, 81쪽.

격하게 지켜졌으나 상민·천민 중에서는 편의에 따라 그 규범을 지키기도 하고 때로는 일탈하는 자유로운 행위유형을 드러냈다.54)

이로 미루어 당시의 사회는 여성이 공적 영역에 들어가는 것이 절대적으로 금지되었지만 경제적 영역에서는 활동이 크게 장려되었음을 알게 된다. 엄격한 신분제 사회에서 양반층 여성들은 남편 벼슬의 높낮이에 따라 일정한 사회적 지위를 누리며 노동으로부터 벗어날 수 있었으나 노비가 없는 많은 수의 보통의 양반과 양민층에서는 여성이 노동을 담당할 수밖에 없었고 생계 담당자로서 여성의 사회적 중요성은 크게 인정을 받았을 것이다.

특히 평민의 여성들은 생산에 있어서 대단히 중요한 위치를 점하였다. 유통경제의 중심이 되는 곡물과 포(布)는 평민에 의해 생산되는 것이었는데 그 가운데 포는 오직 여성의 손으로 생산되었다. 국역(國役)의 포납화(布納化)과정에서 포의 수요가 더욱 늘어남으로써 농가의 부녀들은 밤낮으로 베틀과 씨름하여야 하였다. 농민들의 국역부담은 매우 과중하여 농민층의 가장은 아내와 가족들의 협조 없이는 이를 감당할 수 없었다. 특히, 국역을 위하여 가장이 오랫동안 집을 비울 경우 가정경리는 오직 아내의 손에 의지할 수밖에 없었으므로, 농민층의 시어머니는 노동력으로써 며느리를 학대하리만큼 혹사시키지 않을 수 없었다. 당연히 농민층 부녀자들은 인고의 지위를 벗어날 수 없었다.55)

---

54) 1890년대에 조선을 장기 여행하며 당시의 생활상을 그림 과 글로 남긴 영국인 새비지 랜도어(Arnold H. Savage Landor)는 그의 저서 「고요한 아침의 나라 조선」(1895)에서 당시 조선 여성의 생활상을 구체적으로 묘사하고 있다. 그것을 보면 조선 후기의 유교적 규범과 여성들의 지위, 그리고 양반과 하층민의 여성들이 어떻게 활동했을는지를 짐작하게 해준다. 즉, 중동의 회교권 여성에 결코 뒤지지 않는 은둔성과 남편의 방종한 생활이 여인의 마음을 아프게 하고 있다고 지적하고, 특히 상류층에 올라갈수록 사대부의 아내들은 정신질환으로 고생하고 있는 사람이 많으며, 이런 점에서 그들은 하층민보다 결코 행복하지 않았다고 한다. 차라리 하층민의 여성들은 거리를 활보하고 악다구니를 하며 인간적인 삶을 살고 있은 반면에 양반 댁의 마님은 소실에 대한 질투를 안으로 삭이며 그 엄정한 법도 아래서 참고 살며 마음의 병이 깊어졌다는 것이 랜도어의 관찰이었다(조선일보사, 『주간조선』, 1999. 6.3일자, 73쪽).

생산에 참여함으로써 얻는 심리적인 만족과 불분명하나마 주어진 사회적 인 정은 분명히 여성들의 적극적인 참여를 촉진하는 요소로 작용하였음에 틀림없 다. 양반가문임을 자랑하는 할머니들을 인터뷰해보면 가난한 선비에게 시집갈 각오로 단단히 마음의 준비를 하며 자랐고 결혼 후에는 배고픈 빛을 감추고 기운 옷을 입고 '버선발이 부르트도록' 일만 하고 살았다는 이야기를 들을 수 있다. 극소수의 여성들을 제외하고 여성의 존재 가치는 노동의 면에서 강조되 었고, 이런 점에서 중국의 문물을 적극적으로 모방해 온 조선조 사회가 중국의 '전족'과 같은 관습을 적극 수입하지 않은 하나의 이유를 짐작해볼 수 있다.[56]

연구자들 중에는, 조선 후기로 가면서 전차 농업기술이 발달히고 경영형대가 변화함에 따라 여성들의 농업노동의 비중이 조선 초기에 비하여 축소되었다고 한다. 농업노동의 일의 절대량은 크게 달라지지 않았지만 농업구조가 밭농사로 부터 남성노동이 많이 투입되는 논농사 중심으로 바뀜으로써 밭농사 중심인 여성의 농업노동은 그 의미가 축소되었다는 것이다. 그러나 밭농사 중심의 산 간지와 논농사 위주의 평야지 간에 여성의 농업노동에 큰 차이가 있었을 것이 며 설령 농업기술이 발달하여 손쉬운 노동으로 바뀌고, 밭농사 위주에서 논농 사 중심으로 바뀌었을지라도 궁핍한 농가경제와 어려운 농민의 처지를 고려하 면 남는 시간을 여가로 보낼 수 있는 여건은 아니었다. 따라서 농가의 여성들 은 어떤 형태로든 생산노동에 투입되었을 것이다.

더욱이 조선조는 엄격한 계층제가 준수된 국가로서 양반, 중인, 평민, 천인으 로 계층이 분화되어 있어 계층적 신분에 따라 하는 일이 달랐다. 양반은 상층 지배계급이었고 생산노동은 대부분 평민과 천인의 몫이었다.

그런데 1660년대에 양반 20%, 평민 40~60%였던 조선의 인적계층구성이 조선 후기인 18~19세기에 이르면서 양반이 80% 이상을 차지할 만큼 엄청 나게 많아졌다. 이는 평민 중 상당수가 납속(納贖), 족보위조, 모칭(冒稱) 등 을 통해 양반으로 편입되었기 때문이다.[57] 이른바 '가짜 양반'이 양산된 것

---

55) 한국정신문화연구원, 『한국민족문화 대백과사전』 15권, 웅진출판주식회사, 1994, 131쪽.

56) 한국고문서학회, 전게서, 1997, 82~83쪽.

이다. 그러나 '가짜 양반'이더라도 양반은 유교적 관행을 지켜 노는 한이 있
어도 생산활동을 꺼려할 만큼 노동을 천시했던 풍토였으므로 양반입네 하는
남성들이 농사일에 조선 초기보다 더 적극적으로 참여했다고 보기는 어렵다.
그러기에 반대로, 농가에서의 여성노동은 조선 전기보다 결코 덜 했다고 볼
수는 없는 것이다.

2. 전통적 농촌사회의 여성역할 변화요인

앞에서 한국의 전통적 농촌사회에서 여성의 역할이 어떻게 변화되어 왔는지
를 시대별로 개괄하여 살펴보았다. 여기에서 알 수 있듯이 최근의 농촌여성연
구가 농촌인구의 도시이출과 농업노동의 부녀화에 초점을 맞추고 인구론적 접
근을 하는 데 비하여, 역사에 나타난 전통적인 여성의 노동역할은 인구의 증감
이나 이동이 큰 변인이 되지 못한다.

물론, 동서고금이나 남녀를 불문하고 노동역할의 주요한 변인은 경제적인 것
이다. 노동을 통해 의식주를 해결하고 보다 나은 생활을 영위하고자 하는 것은
인간 생존의 바탕이기 때문이다. 그러나 이러한 경제적 변인을 제외하고 노동
역할의 주요인을 찾는다면, 태고의 원시시대에는 개별인간들이 지니고 있는 자

---

57) 조선시대의 인구는 세종 7년(1461) 8도의 호수는 70만 호, 인구수는 400만
명, 세조 12년과 예종 원년, 성종 5년의 호수는 100만 호로 기록되어 있다.
그리고 중종 14년(1519)에는 호수가 75만 4,146호, 인구수가 374만 5,669명
이었다. 따라서 조선전기의 경우는 대략 호수는 100~ 150만 호, 인구수는
400~600만 명으로 추산된다.
이러한 전체 인구 가운데서 평민의 비중이 약 40~60%를 차지한다고 가정
해 보면, 평민은 최저 160~240만 명에서 최고 240~360만 명 정도로 추정
해볼 수 있다. 조선 후기의 경우에는 신분기준의 모호함으로 인해 신분 간
에 많은 편차를 보이고 있으나, 후기로 갈수록 전반적으로 양반의 수가 늘
어나고, 양인 및 천인이 급격히 줄어드는 추세에 있었다(한국고문서학회,
전게서, 1997, 283~284쪽).

연적 조건인 성이나 연령 등에 의한 분업이 역할구분의 주요기준이 된다.

여성은 아이를 낳고 양육하는 생물학적 조건 때문에 이동이 적고 안전한 채집노동의 역할을 담당하였으며 생존자체를 위해 남녀구별 없이 생산노동을 해야만 하였다. 이렇듯 원시사회에 있어서의 여성의 역할은 생리적·자연법적 조건에 크게 좌우되었다.

그러나 원시사회를 벗어나 국가의 형태가 갖춰진 삼국시대 이후로 들어오면 여성의 역할은 다른 요인에 의해 변화를 맞게 된다. 삼국 및 통일신라시대, 고려시대, 조선시대로 이어지는 전통적 한국농촌사회에 있어서 여성의 역할과 지위를 변화시키는 요인은 여러 가지가 있겠으나[58] 사회구조적 배경(요인)으로서 신분과 가정권력구조, 그리고 종교·사상을 꼽을 수 있으며(그림 〈2-1〉 참조), 이를 조선사회를 중심으로 더욱 구체화 하면 신분, 가부장제 그리고 유교적 가치관이다.

---

58) 여성의 역할을 규정짓는 가장 기본적인 요인은 역시 경제적 요인이다. 그 것은 사느냐 죽느냐의 생존과 관련된 것이기 때문이다. 그러나 여기에서는 경제적 요인 이외에 여성의 역할에 영향을 미친 전통사회의 사회적 변화요인에 대하여 고찰한다.

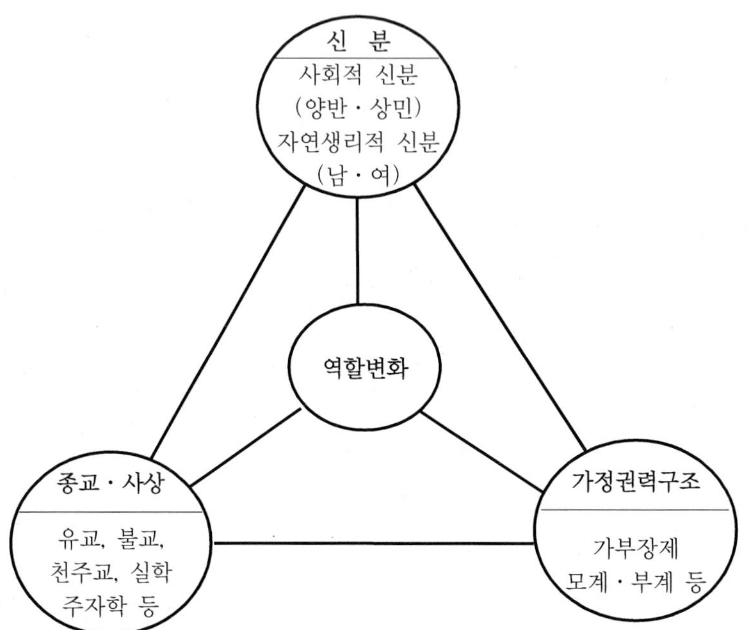

주: 문헌조사에 의거 필자 작

〈그림 2-1〉 한국전통사회의 여성역할 변화요인

1) 신 분

어느 사회를 막론하고 사회적 불평등체계로서 사회계층이 있게 마련인데 그 것은 사회에 따라 다양하지만 대개 세 가지 유형으로 나누어진다.

고대사회에 있어서는 카스트(caste)가 지배적인 유형이고(신라의 골품제가 대표적이다), 중세사회에서는 신분이, 그리고 현대사회에서는 계급이 각각 그 지배적인 유형이라 할 수 있다.[59] 그러나 본 연구에서는 전통사회에 있어서의 계층을 '신분'으로 통일하여 고찰한다.

원시나 고대사회의 신분은 대개 귀족, 평민(양인), 천민(노비 포함)으로 구

---

59) 김채윤, "사회계층", 『한국의 사회』, 한국문화시리즈6, 시사영어사, 1982, 51쪽.

분되었고 이는 봉건사회 전기인 고려시대까지도 마찬가지였다. 특히 고려는 문무(文武)양반이 귀족 또는 상류지배층의 자리를 차지했고 고려 후기에 이르러서는 문무차별에 따른 갈등이 고려사회의 동요를 가져오는 중요한 요인이 되었다. 귀족은 지배관료로서 토지를 분배받고 양인, 노비로 하여금 그것을 경작하게 하였다. 어느 시대이든 인구의 대부분을 차지한 신분은 평민(또는 양인)이었고 이들은 대부분 농경에 종사하는 실질적인 생산계층이다.

조선왕조의 위계질서는 고려시대부터 내려오던 전통적인 사회기반과 유교적 이념에 입각한 것이다. 그러나 종전시대의 신분질서의 원리가 크게 바뀐 것은 아니다. 조선조의 신분은 법제적 측면에서는 상인(良人)과 친인(賤人)으로 규정되었지만 사회신분의 측면에서는 양반, 중인, 평민, 천인 등 네 신분으로 구분되었다(16세기경 분화되었음).

이들 신분 각각의 사회적 지위는 엄밀한 수직적 위계를 이루고 있었으며 그것은 양반사대부들이 각 신분에 특화된 사회적 직업을 배당·강요하여 신분간의 삶의 형식을 차별화함으로써 구체화되었던 것이다. 통치와 도덕적 지도의 기능은 자신들에게만 부여하였고, 생산과 유통 등 삶의 재생산에 대한 의무는 하위의 신분에 강요하였던 것이다.[60]

상층지배계급이었던 양반은 그 위세가 대단하였으며 과거에 응시하여 관료로 진출할 수 있었고 정책입안에 관계하였다. 양반은 기술 분야나 육체노동에 종사하지 않았고 그것을 경멸하였다.

중인은 대체로 고려 말, 조선 초에서부터 양반에서 도태되거나 양인 중에서 신분이 상승한 사람들로서 조선 중엽에 이르러 하나의 계층으로 형성된 중간 신분층인데 양반에는 미치지 못하나 평민보다는 우위에 있던 일련의 하층 지배계급이다.

평민은 양인, 상민, 서인(庶人), 또는 백성(百姓) 등으로 불리며 약간의 차이는 있으나 통상 천민이나 양반이 아닌 일반 백성으로서 주로 농·공·상에 종사하는 사람들이다. 평민의 대부분은 농민이었고 농민은 사유지를

---

60) 최우영, "조선사회 지배구조와 유교이데올로기", 『한국사회구조의 전통과 변화』, 한국사회연구회, 1994, 90쪽.

경작하는 자작농이 있었으나 거의 대부분은 소작농이었다. 이러한 농민에게는 각종 무거운 역(役)의 부담이 주어졌고 생활이 어려웠으므로 노동으로부터 헤어날 수가 없었다.

천민의 주 구성원은 노비이다. 천민의 생활은 비참하였으나 양반의 농장(農莊)에서 일하는 사노비 중에는 농장관리자로서 농민과 거의 다름없는 자유와 지위와 생활을 향유하는 경우도 있었다. 그러나 조선시대의 봉건적 신분제도는 경제적 계급제도가 아니었으므로 양반 중에도 심한 경우에는 머슴으로 있는 사람도 있었고 반면에 천인 중에서도 노비를 소유한 경우도 적지 않았다. 이러한 봉건적 신분제도는 1894년 갑오경장 때 무너졌다.

신분에 따른 차별은 조선시대에 들어와 더욱 제도화되고 엄격하게 되었는데, 그것은 유교적 명분이 뒷받침된 때문이었다. 유교적 명분에 의하면 사람은 각기 그 위치를 인식하고 따름으로써(正名) 우주의 질서와 균형이 유지될 수가 있으며, 개인은 타고난 현부(賢否)에 따라 상하와 존비와 귀천, 즉 신분이 결정되고 할 일이 정해짐으로 이를 천 명(天命)으로 순순히 받아들여야 한다는 것이다.61)

근대까지도 우리의 의식구조와 일상의 인간관계에 그 잔재가 남아있던 전통적 농촌사회의 신분차별은 대개가 반상차별(班常差別)이었다. 그 반상관계 하나만 보더라도 신분이 개인의 역할을 어떻게 규정하고 제한했는지를 알 수 있다. 양반은 노동으로부터 벗어나 있었고 일상생활에서 상민들과 차별적인 삶을 영위하였는데, 한 가지 예로 상민들이 즐기는 농악을 양반은 구경도 하지 않았다. 앉는 자리도 엄격히 구분해서 윗목과 아랫목을 가렸으며 인사를 하는데도 상민이 비록 나이가 많아도 젊은 양반에게 먼저 인사를 하여야 했을 정도이다.

양반집 부녀자들은 나들이할 때 얼굴을 '처네'로 가렸는데 상민부인은 이를 사용하지 못했고 담뱃대도 상민의 것은 양반에 비해 짧아야 했고 맞담배질을 못했으며 양반 앞에서 상민은 안경을 쓰지 못했다.

이렇듯 전통사회는 엄격한 신분사회였으므로 여성의 경우에도 어느 신분의

---

61) 조형, "농촌사회의 변화와 농촌여성", 『한국사회개발연구』 V, 고려대학교 출판부, 1981, 215쪽.

가(家)에 속하느냐에 따라 그 역할과 지위와 노동의 강도가 달랐을 것임을 쉽게 짐작할 수 있다.

2) 가부장제

가부장제란 남성에 의한 여성의 지배를 의미하는 것인데, 성에 의한 위계구조, 즉 남성 – 지배, 여성 – 예속, 그리고 경제적, 정치적 이데올로기 등 모든 수준을 포함하여 남성중심의 사회적 관계에 의한 '여성억압체계'를 지칭한다.[62]

서구에 있어서 절대적 가부장제 가족은 로마시대에 완성되었다. 가부장으로서 남성은 사회적·법적으로 가족원인 아내, 자식, 노예에 대한 지배·통솔권을 장악하고, 가족원의 생사여탈권까지 소유한 절대적인 가부장권을 가졌다. 영어에서 가족을 뜻하는 family의 어원이 노예를 의미하는 파물루스(famulus), 파밀리아(familia)에서 유래된 데서도 가부장제의 의미를 알 수 있을 것이다.

우리나라에서 신분제와 더불어 전통사회의 특징을 이루는 가부장제는 적어도 초기국가형태를 띠었던 삼국시대 이전부터 형성된 것이나 그것이 우리의 역사에서 확고하게 뿌리내린 시기는 대체로 조선 중기 이후로 본다.

조선조 사회의 가부장제를 이해하기 위해서는 우선 그 사회가 집약농업적 생산양식을 가졌다는 경제적 특성과 국가적 통치체제를 발전시켰다는 정치적

---

62) 가부장제란 한마디로 남성에 의한 여성지배를 뜻한다. 이에 대하여 조은은 남성에 의한 여성지배의 내용은 기본적으로 여성의 노동력과 성성(sexuality)에 대한 통제이며 그 사회의 경제체제 또는 생산양식에 따라 양자에 대한 통제의 중요성과 의미가 달라진다고 하였다. 산업 자본주의사회에서 남성에 의한 여성의 지배는 여성노동력에 대한 통제가 그 기반이며, 여성노동력에 대한 통제는 여성노동력의 상품화, 즉 여성 임금노동에 대한 통제라 할 수 있다. 여성노동력의 통제는 간접적으로는 여성이 가사노동을 전담하는 형태로 나타나며, 직접적으로는 노동시장에서의 성별 분업 및 위계로 나타난다(조은, "가부장제와 경제: 가부장제의 자본주의적 변용과 한국의 여성노동", 『한국여성학』 제2집, 한국여성학회, 1986, 95~96쪽).

특성에 주목해야 한다. 진화론적으로 볼 때 집약농경적 생산을 토대로 한 사회는 남성의 경제생산 참여도가 원시농경사회에 비해 크게 증가하게 된다. 원시농경에 비해 더 많은 노동력이 요구되고 일정기간 내에 집중적인 노동력이 동원되어야 하므로 남성의 생산참여 역할이 증대된다. 이 단계의 사회는 예외 없이 성에 따른 분업을 최대한 활용하며 주로 부계혈통중심의 조직화와 남녀유별의 관습을 통해 남성 지배적인 체제를 구축하게 됨으로써 여성은 보조자의 위치로 밀려난다.[63]

한국의 전통사회는 강력한 가부장제도하에서 부부유별(夫婦有別)의 윤리, 남녀간의 내외(內外)의 예(禮), 그리고 부권과 부계혈통을 강조함으로써 여성을 지배하고 여성을 가내(家內)는 물론 사회적으로도 남성에게 예속시켜 여성을 비가시적(非可視的)이고 열등한 지위로 일관되게 하였다.

부계혈통 집단은 전통 한국사회조직의 기본 구성단위였는데 철저한 부권, 부계의 친족집단 내에서 부부관계, 부모자녀관계, 형제관계 모두가 근본적으로 상하의 서열관계였다.

남성에 의한 여성의 지배는 여성의 역할과 노동력을 통제하고, 역할과 노동력의 통제는 여성을 가사전담자로 제한시키는 형태로 나타난다. 또한 경제적, 사회적으로 빈한하고 미천한 농가에서는 남편의 의사에 따라 성별분업과 위계를 강제시킨다.

1900년대 초 한국에서 선교사로 활동한 와그너(Ellasue Canter Wagner)가 그의 저서 「한국의 아동생활」(1911)에서 "한국의 딸들은 시집 갈 때까지 아버지와 함께 같은 밥상에서 식사를 하지 못하며, 이러한 차별은 특히 양가집에서 심하고 오히려 하층계급의 삶이 인간적이었다"[64]고 한 것을 보면 조선시대의 가부장적 분위기를 엿볼 수 있음과 동시에 하층계급에서는 오히려 가부장적 엄격함이 덜했고 그로 인하여 여성도 남성과 같이 노동에 참여할 수 있었을 것임을 짐작할 수 있다.

그러나 양가집이든 하층계급이든 간에 여성의 역할은 가정 내에서 갖는 열

---

63) 조혜정, 전게서, 1988, 65쪽.
64) 조선일보사, 『주간조선』, 1999. 5. 20자, 75쪽.

등한 지위를 벗어나기 힘들었을 것이므로 가정 밖의 활동에서도 부인이나 딸에 대하여 기대하는 역할에 제한되어 설령 여성의 경제적 노동역할이 크다하더라도 그 평가는 낮거나 무시되었다.

그나마 15세기 말까지는 여자들이 가문에서의 지위나 재산권 등에서 어느 정도 평등을 누린 증거가 엿보이나 조선 후기로 갈수록 명분과 형식위주의 유교질서가 자리잡으면서 여필종부, 남존여비의 가부장제 이데올로기가 더욱 굳어졌고 17세기 말엽부터는 여성의 열등한 지위가 확고해졌다.

이러한 조선시대의 봉건적 가부장제 이데올로기는 일제시대에 와서 천황제적 신민화 정책으로 더욱 강화되어 조선여성들은 신분제적 왕고체제에서 보다 더욱 억압받는 상황에 놓이게 된다.[65]

3) 유교적 가치관

조선시대의 사회제도와 성격은 유교적 이념과 가치를 떠나서 제대로 이해할 수 없다. 전통사회의 신분제도와 가부장제를 뒷받침하거나 강화한 것이 유교이다.

유교는 중국의 현세적·실용적인 세계관을 반영하는 능동적 사회질서 유지의 원리로서 삼국시대부터 중앙통치에 활용되어 왔다. 특히 조선시대에 들어서면서 고려왕조의 이념이던 불교를 배척하고 유교이념을 극도로 신성시하여 교조화된 유교적 지배를 강화하였다. 교조화된 유교적 지배란 상호보완적 음양개념[66]에 토대를 둔 남녀유별 의식과 상하개념의 남존여비 이데올로기를 중심으로 한 지배를 의미한다.[67]

---

65) 한국여성연구회, 『여성학강의』, 동녘, 1994, 151쪽.

66) 주역(周易)의 근본원리는 자연과 인간세계의 일체를 음(陰)과 양(陽)으로 2분하며 여자와 남자를 음과 양으로 대칭시킨다. 그리고 양이 음을 다스리는 것을 원칙으로 삼기 때문에 양이 되는 남자가 여자보다 우월하다는 남녀차별의 근거가 된다.

67) 이러한 조선시대의 일반적인 여성관에 대하여 상반된 관점도 있다. 즉, 여성이 내업(內業)주장자로서 가졌던 지위, 존장권 행사자로서의 지위, 그리고

주자학적 명분론에 입각한 유교적 규범체계를 지배이념으로 유지해온 지난 수 백 년간의 남녀관계는 불평등한 것이었다. 삼종지도(三從之道)는 남자중심의 가족질서를 위한 제1의 규율이었으며, 여필종부(女必從夫)는 엄격한 가부장권의 상징이었다.

더욱이 전통사회는 신분사회였으므로 모든 성원은 기본적으로 그가 속한 가족집단에 따라 몇 개의 신분집단으로 나뉘었다.

여기에 여성은 그가 속한 신분계급 내에서도 여성이라는 이유로 남자보다 낮은 신분으로 한 번 더 분화되어야 했다. 따라서 여자는 비록 상류가족에 속할지라도 사회적 지위를 가질 수 없었고 평등한 대우를 받을 수 없었다.[68]

조선 말기 고종의 교사로 있었던 미국인 헐버트(Homer B Hulbert)는 그의 저서 「대한제국 멸망사」(1906)에서 "한국에는 집(house)은 있어도 가정(home)은 없으며 그 원인은 600~700년간에 걸친 주자학적 가치관이 가정에서 여인의 존재를 매몰시켰기 때문"이라고 지적하였을 정도이다.[69] 이러한 전통적 유교이념이 여성의 역할변화의 요인으로 작용하였음은 재론의 여지가 없다.

이러한 유교적 이념은 조선사회에서 조정의 문물제도로부터 가정의 사소한 혼례에 이르기까지 광범위한 변화를 초래하였다. 특히 그중에서도 유교적 여성관[70]은 가부장제 사회를 강화하는 데 중요한 역할을 하였다.

균분적 재산상속자로서의 지위를 들어 조선조 여성의 사회적 지위가 일방적인 예속이 아니라 상당히 높았다는 것이다. 즉, 여성이 조선사회의 유교적 가치체계와 의식을 내면화하는 사회화 과정을 통하여 여성이 견딜 수 없는 복종의 상태에 있었다기보다는 그 사회화 과정이 여성에게도 이익이었다는 주장이다. 따라서 조선여성들의 경험의 가치를 긍정적 측면에서 재평가해야 한다는 것이다(조경원, "조선시대 여성교육의 분석", 『여성학논집』, 이화여자대학교 한국여성연구원, 1995, 40쪽).

68) 김주숙, "한국농촌여성연구 - 5개 부락의 실태조사를 중심으로", 『한국농촌의 여성과 가족』, 한울아카데미, 1994, 87쪽.

69) 조선일보사, 『주간조선』, 1999. 5. 13자, 75쪽.

70) 유교에서는 모든 인간관계의 원천을 남녀관계로부터 파악한다. 그리고 남자는 양(陽)으로 굳센 것, 하늘, 높고 귀한 것, 강한 존재로, 여자는 음(陰)으로 순한 것, 땅, 낮고 천하며 고요한 존재로 규정함으로써 남녀구별과 차

　원래 유교에서 구현하고자 했던 남녀관계의 이상적인 윤리는 남녀와 부부간의 상호존중과 역할분담이라 할 수 있다. 그러나 실제에 있어서의 유교적 여성관은 남성을 지배자, 강건 및 존귀한 존재로 하고, 여성은 복종과 유순, 비천한 존재로 규정함으로써 남성과는 다른 차별적 여성생활과 문화를 지키게 하였다.[71] 또한 여성이 지켜야할 최우선 덕목을 정절에 두어 여성의 행동과 생활을 철저히 폐쇄적으로 함으로써 역할규정의 큰 변인이 된다.

　전통적 유교사회의 여성관은 차츰 조선 후기의 다양한 사회경제적인 변화 속에서 변모양상을 보이기 시작한다. 실학사상은 인간주의적인 정신 아래 새로운 여권의식을 불어넣어 주었으며, 서학 즉, 천주교의 전래는 극심한 박해 속에서도 내외법에 묶여 있던 여성을 밖으로 나갈 수 있는 계기를 만들었을 뿐 아니라 교리공부를 통해 여성이 지식세계에 접할 수 있게 하였다.

　더욱이 신 앞에 모든 인간이 평등하다는 이념은 여성 스스로 인간으로서의 자각과 살아가는데 희망과 용기를 주었다. 또한 동학사상은 인내천(人乃天)의 인간평등사상을 구현하여 여성도 남성과 같은 사회적 대접을 받아야 함을 역설하여 여성의 인간화 운동에 앞장섰다. 그럼에도 불구하고 유교윤리는 오늘날까지도 우리사회에 그 유제를 남기고 있다.

　　별의식이 성립된다. 성리학에는 이러한 차별에 대하여 어떠한 합리적 논리나 이유가 제시되지 않는다. 다만 우주 자연의 원리와 천지의 이치로 설명함으로써 당연히 그러해야 한다는 것이다. 즉, 음과 양이 하늘의 도리인 것처럼 남녀차별은 하늘의 뜻으로서 이는 운명적이고 사람의 힘으로 거역할 수 없다는 논리이다.

71) 이배용, "유교적 전통과 변형속의 가족윤리와 여성의 지위", 『여성학논집』 제12집, 이화여자대학교 한국여성연구원, 1995, 12쪽.

Ⅲ. 자본주의 전개와 농촌여성

1. 한국자본주의의 전개와 농업

Ⅱ장에서는, 한국의 전통사회에서 농업이 어떻게 전개되어 왔고 그와 병행하여 농촌여성들의 역할이 어떻게 변화되었으며, 그리고 그 변화의 요인은 무엇이었는지를 고찰하였다. 원시시대로부터 많은 변화를 겪으며 연면히 이어져온 한국의 전통사회는 후기 봉건사회를 거쳐 1876년 「개항(開港)」이라는 역사적 전환을 맞으면서 자본주의화의 길로 들어서게 된다.

근대사를 이룬 자본주의 생산양식은 중세기 서구사회에서 태생하고, 특히 농업사회의 생산관계에 이르러서는 일찍이 영국이나 미국에 한하여 그 특징이 전형적으로 추출되는 역사적 사회형태이다.[72]

이러한 자본주의의 생산양식이 한국에 있어서 언제부터 시작되었는지를 정확히 끊어서 말하기는 곤란하다. 역사적 사회형태의 변화는 기계적으로 명확히 구분되어지는 것이 아니라 연속된 과정으로 나타나기 때문이다. 그럼에도 불구하고 한국에 있어서 자본주의의 조건을 갖추게 한 역사적 계기로 조선 말기의 개항(開港)을 꼽는 것이 일반적이다.

그렇다고 개항만이 근대 자본주의가 시작된 계기라고 말할 수는 없다. 일부 일본인 학자 중에는 일본자본주의에 의한 한국의 개항이 한국으로 하여금 자본주의화의 길로 들어서게 된 결정적 동인이라고 주장하는 편견을 보이기도 하나 그 이전의 역사에서도 자본주의적 징후는 얼마든지 발견할 수 있기 때문이다.

조선 후기 숙종(1675~1720) 때에 주조된 금속화폐 상평통보(常平通寶)나 대원군의 당백전(當百錢) '인플레이션'(1866~1867)을 통해서 화폐경제의 모습을 읽을 수 있고, 18세기의 전환기에 시대상을 대변하는 신사조(新思潮)로

---

72) 김준보, 『한국근대경제사 특강』, 연세대학교 출판부, 1993, 23쪽.

등장했던 실사구시의 실학에서도 우리나라에 주체적 자본주의의 싹이 있었음을 발견할 수 있다. 그러나 개항 이전에 이미 자본주의적 징후가 있었다고 해서 개항의 의미가 저평가 될 수는 없다.

일본과 수호조약을 체결하고 부산항이 일상(日商)에게 열린 1876년의 개항은 한국에 서구자본주의 문화가 대량으로 유입되고 한국의 전통적 사회·경제에 큰 변동을 일으킨 시대적 획기성을 지닌 것임에 틀림없는 것이다. 그리고 자본주의의 유입은 한국의 농촌과 농민 그리고 농촌여성에게도 큰 변화를 가져다주었다.

개항 이후 한국은 서구자본주의를 이 땅에 정착시키려 노력하였다. 그러므로 한국자본주의의 형성 및 전개의 역사는 120여 년에 이른다. 한국의 자본주의 전개과정을 시대적으로 구분하는 데는 논자에 따라 약간의 차이가 있으나[73] 본 연구에서는 해방 전 일제시대와 해방 이후로 나누어 한국자본주의 전개과정에서 나타난 제 특징을 농촌과 농촌여성의 변화와 관련시켜 고찰해 보고자 한다.

1) 해방 전(일제시대)

개항을 계기로 한국은 외국자본이 본격적으로 침투하면서 자본주의적 관계가 서서히 확산되어 갔으나 20세기에 접어들어 일본이 한국에 대한 독점적 지배력을 행사하면서 결국 그들의 식민지로 전락하였다.

---

73) 조기준은 한국자본주의의 역사를 크게 3시기로 나누어 ①구한말의 봉건적 체제 속에서 자본주의 문화의 도입·정착을 시도한 개화기, ②주권을 상실하고 일제의 식민지 지배체제로 들어간 한민족이 경제적 자립을 얻고자 식민지 경제정책이라는 불리한 여건 속에서 근대적 민족기업을 육성하려고 노력한 계몽기, ③해방 후 국민경제를 지향하는 공업화시기로 구분하였다(조기준, 『한국자본주의 발전사』, 대왕사, 1991, 185쪽). 그러나 조용범은 ①18세기 중엽에서 개항 이전까지, ②개항 이후 한일합방 이전 까지, ③한일합방 이후의 일제강점기, ④해방 이후 오늘에 이르는 공업화시기 등 4단계로 나누는(『한국민족문화 대백과사전』 18권, 한국정신문화연구원, 1994, 877~880쪽) 등, 논자에 따라 시대구분에 차이가 있다.

일본자본주의는 식민지에 있어서의 원시적 자본축적과 조직적인 농민수탈을 위해 우선 토지조사사업을 강행할 필요가 있었다. 그리하여 1910년 3월부터 1918년 11월에 이르기까지 8년여에 걸쳐 토지조사사업을 실시하여 지주제를 강화시키는 등 우리나라 농업은 제도적으로 변혁되고 상업적 농업이 전개되는 계기가 되었다.[74] 그것을 기점으로 본원적 축적을 거친 한국사회는 자본주의 사회구성으로 전화(轉化)하게 된다.

토지조사사업은 봉건지배층을 근대적 토지소유자로 확인해준 반면, 수조지(收租地)를 세습적으로 경작해오던 농민들은 토지에 대한 일체의 권리를 상실하고 단순 게야소작인으로 전락하였다. 즉, 토지조사사업은 소작인에게 신분적 자유를 주기는 했으나 토지가 유일한 생계원이 되고 있는 농민들을 더욱 지주와 토지에 얽매이게 함으로써 고율의 소작료에 시달리게 되었다. 그리하여 농가경제는 더욱 어려워졌고 농촌의 근대적 발전도 크게 저해되었다.

일본은 토지조사사업을 끝내자 한국을 그들의 식량공급지로 확보하기 위해 산미증식계획(產米增殖計劃)을 수립하였다. 1920년부터 실시된 이 계획을 통하여 일본은 두 가지 목적을 동시에 달성하려 하였다. 그 하나는 한국쌀의 수입을 증가시켜 일본의 식량난을 타개하려는 것이었고, 다른 하나는 일본의 유휴자본을 산미증식계획에 몰입시킴으로써 일본산업이 당면하고 있는 불경기를 해소하려는 것이었다.[75]

이 계획은 소기의 성과를 거두지 못했으나 우리나라에서 오랫동안 지속되어 온 봉건적 토지소유권을 근대적 소유형태로 바꾸어 놓은 것은 사실이다. 그러나 기본적으로 한국에 대한 수탈계획이었다는 점에서 한국의 농민을 더욱 어려운 처지에 몰아넣었음은 말할 것도 없다.

그 후, 1929년 가을에 미국에서 경제공황이 시작되자 이는 순식간에 전 자본주의 세계에 파급되고 역사상 미증유의 세계대공황으로 발전되었다. 이 공황은 선진자본주의 제국의 공업공황과 식민지 및 반식민지 제국의 농업공황이

---

74) 林炳潤, 『植民地における商業的農業の展開』, 東京, 東京大學 出版部, 1971, 107~152, 261~228쪽.

75) 최호진, 『한국경제사』, 박영사, 1980, 235쪽.

연결되었다는 데 그 특징이 있다. 대공황의 파장이 엄습하자 일본은 국내위기를 타개하기 위해 1931년 만주침략을 단행하고 1937년에는 중국본토에 대한 공격으로 중·일전쟁을 발발하였으며 그리고 1941년 미국에 대한 선전포고로 제2차 세계대전에 휩싸이게 된다.

공황과 전쟁의 와중에 휩싸이자 일본은 식민지정책에 변화를 가져오게 되었다. 즉, 한국민에 대한 야만적 혹사와 전쟁에의 강제동원을 통하여 공황과 전쟁의 부담을 식민지의 농민과 노동자에게 전가시키는 것이 식민지정책의 내용이었으며, 따라서 한국농민은 궁핍과 무권리상태에 빠지게 되었다.

전쟁이 확대됨에 따라 한국 내의 전시자본체제는 더욱 강화되고 농민에 대한 수탈 또한 심화되었다. 무단(武斷)정치의 이름 아래 과잉인구의 이식, 원시적 토지점거 운동, 토지조사사업의 단행, 식량증산계획, 강권적 농사장려 등의 정책이 수행되었고 식민지 농민의 희생은 날로 가중되었다.[76]

그런 한편으로 대륙전진기지(大陸前進基地)로서 한국의 개발이 새로운 전략적 시각에서 검토되었으며 한국은 이때부터 공업화가 급진적으로 진행되었다.[77] 그러나 공업화가 진전되었다고는 하지만 일제시대 역시 한국은 농업국이었고 80%에 달하는 압도적 인구가 농업에 종사하였다.

윤수종(1990)에 의하면 일제하인 1910년 당시 호구조사결과 총인구는 1,331만 3천 명이었으며, 이 가운데 농가인구는 1,042만 7천 명으로 총인구의 78.3%를 차지하였다. 그 후 1920년까지는 급속한 인구증가를 나타냈으며(〈표 3-1〉 참조), 특히 총인구에 비하여 농가인구의 증가율이 월등히 높았다. 지속적인 농가인구의 증가는 기본적으로 출산율 증가에 기인한 것이다.

1920년을 고비로 하여 농가인구의 증가는 크게 둔화되어 1932년까지 12년 동안의 농가인구 연평균증가율은 총인구증가율의 절반 밖에 안 되고 있다. 총인구에 대한 농가인구의 구성비는 1920년의 83.4%를 정점으로 점차 감소하여 1942년에는 70% 미만까지 낮아졌다. 한편 농가호수는 1910년에 233만 6천 호로서 총호수의 83.3%를 차지하고 있는데, 절대수를 보면 1920년까지 급속히

---

76) 김준보, 전게서, 1993, 67쪽.
77) 조기준, 전게서, 1991, 24쪽.

증가하다가 1920년대에는 270만 호 수준에 머물고 다시 4~5년간 급속히 증가
하고 1930년대에는 정체하였다.[78]

<표 3-1> 해방 전 농가인구 및 농가호수

단위: 천 명, 천 호, %

구 분	인 구			호 수		
	총인구	농가인구	구성비	총호 수	농가호수	구성비
1910년	13,313	10,427	78.3	2,804	2,336	83.3
1915	16,278	13,445	82.6	3,118	2,629	84.3
1920	17,289	14,413	83.4	3,293	2,721	82.6
1925	19,016	14,648	77.0	3,610	2,743	76.2
1930	19,686	15,853	80.5	3,822	2,870	75.2
1935	21,249	16,599	78.1	4,143	3,066	73.2
1940	22,955	16,725	72.9	4,410	3,047	69.1
1943	25,827	17,787	68.9			

주: 1930년 이후 총인구 및 농업인구는 조선인만 계산된 것임.
자료: 조선총독부 통계연보.

　이처럼 1920년대에 급속히 증가하던 농업인구 및 농가호수가 1930년대에 정
체하고 있는 것은 자본주의화에 따라 많은 농업인구 및 농가가 도시로 유출되
거나 다른 직업으로 전환한 때문이기도 하지만 식민지 통치에 따른 궁핍과 핍
박을 피해, 또는 전쟁동원 등으로 해외로 나간 데도 크게 기인한다. 농촌인구
의 유출은 국내 도시지역으로의 유출보다 오히려 만주나 일본 등 해외로의 유
출이 더 큰 비중을 차지할 정도였다.
　한편 조선총독부는 일본의 과잉인구를 한국의 농촌에 이식하는 한편, 일본에
부족한 식량을 한국에서 싸게 마련하여 일본에 보내는 정책을 활발하게 진행
하였다. 그리고 일본인이 쉽게 농토를 소유하고 그들이 유리하게 융자를 하여
농업경영을 할 수 있게 함으로써 일본인 대지주가 급격히 증가하게 되었다.

---

78) 윤수종, "한국농업생산에서의 노동조직의 변화과정에 관한 연구", 서울대학
　　교 대학원 박사논문, 1990, 45~46쪽.

1937년의 통계에 의하면 한국 내 일본인 농가호수는 전체 농가호수 3백 6만 호의 1.6%에 불과하나, 1백 정보 이상을 소유하고 있는 지주는 한국인이 655명이고 일본인이 317명으로 일본인이 전체 대지주의 3분의 1을 차지하고 있다. 그러나 그들이 소유한 경지면적은 156,340정보로 한국인 대지주들이 소유한 전체 경지면적 166,042정보와 거의 비슷한 수준이었다.

일본의 식민지 통치가 진행됨에 따라 한국의 농민층은 더욱 빈곤해져서 수직적인 하강이동을 겪지 않을 수 없었다. 봉건적 농촌사회가 급격히 분해되어 중·소지주가 몰락하여 지주는 자작농으로, 자작농은 소작농으로 전락하는 경향이 해를 거듭함에 따라 심해졌고, 특히 소작농은 생산량의 50% 내외를 차지하는 고율의 소작료뿐만 아니라 지조(地租)·제공과금·용수료(用水料)·수리조합비·검사 수수료·지주에 대한 접대비 등 여러 가지 금전적 부담을 짊어지는 동시에 부역과 갖가지 노력제공을 하도록 강요당함으로써 생활이 비참하기 짝이 없었다.[79] 그리하여 농민들이 도시로 나가거나 다른 직업으로 이동하였다.

소작농가는 한일합병이 있은 지 8년 뒤인 1918년에 전체 농가의 38.1%였으나 1939년에는 전농가의 53.6%가 순소작이고 여기에 겸소작을 합하면 77.2%에 달했다. 특히 곡창지대인 남부지방은 순소작이 70%, 겸소작을 합해 무려 94%가 소작이었다. 또한 전국에 57만 정보의 화전과 187만 명의 화전민이 있었으니 농민의 생활이 어떠했는지 짐작할 수 있다.

이러한 일제치하의 한국여성들은 경제적으로는 식민지 반봉건적 착취의 대상이었으며, 사회적으로도 식민지 반봉건제적 제도와 관습의 질곡에 억눌려 있었다. 즉 경제적으로는 봉건제적 지주제와 식민지 자본제의 노동자로서 착취당했으며, 조선시대의 봉건적 가부장제 이데올로기가 오히려 일제의 천황제적 신민화 정책으로 더욱 강화되었고, 정치적으로도 부르주아

---

79) 이만갑, 『한국 농촌사회 연구』, 다락원, 1981, 134~135쪽.
　　 일제하에서 농민의 빈궁화와 절량농가의 출현 등 극한적인 모습이 어떠했는지는 전운성, 『세계의 토지제도와 식량』, 한울아카데미, 1999, 44~45쪽에 잘 설명되어 있다.

적 시민권을 보장받지 못하고 제국주의 권력의 식민지 정책으로 철저한 탄압의 대상이 되었다.[80]

일제는 한국의 노동력을 최대한으로 이용하려는 기본정책에 의해 여성들의 노력을 적극적으로 활용하였다. 따라서 극소수의 지배계급을 제외한 대부분의 조선 여성들은 기아선상에 놓여있는 가족의 생계를 잇기 위해 농업노동과 공업노동 양 영역에서 직접 사회적 노동에 참가하지 않을 수 없었다. 따라서 이 시기는 자본제로 이행하는 초기 단계였지만, 여성의 경제활동 참가율은 오늘날과 비슷한 비율을 나타낼 정도였다.

또한 농업 중 농경부문 종사자는 남성이 67.8%이고 여성이 32.2%였으니 축산(76.4%)과 잠업(95.2%)은 절대적으로 여성의 노동력에 의존하였으며(〈표 3-2〉 참조), 가족노동력이 93.1%를 차지함으로써 절대적으로 가족노동력에 의거 영농이 이루어졌다(〈표 3-3〉 참조).

이상에서 알 수 있듯이 일제시대의 농업노동은 압도적으로 농경에 투하되었고, 농경 이외의 업종에는 임업과 같이 여성노동력으로는 감당하기 어려운 부문을 제외하고는 여성노동력의 참여율이 비교적 높았다.

〈표 3-2〉 농업취업자의 업종별, 남녀별 구성(1930년)

단위: 명(%)

업 종	남	여	합 계
농 경	5,000,911 (67.8) (99.1)	2,375,935 (32.2) (90.7)	7,376,846 (100) (96.2)
축 산	7,027 (23.6) (0.1)	22,708 (76.4) (0.9)	29,735 (100) (0.4)
잠 업	11,129 (4.8) (0.2)	221,490 (95.2) (8.5)	232,619 (100) (3.0)
임 업	24,631 (97.1) (0.5)	733 (2.9) (0.3)	25,364 (100) (0.3)
합 계	5,043,698 (65.8) (100)	2,620,866 (34.2) (100)	7,664,564 (100) (100)

자료: 윤수종, 전게논문, 1990, 38쪽.

---

80) 강동진, 『한국농업의 역사』, 한길사, 1982, 322쪽.

<표 3-3> 일제하 농업(농경)노동력 구성비율

단위: %

농경종사자중		농경종사자중			
남	여	가 족	가족 외=머슴 + 날품		
67.8	32.2	93.1	6.9	6.2	0.6

자료:『1930년 조선국세조사』제1권, 全鮮篇, 결과표, 148~151쪽.

농업에서의 여성의 경제적 상태를 좀 더 구체적으로 살펴보면, 가난한 소작 농가의 여성들 대부분이 직접 농업노동에 참여하지 않을 수 없는 상황이었다. 그리고 이들은 5할에서 7할에 이르는 고율의 소작료를 지불하였으므로 농업에 서의 여성 노동력은 일제의 식량수탈, 농업노동력 수탈의 주요한 부분을 차지 하였다. 더욱이 농업노동에 고용되는 경우 1930년도 임금지수는 일본인 남자를 1.00으로 할 때 일본인 여성은 0.63, 한국인 남자는 0.53, 한국인 여자는 0.31 로, 여성은 가장 가혹한 착취의 대상이었다.

일제는 특히 미곡 수탈을 위해 '산미증식계획'을 실시하면서 한국의 농촌이 낙후된 원인을 일본과 비교하여 여성들이 외업노동을 기피하기 때문이라고 주 장하며 여성이 농업노동에 참여토록 유도하였다. 한국의 농촌여성들이 농업노동 에 적극 참여하지 않아 농업생산력 증대에 커다란 저해요인으로 작용한다고 주 장하며 전통적으로 수전노동에 종사하지 않는 양가 부녀들까지 논으로 끌어내 는 등 여성들을 야외노동에 적극적으로 참여시키고자 온갖 방법을 강구하였다.

이른바 전가족의 근로자화 정책으로 여성노동력을 최대한 동원했으며, 농촌 진흥운동이라는 명분하에 읍면 부락단위로 공동작업반 등 부인회 단체를 조직 하였고 그러한 단체를 통해 각종의 노력동원이 이루어져 여성노동력을 수탈하 였다.

1930년대 초반무렵부터는 농촌의 청년회나 부녀회 또는 보통학교가 중심이 되어 농번기 탁아소를 세웠는데, 1932년 개풍 등 2곳에 불과하던 것이 1년 만 에 전국에 걸쳐 109개소로 급증하였으며, 1941년 11월에는 총독부에서 탁아소 설치 장려통첩을 내려 동리나 마을단위로 계절탁아소를 설치토록하였다. 이는 농촌여성을 노동현장으로 끌어내 착취하기 위한 수단의 하나였다.[81] 그래서 농촌여성들은 "밥짓고, 옷 만들고, 빨래, 길쌈, 방아 찧고, 소 먹이는 일에서 씨뿌리고, 김매고, 모심고, 밭매고, 피 뽑고, 베어 눕히며 거두어들이는 일까지 남자들과 같이함으로써 마치 노예와 같았다"고 기록되어 있을 정도이며, "이고 지고 들고, 농촌여자는 소보다도 쓸모 있고 소보다도 힘세고 소보다도 끈기 있다"고 당시 언론에서 표현할 만큼 농촌여성의 노동강도가 처참한 지경이었다.[82]

2) 해방 이후

1945년의 해방 이후로부터 현재에 이르기까지 50여 년의 한국자본주의의 전개과정은 그 시대적 구분이 논자에 따라 약간씩 차이를 보인다.[83] 그러나 여기에서는 한국경제의 발전과정을 농업의 구조변화와 연계시켜 시대구분을 언급하고자 한다. 이는 해방 이후 자본주의 전개가 농업노동력의 재편성 과정에서 어떤 영향을 주었는가를 알아보기 위한 준비작업이라 할 수 있다.

---

81) 이배용 외, 『우리나라 여성들은 어떻게 살았을까』 2권, 청년사, 1999, 34쪽.

82) 이배용 외, 전게서, 1999, 30쪽.

83) 이에 대하여 김문식은 ①봉건제적 유산의 청산단계(1945~1950), ②산업재건의 단계(1950~1961), ③초기자본주의 단계(1962~1981), ④산업자본주의 단계(1982~현재)로 나누며(김문식, "한국농업의 회고와 반성", 『한국농업50년의 회고와 전망』, 한국농촌경제연구원, 1995, 4쪽), 박진환은 ①혼란과 정체경제기(1945~1960), ②경제적 근대화단계(1960~1990), ③개방경제시기(1990~현재)로 구분하였다(박진환, "한국의 경제발전과 농업", 『한국농업50년의 회고와 전망』, 한국농촌경제연구원, 1995, 23쪽). 반면에 조용범은 이를 5단계로 나누어 ①미군정에 의한 경제재편기(1945~1948), ②독자적 자본주의 전개의 시기(1948~1953), ③원조에 의한 경제건설시기(1954~1960), ④경제개발계획의 시기(1960~1972), ⑤중화학공업과 개방체제의 확립기(1973~현재)로 구분하였다(『한국민족문화 대백과사전』 18권, 웅진출판사, 1994, 879쪽).

(1) 경제개발 이전의 시기(1945~1961)

정부수립 초기의 한국자본주의의 기본방향은 건국헌법에도 반영되었고, 초대
대통령의 국회 취임연설에서도 표명된 바 있었다. 이에 따르면 정부의 경제건
설은 국민 각 계층을 위한 것이 될 것이라고 천명했고, 그러기 위해서는 우선
농가경제의 자주권을 부여하기 위하여 소작제도를 철폐하고 경자유전(耕者有
田)의 원칙에 따른 농지개혁을 단행한다고 하였으며, 기업활동은 개인의 창의
에 바탕을 두어 경제활동의 자유를 보장하며, 근로자도 기업이윤을 균점할 권
리를 갖는다고 밝혔다.[84] 이렇듯 이시기는 새로운 국가를 건설함에 있어, 누적
되어온 조선의 봉건적 잔재와 식민지적 유산을 청산하고 미국의 경제원조에
의거 산업을 재건하려 했던 경제부흥기로 특징지을 수 있다.

해방직후의 한국경제는 식민지적 경제구조의 파탄과 남북분단에 따른 혼란
이 극심하였으며, 공업생산의 대부분은 정지상태에 빠져있었다. 해방 후 한국
경제가 당면한 최대과제는 식량문제였고 이것은 해방직후는 물론 1950년대 전
기간에 걸쳐서 심각하였다. 따라서 농업정책의 우선순위도 식량위기를 어떻게
극복할 것인가에 두었다.[85]

미군정(美軍政)은 1945년 10월 5일에 미곡시장자유화령(米穀市場自由化令)
을 발표하여 일제하에서 실시되어온 쌀 수집과 배급제도인 이른바 미곡통제제
도(米穀統制制度)를 폐지하기로 하였으나, 심각한 식량부족으로 인하여 미곡
의 자유시장거래제를 단념하고 1946년 8월에 미곡수집령(米穀收集令)을 공포
하였다. 즉, 지주, 자작농, 소작농을 불문하고 일정량의 쌀 공출을 강제적으로
각 농가에 할당하였다. 이 같은 농민희생적 공출제도는 1948년 정부수립 때까
지 계속되었으나 수집공무원의 소극적인 태도, 낮은 공출미가에 대한 농민의
반감 등으로 실패하였다.

그 후 1948년 10월, 양곡매입법이 제정·실시되었다. 이것은 강제적인 양
곡수집제도가 아니고 가격 메카니즘을 통해 정부가 필요로 하는 양곡을 확

---

84) 조기준, 전게서, 1991, 193-194쪽.
85) 박진도, 『한국자본주의와 농업구조』, 한길사, 1994, 57쪽.

보하려는 것이었으나, 이 법의 매상가격은 생산비를 보상하지 않는 낮은 가격이었기 때문에 매입실적이 매우 저조하였고, 그러므로 국민에게 배급해야할 양곡이 부족하여 배급제는 사실상 불가능 하였다. 따라서 양곡매입법을 전면 수정·보완하여 1950년 2월 양곡관리법을 공포하였다. 이 양곡관리법은 군량 및 긴급수요에는 중점배급제를 실시하고 일반소비자에 대하여는 자유시장에 맡기는 이원적인 식량정책이었다.[86]

이보다 4년 전인 1946년 3월에 북한은 무상몰수·무상분배의 지침에 따라 토지개혁을 실시하였고 남한은 1949년에 농지개혁을 하기에 이르렀으나 6. 25전쟁이 발발함으로써 사업추진이 일단 중단되었다.

유상매수·유상분배(有償買收·有償分配)로 실시된 농지개혁의 목적은 당시 조성되어 있던 계급대립에 의한 사회불안을 해소할 것과 토지에 굶주려온 농민들에게 토지를 부여함으로써 토지소유감을 충족시켜주는 한편, 농지에 계류되어 있는 토지자본을 산업자본으로 전환시켜 공업을 일으켜보려는 등 다양한 목표를 가진 것이었다.[87]

농지개혁의 성과는 평가할 만한 것이었다.[88] 일시적이나마 이 개혁을 통해 봉건적인 소작제를 불식할 수 있어 농촌사회의 민주화를 향한 충격을 주었으며 모든 생산자를 자작농으로 변환시킴으로써 농민들의 증산의욕을 불러일으켰다. 그러나 수배농민(受配農民)들로 하여금 그 농지를 가산으로 확보·유지케 할 보완조치가 결여되어 이 법의 효과가 상실되고 말았다.

서서히 진행되던 우리나라의 경제건설은 1950년 6월부터 시작된 3년간의 한국전쟁으로 말미암아 공업생산시설은 물론 농업생산시설에도 커다란 타격을 주었다. 그러나 전쟁 이후 무엇보다도 농민경영을 곤란케 한 것은 미국의 잉여농산물 수입(원조)에 의한 농산물가격의 절하이다.

---

86) 전운성, "한국의 농업구조문제와 농지제도개선", 『사회과학연구』, 제30집, 강원대학교, 1990, 105쪽.

87) 한국농촌경제연구원, 『한국농업50년의 회고와 전망』, 광복50주년 기념학술대회 자료, 1995, 5쪽.

88) 김주숙(1994) 등, 농지개혁을 실패로 보는 사람도 있다.

해방직후부터 한국의 식량문제 해결과 경제부흥을 위하여 미국과 유엔으로부터 도입된 잉여농산물은 1950년대 후반 절대적으로 부족한 식량을 보충하고 농업 및 산업시설을 재건하는데 크게 기여하였다. 그러나 잉여농산물의 도입량이 과다하여 농산물가격을 계속 낮은 수준에 머물게 함으로써 농민소득을 정체시켜 결과적으로 우리나라 농업에 심각한 타격을 주었다.

이 시기의 잉여농산물 도입은 그것이 농산물 가격의 절하에 의해서 농업에 타격을 주었다는 점에서는 1960년대 이후의 농산물수입과 모양이 같다. 그러나 후자가 농산물수입 → 저농산물가격 → 저노임 → 자본축적이라는 형태로 자본의 재생산과정과 깊은 관련을 가지고 있는 것에 반하여, 전자는 잉여농산물의 수입과 처분 → 정부의 재정수입과 자본축적이라는, 말하자면 본원적인 축적과정과 유사한 성격을 갖는 것이었다. 미국잉여농산물의 도입은 정책적 효과를 올렸으나, 농가경제의 향상과 식량자급을 위한 종합적인 농업정책의 전개를 저해했다는 점에서 한국농업의 발전에 부정적인 영향을 끼쳤다. 그것은 농지개혁에 의해서 형성된 '자작농적 토지소유'하에서의 자유로운 농업생산의 전개를 촉진하는 것이 아니고 개혁후의 자작농적 토지소유를 오히려 형해화(形骸化)하는 것이었다.

농지개혁 과정에서 창출된 '가난한 자작농'은 소작농과 빈농으로 전락하는 중대한 위기에 직면하게 되었다. 더욱이 1950년대에는 농외취업 기회가 현저히 제약되어 있었기 때문에, 몰락한 농민의 대부분은 도시로 유출될 수가 없었고, 빈민으로서 농촌에 체류할 수밖에 없었다.

이 시기의 농업구조와 농가경영 규모를 보면, 총인구는 1949년에 2,017만, 1960년 2,495만으로 연평균 인구증가율은 2.4%였다. 같은 기간에 농가인구는 1,442만에서 1,456만으로 증가하고 농가호수는 2,184천 호에서 2,297천 호로 증가하였다. 그러나 총인구에 대한 농가인구는 1949년의 71.5%에서 1960년에는 58.3%로 감소하고 있다. 서서히 경공업을 중심으로 한 공업이 발전하고 있다는 것을 나타낸다.[89]

그러나 미국의 원조로 유지되면서 미국자본주의의 주변부로 편입되어 가던

---

89) 전운성, 전게 논문, 1990, 107쪽.

한국경제는, 상업자본이 지배하는 풍토 위에서 봉건적 잔재와 식민지적 유산을 제대로 청산하지도 못하고 1958년 이후 미국원조의 감소와 함께 정체에 빠져, 1960년 4월 19일의 학생혁명, 익년 5월 16일의 군사혁명을 맞게 된다.

(2) 고도경제성장의 전기(1962~1971)

4·19학생혁명과 5·16군사혁명 이후 우리 경제는 새로운 국면에 들어섰다. 특히, 군사정부(공화당 정부)는 '자립경제의 달성을 위한 기반의 구축'이라는 기본목표를 설정하고, 조직적 훈련을 받은 군부엘리트와 근대경제학을 수학한 기술관료에 의해, 제1차 경제개발 5개년 계획을 추진함으로써 고도경제성장의 시동을 걸었다.

그 5개년계획의 중점목표의 하나로 '농업생산력 확대에 의한 농업소득의 상승과 국민경제의 구조적 불균형의 시정'을 내세웠으나 실제에 있어서 한국경제는 외자도입에 의한 수출주도형 공업화가 강력히 추진되었다.

이 정부는 자본주의 이념으로써 '빈곤으로부터의 해방'을 내세웠고 '하면 된다'는 신념으로 경제개발을 추진하였으며, 경제개발의 전략으로서 '수출제일주의', '성장제일주의'를 표방하였다.[90] 그러나 한국은 자본축적이 되어있지 않았으므로 고도성장을 위한 자본은 외자에 의존해야만 하였다. 1960년대 중반까지 도입된 외자가 주로 상업차관이었던 점을 감안할 때 1960년대는 초기자본주의 또는 상업자본주의 단계에 들어선 시기라 할 수 있다. 또한 이 단계는 자본의 원시적 축적과 더불어 산업수단으로부터 해방된 자유근로자층이 형성되어지는 시기이며, 제1차 및 제2차 경제개발계획이 수립되고 추진된 시기이기도 하다.

이 무렵 농업 부문의 최우선 과제는 국민생활의 안정과 경제성장을 위한 식량자급에 있었다. 1964년의 경우 외국으로부터의 양곡도입량이 51.2%를 차지할 정도로 양곡수입에 따른 국제수지 부담이 수출지향 공업화 정책에 심각한 문제를 일으켰다.

식량자급은 부족한 외화를 절감하려는 정부의 의도와도 부합되는 것이었다.

---

90) 조기준, 전게서, 1991, 200쪽.

이러한 실정을 타개하기 위해, 제1차 경제개발계획 기간이 끝날 무렵인 1965년에 '식량증산 7개년계획'이 수립·실시되었다. 이때부터 정부가 품종개량을 통하여 육종에 성공한 통일벼가 등장하는 데(1969년) 통일벼는 여러 가지 단점으로 그 일대(一代)가 20년으로 끝났지만 우리나라의 쌀자급과 품종개량의 역사에 큰 획을 그었다.

제1차 계획기간(1962~66년), 제2차 계획기간(1967~71년) 중의 경제성장률은 각각 연평균 7.9%(농림어업 5.9%), 9.7%(농림어업 1.6%)을 기록하였다. 이와 같은 경제성장은 노동력의 수요를 증대시켜 농촌으로부터 노동력의 유출이 증가하게 되었다. 이 시기에 비농업 부문에서의 농촌노동력 흡인은 아직 농촌인구의 자연증가량에는 이르지 않았으나, 1960~1966년 사이에 연평균 22만 명의 인구가 농촌을 떠난 것으로 추정된다. 이 숫자는 1955~1960년의 연평균 유출인구에 비하면 약 1.5배에 해당하는 것이다.

한편, 이 시기는 정부의 적극적인 농업생산성 증대정책에 의해 농업생산이 급격히 증대한 시기이기도 하다. 식량자급이라는 목표는 달성되지 않았으나, 자급도는 평균 90%대에 달하여, 전후의 전 기간을 통하여 가장 높은 자급율을 달성했던 것이다.[91]

특히 이 시기에 주목되는 점은 경제개발 과정에서 농·공 간의 불균형성장이 시작됐다는 점이다. 이는 당시 정부의 발전정책이 산업 간 균형성장보다 불균형성장 전략을 택한 데 기인한다. 농업문제의 근본 요인이 농·공 간의 불균형에서 파생된다고 본다면, 이때부터 우리 농업은 자본주의 전개에 따른 제반 문제를 잉태하기 시작했다고 할 수 있을 것이다. 즉, 우리 농업이 전환기에 들어서고 있었던 것이다.

학자들은 농가인구의 절대수가 감소하기 시작한 때를 전환기에 들어선 시기라 하는데 우리의 농가인구는 1967년의 1,608만 명을 고비로 1968년부터 농가인구와 농가호수가 절대적 감소로 바뀌었다. 즉, 1967년까지 농가인구는 1,608만으로 증가했으나, 이 해를 피크로 그 이후 감소하기 시작하여 1970년에는 1,442만으로 줄었다. 농가호수도 1960년의 235만 호에서 1967년에는 259만 호

91) 전운성, 전게논문, 1990, 109쪽.

로 증가했으나, 이 해를 고비로 농가인구의 총인구에 대한 비율은 44.7%로서
절반 이하로 되었던 것이다.

이와 같이 농업·비농업의 인구증가가 급변한 것은, 이 시기에 있어서
경제개발정책의 효과에 의한 것으로 추정된다. GNP의 산업별구성에서 보
아도, 농업은 1960년대 중반까지의 37%전후에서 제2차 경제개발계획이 끝
난 1970년에는 27%로 저하하였다.[92]

1960년대 전기까지는, 1960년대 후기 이후에 보이는 것 같은 농가인구의 대
량이농은 보이지 않았다. 도시노동자의 소득은, 평균으로 농가소득을 약간 하
회하고 있었으며 도시로 나가도 안정적인 소득을 기질 취업기회를 갖는다는
것이 용이하지 않았다. 물론 비농업 부문에서의 발달을 배경으로 청년노동력의
단신이농과 영세농의 거가이촌(擧家離村: 가족전체의 이농)이 상당히 있었으
나, 농가의 압도적 다수는 농촌에 머물며 농업에 종사하고 있었다.

정부의 농업생산 증대정책, 특히 경지확대 정책과 1950년대에 비하여 어느
정도 개선된 농산물가격 지지정책이 이러한 농민의 움직임에 배경이 되고 있
었다.

이상과 같은 상황하에서, 경영규모를 확대하려고 하는 움직임도 나타났으나
몰락한 농민의 대부분은 소작농으로서 농촌에 체류하지 않을 수 없는 구조하
에서 경영면적 확대의 움직임은 정체되었다. 그것이 현재화(顯在化)된 것은,
농촌인구의 도시유출이 진행되기 시작하면서부터이다. 1968년부터 총농가호수
의 감소, 특히 영세농가의 이농에 의해서, 통계적으로는 중간층의 비중이 증대
하게 된다. 소위 중농비대화(中農肥大化)현상을 보이기 시작한 것이다.

(3) 고도경제성장의 후기(1972~1985)

1970년대 초부터 1980년대 중반까지를 한국의 경제발전 및 자본주의 전개단
계의 하나로 설정하는 데는 몇 가지 이유가 있다.

우선, 1972년부터 제3차 경제개발계획이 실시되었으며, 우리나라 경제 및 농

---

92) 전운성, 『세계의 토지제도와 식량』, 한울아카데미, 1999, 178쪽.

촌발전사에서 빼놓을 수 없는 새마을운동[93]이 1970년대에 가장 활발하게 전개되었다는 점이다. 또한 1970년대에 들어서서 중화학투자가 증대하여 1970년대 후반부터는 중화학공업이 한국자본주의의 핵심적이고 주도적인 부분이 되었다.[94]

그리고 1980년대에 들어와서는 미국경제의 구조적 불균형을 시정하기 위한 조치로 한국에 농산물 시장개방압력을 가중시켜 왔는데, 1986년 3월에는 이에 대응한 '농어촌종합대책'이 발표되고, 1986년 9월부터 UR협상이 시작됨으로써 선진자본주의 국가들과의 마찰이 본격화되었다. 따라서 그 직전까지(1985년)를 한시기의 단락으로 삼았다.

이 시기의 한국경제는 한·일회담 이후 본격적으로 도입되기 시작한 외자를 지렛대로 하여 수출중심의 공업화로 고도성장을 이루었다. 1973년에 제1차 오일쇼크를 맞았으나 한국경제는 이를 무난히 극복하고, 그로부터 벗어나자 1977~1978년까지 고도성장을 지속하여 경제개발 제3차 계획기간(1972~1976년) 중의 경제성장률은 연평균 10%를 웃돌았다. 이러한 고도성장을 리드한 것은 외자도입에 의한 수출지향형 공업이었다. 당시 정부는 경제발전 정책에서 산업 간의 균형적 성장보다는 불균형성장 전략을 택했

---

93) 박정희 대통령에 의한 새마을운동의 결단은 1970년 4월 22일에 개최된 '한해대책 도지사회의'의 유시에서 천 명되었다. 사업초기의 공식명칭은 '새마을가꾸기 사업'이었는데, 1970년 겨울부터 1971년 봄 동안, 농한기의 유휴노동력을 마을 환경개선에 활용하기로 하고 전국 35,000여 마을에 마을마다 시멘트 330여 포대를 제공함으로써 새마을운동의 첫해 사업이 시작되었다. 1971년 8월, 새마을운동의 핵심적 이념으로써 '근면, 자조, 협동'을 내세웠고, 1973년 11월, 제1차 전국 새마을지도자 대회를 통하여 새마을운동을 전국으로 확산케 하는 결정적 계기가 되었다. 그리고 당시의 여러 부녀조직을 통합하여 새마을부녀회로 통합한 것은 1977년 8월 1일부터이다.

1979년 10월 26일, 박정희 대통령이 사망했으므로 1970년대는 새마을운동의 연대로 보아도 될 것이다(내무부, 『새마을운동』, 1973. 박진환, 『경제발전과 농촌경제』, 화갑기념 논문집, 1987. 이만갑, 『한국농촌사회연구』, 다락원, 1981).

94) 김주숙, "농촌사회문제에 대한 현행정책과 문제점", 『한국농촌의 여성과 가족』, 한울아카데미, 1994, 403쪽.

는데 이는 전후방의 관련 효과를 극대화하자는 데 있었다. 그리하여 농업 부문보다는 공업 부문, 공업 부문 내에서도 특정산업을 전략산업으로 집중적 지원을 하였다. 제1·2차 5개년 계획기간인 1960년대에는 경공업 부문을 수출전략산업으로 선택하였고, 제3·4차 계획기간인 1970년대는 중화학공업 부문을 수출을 위한 전략산업으로 선정하였던 것이다. 이러한 발전전략은 고도경제성장을 실현하였으나 산업 각 부문 간의 분업에 바탕을 둔 자주적 국민경제의 발전에는 왜곡화된 결과를 낳아 특히 농·공 간의 불균형을 심화시켰다.

1970년대, 정부는 대대적으로 새마을운동을 전개하여 '농촌 잘살기'를 시도했으나,[95] 농촌의 생활환경개선에는 많은 효과를 본 반면에, 생산적 투자가 고려되지 못한 관계로 농업은 가장 수지맞지 않는 산업으로 전락되고 농촌은 상대적으로 낙후되었다. 1985년 당시 전체 농가의 79.2%가 부채농가이며, 1가구당 평균부채는 202만 원에 달하였다.

1972~76년간 산업별 연평균 성장률은, 광공업의 18.2%에 비해, 농림어업은 6.2%, 1977~81년에는 광공업 9.9%이었고, 농림어업은 0.9%에 지나지 않았다.

1970년대 후반, 한국자본주의의 핵심이고 주도적 부분이었던 중화학공업에의 집중투자는 수입대체에 기여하지 못하고, 국제수지 불균형을 확대하였다. 독점자본은 이를 공업제품의 수출증대로 해소해야 했기 때문에 국내 경제구조의 개편은 저임금구조를 어떻게 지속하느냐에 중심이 놓이게 되었다.[96] 이렇듯 고도성장의 최대 지렛대였던 저임금은 농업 부문으로부터의 노동력유출에 의해 유지될 수 있었다.

농촌에서 도시로 유입된 노동력은, 공업화를 위한 저임금노동력의 직접적인

---

95) 조기준은 새마을운동을 가리켜, "새로운 투자배분과 확대를 동반하지 않은 채 정신개조, 생활습성의 개조 등을 통해 기존의 농촌자원의 효율적 활용을 기도한 것이었다. 말하자면, 대외지향적 공업화 과정에서 필연적으로 발생하는 농촌의 정체성을 호도하는 기만적 정책인 것이며, 이는 식민지 시대의 농촌진흥운동과 그 본질에 있어서 하나도 다를 바 없는 것이다."라고 비판하였다(조기준, 전게서, 1991, 90쪽).

96) 김주숙, "여성농민문제의 본질", 전게서, 1994, 515쪽.

원천을 이루었을 뿐만 아니라, 그들의 낮은 노동력 공급가격이 도시노동자의 임금수준을 저수준으로 머물게 하는 역할도 하였던 것이다. 그러나 1970년대의 중반에 한국농업은 전후 최고의 상대적 안정기를 맞았다.

1980년대에 들어서도 한국경제의 양적 성장은 1970년대에 이어 계속되었다. 반면에 농업의 비중이 급속히 감소되어 농업침체의 시기를 열게 된다. 1970년대 후반부터 추진된 이른바 '개방농정'은 농업 부문의 더욱 급속한 쇠퇴현상을 초래하였고 이농현상과 빈농화경향이 심화되어 1967년의 농가인구 1,608만 명에서 1985년에는 852만 명으로 감소하였으며 소작제가 확대되었다.

이 시기에 있어서 농민층의 동향은 〈그림 3-1〉에 잘 나타나 있다.[97] 1970년대 이후 농가 수의 감소는 모든 계층에서 진행되었으며, 전반적인 낙층화(落層化)가 진행되었다고 말할 수 있다. 계층별 농가 수의 변동을 보면, 1965년까지는 상향화의 경향을 보였으나, 1970년 이후는 낙층화가 현저하다. 이러한 변동의 결과, 중간층(0.5~1.0ha 및 1.0~2.0ha층)이 차지하는 비율이 증가하는 현상 이른바 중농비대화경향이 보인다. 예를 들어 1965년 이들 양계층이 전체농가 중에 차지하는 비중이 각각 31.7%, 25.6%였으며 0.5ha 미만 및 2.0ha 이상층의 비중은 35.9% 및 6.8%였다. 그것이 1985년에는 중간층은 각각 36.5%, 29.3%로 증가한 반면에 상하 양 계층은 각각 28.4%, 5.8%로 감소하고 있음을 보여준다. 그러나 이러한 중농비대화는 이들의 중간층이 경영적으로 안정되어 있다는 것을 뜻하는 것이 아니라, 전반적 낙층화과정에 있어서 형태를 정태적으로 잡은 것에 지나지 않는다. 그리고 1985년부터는 서서히 양극화 현상이 나타나고 있음을 그림은 보여주고 있다.

---

97) 〈그림 3-1〉은 錦谷假說(①농업이탈과 신설은 반드시 최하층에서 일어나며, ②각 계층 간의 이동은 이웃계층 사이에서만 일어난다는 가정)을 바탕으로 산업화에 따른 우리나라 농민층의 동향을 도표화한 것이다(錦谷赳夫, 1959, "資本主義發展と農民の階層分化", 『日本資本主義と農業』, 東京, 岩波書店).

연도	(이동)	-0.5(ha)	(이동)	0.5~1.0	(이동)	1.0~2.0	(이동)	2.0~3.0	(이동)	3.0	計
1951		933(42.7%)		782(35.9)		373(17.0)		93(4.3)		3(0.1)	2,184
	34	920	13	677	105	341	32	90	3	3	
1955		954		690		446		122		6	2,218
	79	873	81	633	57	425	21	121	1	6	
1960		952		714		482		142		7	2,297
	210	691	261	533	181	462	20	120	22	7	
1965		901(35.9)		794(31.7)		643(25.6)		140(5.6)		29(1.2)	2,507
	96	787	18	794	12	631	9	123	8	29	
1970		787		824		640		123		37	2,411
	126	661	30	794	34	606	12	111	1	36	
1975		691		828		618		112		36	2,285
	158	533	79	747	2	618	9	103	5	31	
1980		612		747		629		108		31	2,127
	247	365	169	578	108	521	29	79	8	23	
1985		534(28.4)		686(36.5)		550(29.3)		87(4.6)		23(1.2)	1,880
	136	398	85	544	57	486	64	66	21	23	
1990		483(27.7)		544(31.2)		543(31.1)		130(7.5)		44(2.5)	1,744
	268	215	218	326	106	418	19	104	26	44	
1995		433		432		418		123		70	1,476
	59	374	64	368	43	375	8	115		70	
1997		438(30.9)		411(29.0)		383(27.0)		115(8.1)		70(5.0)	1,417

주: 전운성, 『세계의 토지제도와 식량』, 한울아카데미, 1999, 182쪽에서 인용. 단위: 千호(%)

〈그림 3-1〉 경지규모별 농가호수 및 계층변동

이상에서 1970년대 이후 1980년대 중반까지의 한국자본주의의 진전과 경제발전 속에서 농업의 위상과 농가들의 문제를 살펴보았다. 그러나 기본적으로 농업문제란 자본주의사회의 형성과 더불어 발생하고 자본주의하의 농공 간의 불균등 발전을 기초로 해서 생기는 사회경제적 문제라고 할 때, 이 시기는 한국농촌의 여러 문제를 잉태한 시기라 할 수 있다.

(4) 산업화사회 진입기 (1986~현재)

우리나라 경제발전의 전개과정에서 제4단계로 구분할 수 있는 1980년대 중반 이후는 이제와는 다른 양상을 보이게 되었다. 즉, 1980년대 중반 이후의 경제적인 양적팽창과 만성적인 무역수지 적자로부터 흑자로의 전환·확대는 분배구조의 왜곡과 인플레이션을 야기시켰으며, 대외적으로 미국을 위시한 선진 자본주의 국가들과 무역마찰을 일으키게 되었다. 이에 수입자유화의 확대, 원화의 평가절상, 외환규제 완화 및 WTO 출범, 자본자유화의 단계적인 추진이 이루어졌다. 특히, 1980년대 중반을 우리나라 경제가 산업자본주의 단계에 들어선 시기로 보는 준거의 하나는 한국자본주의의 핵심이고 주도적인 부분이라고 하는 중화학공업이 본격적으로 산업의 중추로 자리잡았다는 것이다.

이미 1980년에 부가가치에 의한 산업구조에 있어서 전체산업중 제조업(광공업 불포함)비중이 28.8%였으며, 제조업 중에서 경공업이 47.4%의 비율을 차지한 데 대하여 중화학공업이 52.6%를 점함으로써 이때 이미 중화학공업이 경공업을 앞서 있었다.

또한 산업자본주의 경제가 성립하는 데는 기업이 필요로 하는 축적된 자본과 더불어 생산수단으로부터 해방된 자유노동자층이 형성되어져야 하는데, 농지개혁에 따른 지가보상, 미국 잉여농산물의 판매대전, 고리사채업의 수탈, 부동산투기 및 상거래 등이 8.15해방 이후 자본의 원시적 축적을 이룬 것에다가, 농촌을 떠난 수많은 노동력이 자유근로자층의 형성에 기여하였다. 그로써 자본이 생산자본으로써 본격적인 기능을 하는 산업자본주의 경제사회가 준비되었

던 것이다.[98]

한국자본주의의 현단계와 성격에 관하여는 정치경제학계에서도 여러 견해가 있을 수 있으나 대체로 공통적인 점은 국가자본주의, 독점자본주의, 대외종속성이 크다는 지적들이다. 주종환 교수는 '종속적 주변부 국가독점자본주의'로 규정하였는가 하면, 박현채 교수는 '대외의존적인 경제구조의 심화와 농산물 개방에 의한 경제통합에의 지향에 따른 모순의 첨예기'라고 규정하고 있다.[99]

그러나 한국의 자본주의 성격과 그 발전에 관한 논쟁은 별도의 논의를 요하는 것이고 또한 본 연구의 주목적이 아니기 때문에 여기서는 단지 우리나라가 자본주의 사회라는 기본적 인식과 전제하에서 우리의 농업문제를 살펴나간다.

〈그림 3-2〉는 개항 이후 한국의 자본주의 전개과정에서 사회와 농촌 그리고 농촌여성에게 어떤 변화가 일어났는지를 문헌조사를 통해 작성한 것이다.

---

98) 김문식, "한국농업의 회고와 전망", 『한국농업50년의 회고와 전망』, 광복50주년 기념학술대회 자료, 한국농촌경제연구원, 1995, 12쪽.
99) 김동희, "한국자본주의와 농민·농촌문제", 『한국농업50년의 회고와 전망』, 광복50주년 기념학술대회자료, 한국농촌경제연구원, 1995, 151쪽.

구 분		사회적변화	농촌변화	농촌여성역할변화
해방전		1876년 개항(일본과 수호조약) → 서구자본주의 유입		
		1910 한일합방, 토지조사사업(1910~1918)		
		1920 산미증식계획(1920년 제1차 산미증식계획, 1926년 제2차 산미증식계획, 1940년 제3차 산미증식계획)		
		1929 세계대공황, 농업공황		
		1937 일본의 중국본토침략 1938 미곡증산정책 세계2차대전	→ 조선내 전시자본 체제강화 산미증식5개년 계획 농업인구의 도시유출	→ 농민징용 노동력 부족	→ 전가족의 근로자화 ↓ 여성노동력 최대동원 (야외노동 강요)
해방후	경제개발이전의시기	1945 해방 ————————————→		여성지위향상요구 표출의 계기
		1948 정부수립 및 헌법공포 → 남녀평등 및 자유시장 경제원칙		
		1949 농지개혁법 제정·공포실시 (1949~1953)	→ 모든 농민의 자작농화(경자유전) 소작농 급증 ————→	
		1950 6.25전쟁 발발 (경제성장률 : -15.1%)		전쟁으로 인하여 여성의 활동영역 대폭확대 → 역할 다양화 및 역할 증대
		1953 휴전 1955 한미잉여농산물 협정(PL 480) 1956 → 잉여농산물 도입	→ 저곡가·농업실질소득 저하 농민경제 피폐	
		1961 5.16군사혁명		
		1961 대한가족협회 창립 ————→	농촌가족계획 사업실시	

〈그림 3-2〉 한국의 자본주의 전개와 사회·농촌·여성의 변화

구 분			사회적변화	농촌변화	농촌여성역할변화
해방후	고도경제성장의 전기	1962	제1차 경제개발 5개년계획 시작 (1962~1966, 연평균 경제성장률7.9%)	↓ 농촌의 소자녀화 추진	→ 가족으로부터의 해방의 계기
		1965	식량증산 7개년 계획	저농산물 가격정책 농·공격차유발 농촌노동력 대량유출 ⟶ 여성의 삶 압박(희생)	
		1967	제2차 경제개발 5개년계획 시작 (1967-1971: 연평균경제성장률9.7%) 수출지향 공업화 정책	↓ → 가족해체 농가인구의 감소시작(1968)	→ 농촌부녀화·고령화 본격화
		1969	고미가 정책으로 전환	영세농가의 이농 → 중농비대화 현상	
		1970	새마을 운동시작	총인구에 대한 농가인구 비율50%이하로 떨어짐(1970)	
		1971	제2차 경제개발 5개년계획 종료		

구 분			사회적변화	농촌변화	농촌여성역할변화
해방후	고도경제성장의 후기	1972년	제3차경제개발 5개년계획시작 (1972- 1976)		농촌여성의 역할문제 본격대두
			중화학공업집중 육성 → 산업기반 조성		
		1975	UN : '세계여성의 해'선포	복합영농	새마을 운동으로 인한 여성활동 확대
		1977	새마을 부녀회 통합 제4차 경제개발 5개년계획시작 (1977-1981)		
		1978	개방농정 대두	농작물 다양화	여성고용노동 급격증대 (1980 : 42.6%)
		1979	박정희 대통령 사망	상업농시대 개막	
		1985		농업기술선진화	
	산업화사회진입기	1986	농어촌종합대책 발표	농경제의 화폐화	여성노동의 주년화
		1987	UR협상 시작→개방농정 본격화	농산물수입증대	여성위 노동참여 증대
		1991	농어가 부담경감대책 발표 농어촌구조개선사업 확정 (1992~1998)	전업농육성	여성의 노동강도 증가
				자본주의적 대농장 경영 형태 증가	여성의 겸업화
		1993	UR협상 타결		
		1994	농어촌특별세 신설 (1995~10년간)	농가부채 누증	
		1995	WTO체제 출범	도시형 생활에 대한 동경 → 농외소득 노동증가	
		1997	IMF사태	농가인구 감소율 둔화 (재촌탈농)	
		1998	농어촌구조개선사업 계획기간 종료		

주: 문헌조사에 의거 필자 작성.

〈그림 3-2〉에서 보듯이 1970년대 후반 이후 선진자본주의국가의 보호주의 강화와 수입개방 압력에 의해 위축된 공산품의 수출확대를 위해 수출여건조성의 일환으로 농산물을 수입키로 하는 이른바 「개방농정」이 대두되었다. 그 내용은 ①외국농축산물 수입개방, ②복합영농을 통한 소득증대, ③소농·빈농의 탈농화 유도와 농촌공업육성을 통한 취업기회 제공, ④기업농육성과 이를 위한 농지임차대 양성화 등[100]으로 '산업화사회 진입기'인 1980년대 중반 이후의 시기에 한국농촌과 농업 부문에 중요한 이슈가 되었다.

개방농정의 기본구조는, 지속적 고도성장과 이를 위한 수출주도형 개발전략을 지속시키는 것이며 이를 위해서는 저농산물가격이 필수적이다. 따리서 비교우위론에 입각해서 가격이 낮은 외국농산물을 수입하여 저농산물가격을 유지하여 도시노동자의 생계비를 인하시키고 한편으로 경제적 압박을 받는 농가는 이농을 통해 도시의 산업예비군으로 흡수하거나 복합영농을 권장, 혹은 농외취업을 시켜 소득을 증대시킨다는 구도였다.

이러한 '개방화'는 1986년부터 시작된 UR다자간 협상이 1994년, 농산물에 대한 예외 없는 포괄적 관세화와 단계적 관세인하, 수입물량확대라는 원칙하에 체결되면서 쌀을 포함한 기초농산물에 대한 시장접근이 허용되고 기존의 각종 보상제도를 비롯한 정부의 보호조치 철회 일정 등으로 구체화되었다.[101]

이 개방농정은 한국자본주의 입장에서 볼 때 농업을 부차적인 산업으로 위치부여함을 의미하며, 한국경제가 세계 자본주의체제에 공고히 편입되면서 치룬 값으로 볼 수 있다.[102] 그러나 개방화가 농업의 측면에서 볼 때, 하나의 시련이기는 하지만 역으로 한국농업의 경쟁력을 강화시키는 계기가 된 것도 부인할 수 없다. 농업의 기계화, 재배기술의 획기적 증진 등으로 이 시기에 한국은 농업혁명을 성취하였다고 말하는 이도 있다. 1993년에는 농가소득이 16,928천 원으로 도시근로자 소득과 같은 수준으로 접근했으며 농가주거환경의 개선,

---

100) 조기준, 전게서, 1991, 110쪽.

101) 김이선, 『개방농정체제에서 여성의 농업참여에 관한 연구 - 충청남도 3개 마을 사례연구』, 한국여성개발원, 1997, 38쪽.

102) 김주숙, "농촌사회문제에 대한 현행 정책과 문제점", 전게서, 1994, 404쪽.

부엌개량, 가전제품 등 생활문화용품의 보급 등 자본주의화의 영향이 농가 구석구석에까지 스며든 시기가 이때이다.

이에 따라 농민들의 의식에도 많은 변화가 일어났다. 문화적 풍요 이면에 소외계층의 상대적 빈곤과 박탈감이 늘어나고 높아진 소비문화에 비하여 힘들어진 생산양식에서 비롯된 농민들의 의식상 갈등 등 지금까지 자본주의 전개과정에서 나타난 것과는 사뭇 다른 양상이 나타났고 농촌여성들의 역할에도 변화가 일어났다.

따라서 본 연구의 중점인 이 시기의 농촌변화와 농촌여성의 역할변화, 그리고 그 변화요인에 대하여는 Ⅳ장에서 자세히 다루고, Ⅴ장의 실증조사, 분석을 통하여 검증해 보고자 한다.

2. 농업의 자본주의화와 농촌여성

1) 농업의 자본주의화 과정

사회가 자본주의의 전사(前史)에 해당하는 본원적 축적의 역사적 과정을 거쳐 자본주의사회구성으로 전화(轉化)하면, 도시산업(공업)부문의 자본주의화와 결합하여 농업 역시 자본주의화의 길로 나가게 된다.

물론 농업에 있어서는 토지소유의 제한 등 자본주의적 농업생산 관계가 지니고 있는 특성 때문에 자본주의화가 늦게 진전되지만 상품생산을 지배하는 자본주의적 경제법칙에 따라 필연적으로 상업적 농업이 전개되고 시장경제에 편입되며, 공업과 농업의 분리가 확립되면서 농민층분해가 일어나는데 이것이 바로 농업의 자본주의화이다.[103]

자본주의사회구성에 편입되어 가는 소농민(peasant)은 소생산자로서 보통

---

103) 농업의 자본주의화 과정에 대하여는 윤수종(1990)의 전게논문 16~29쪽에 상세히 언급되어 있으므로 본 연구에서는 이를 바탕으로 재정리하였다.

생산수단(노동수단, 노동대상)의 사적 소유자로서의 자본가적 특징을 지님과 동시에 직접 노동에 종사하는 노동자로서의 특징을 갖는다.

이러한 소농민층은 농업의 자본주의화 과정에서 분화되는데 즉, 농업의 자본주의화는 소생산자층의 생산수단으로부터의 분리와 임노동자층의 증가로 나타나며, 동시에 농업에 있어서 기계의 사용과 고용노동의 사용이 확대되는 것으로 나타난다.

자본주의사회는 본질적으로 상품경제가 전 사회를 지배하는 사회로 모든 생산물이 상품으로 생산되고 상품으로 교환된다. 따라서 자본주의사회는 인간의 노동력 자체도 상품화하여 자본과 임금노동의 관계를 성립시켰다. 즉, 자본주의는 소수의 자본가가 생산수단의 대부분을 소유하고, 다수의 직접생산자인 노동자는 생산수단으로부터 분리되어, 자신의 노동력을 상품으로 판매함으로써 생계를 유지해나가는 사회이다.[104]

이러한 자본주의화 과정은 상업적 농업의 성장으로 발현되며, 농업이 하나의 산업으로서 전문적인 농업상품생산체제로 진전하는 과정에서 경영집약화(노동집약화, 기술집약화, 자본집약화)가 이루어진다.

자본주의가 발전하면 자본의 집적과 집중이 가속화되어 점차 독점체가 등장하고, 이들이 국민경제의 핵심을 차지하며 국민경제의 운동을 지배하고 독점이윤의 실현이 가능해지는 독점자본주의 단계에 이르게 되는데, 이러한 독점자본주의에서 농업은 전반적으로 위축되며 국민경제에서 차지하는 비중이 급속히 감소한다. 또한 농공 간의 불균등발전이 자본주의의 일반적 경제법칙이지만 독점자본주의 단계에서는 그것이 한층 심화된다.

독점단계에 들어서면서부터 중화학공업을 중심으로 자본주의가 급격한 발전을 이루어 가는 가운데, 발전이 상대적으로 뒤지는 농업생산부문에서도 상품경제화 및 자본주의화가 한층 촉진되어 농산물의 생산량 및 판매량이 현저하게 증대된다.

그러나 독점자본주의에서 소농경영양식을 유지하고 있는 농민들은 경영의 압박을 받기 때문에 농외소득을 통해 생활에 대처해 나간다. 따라서 농업경영

---

104) 한국여성연구회, 『여성학강의』, 동녘, 1994, 26쪽.

94

이 농외노동과 연결되고 사회구성의 자본주의화가 고도화되어 가는 과정에서 점차 자본주의적 운동법칙에 깊숙이 편입되게 된다.[105]

농업의 자본주의화에 따라 농업경영이 소농경영이라는 동일한 형태를 취하더라도 그 경영의 내용은 변화해 간다. 즉, 자급자족적 소농경영은 점차 자급위주의 소상품생산 농업경영으로 나아가고, 그 다음에는 자급위주가 아니라 판매위주의 본래적인 소상품생산 경영으로 나아가며, 궁극적으로는 기업적인 소농경영으로 발전한다.

도시공업을 중심으로 한 자본주의의 급속한 발전과 함께 농업노동력의 유출이 격화되며 결과적으로 농업노동력은 양적으로 감소하고 질적으로 저하하여 여성화, 노령화, 상대적 저학력화 등을 초래하게 된다. 또한 자본주의의 고도화에 따라 독점자본의 압박이 강화되어 농민층이 전반적으로 몰락하는 가운데 농민층 분화의 기조가 중농으로 표준화·비대화되는 경향을 보이게 된다(〈그림 3-1〉 참조).

현상적으로(특히 경지규모를 기준으로 볼 때)는 중농층의 비중이 높아지지만 이들 중농층의 경제적 불안정성이 증가하고 있다. 중농층의 비중이 높아지는 것은 정상적인 생산력 경쟁을 통해서라기보다는 중농 상층은 자본집약화의 형태로 경영을 확대해 나가지만 경영확대가 어려운 상태에 처하게 되고, 중농 하층은 탈농하거나 겸업화의 방향으로 나가지만 완전한 임노동자화가 어려운 상태에 처하게 된다.

독점자본의 지배하에서 중농층의 생산력 조건은 취약하고 존립기반이 매우 불안정하며, 따라서 중농층은 다양한 방법으로 수입의 극대화를 도모한다. 즉, 소작을 통한 규모확대, 겸업화를 통한 농외취업기회의 확대, 가족원의 부분이농을 통한 생계비의 절감 등을 통해 대응하나, 노동력의 마모를 가져오는 생활조건 아래에서 과도한 노동으로 지탱해 간다.[106]

이처럼 현상적으로는 중농층의 비대화가 나타나지만 농민의 지출이 증대하

---

105) 주종환, 『농업기계화와 영농조직』, 일조각, 1981, 253쪽.

106) 김종채, "한국사회 농민층분해에 관한 일연구", 『현대 한국의 농업문제와 노동운동』, 문학과 지성사, 1990, 87~92쪽.

면서 농업소득에 의한 경제적 자립층의 한계성이 급상승하여 실질적으로는 중간층도 현저하게 하향 분해된다. 그리하여 독접자본주의하에서 독점자본의 압력으로 많은 농업인구가 산업노동인구로 전화하면서 농업인구는 급속히 감소한다. 이와 같은 농업의 자본주의화 과정은 나라마다의 역사적 조건과 상황에 따라 차이가 있겠지만 자본주의화 과정의 보편적인 현상은 대동소이하다.

2) 한국농업의 자본주의화와 농촌여성의 역할변화

기본적으로 농업문제란 자본주의하에서 농업과 공업이 불균등하게 발전함으로써 생기는 사회·경제적인 문제이다. 따라서 농업문제를 매개로 해서 생기는 농촌사회문제는 자본주의 발전과정을 도외시해서는 이해하기 어렵다.

개항 이후 한국자본주의의 진전에 따라, 특히 1970년대 이후 농촌사회 문제의 중심과제로 대두된 농촌여성 문제도 한국자본주의의 진전과 농촌구조의 변화 속에서 나타난 것이다.

해방 이전의 자본주의화 과정에서도 우리나라 농촌여성의 경제적 활동에 많은 변화가 일어나고 있었다. 농촌여성들이 오래전부터 농사일에 참여하고 양잠, 양계, 직조 등 가사영역의 경제활동에 전적인 역할을 수행해 왔음은 이미 언급한 바 있다. 그러나 일제 강점기에 일본은 대공황과 전쟁으로 인한 경제적 어려움을 극복하기 위해 식민지 수탈정책을 강화하였고 그 와중에 한국의 농촌여성들은 생산활동에 본격적으로 내몰렸다. 그 후 해방이 되고 지난 50여 년간 한국이 산업화의 길을 걸어오는 과정을 농촌여성의 역할과 연관지어 고찰할 때 명백히 부각되는 점은 농촌여성의 생산참여의 증대라는 점이다.

여성의 노동력을 통한 생산활동에의 참여는 그것이 생산에만 그치는 것이 아니라 여성들의 지위향상 및 여권의 신장과 깊은 관련성이 있다. 또한 그것은 여성의 지위가 종속적 관계로부터 독립된 인격으로 발전되는 기반이 된다. 즉, 여성의 생산참여는 여성들의 경제적·가계적 바탕을 구축하는 데 그치지 않고 사회적·법률적 지위 향상과 더불어 여권신장의 지름길이 되고 있음은 서구사회의 산업화 과정에서도 여실히 보여주었다.[107] 여기에서는 해방 이후에 한정하여 한국농업이 자본주의화 되는 과정에서 농촌여성의 삶과 역할이 어떻게 변화되었는지를 살펴보고자 한다.

1950년대 말과 1960년대의 농촌가족에 관한 연구나 1970년대와 1980년 이후의 농촌여성에 관한 연구는 그 연구의 목적과 폭이 각각 다르기는 하지만 일관되게 농촌여성의 역할 증대사실을 지적하고 있다.[108]

1945년 해방 이후부터, 세계자본주의 체제로 본격적으로 편입되기 시작한

---

107) 오늘날 서구에서 여성농업인의 사회적·법률적 지위는 남녀평등의 바탕위에 정립되어 있다. EC회원국에서는 여성농업인의 권리와 위무가 남성과 동일하다. 독일에서는 부인이 남편과 농장을 공동소유 할 경우 공동경영인으로 인정하며, 벨기에나 덴막도 마찬가지이다. 이 경우 부부는 공동소유자로서 의사결정을 공유하고 수입과 지출을 각기 독립적으로 결정할 수 있고 재산, 수입, 부채를 균등하게 배분한다. 프랑스에서는 여성농업인은 ①임금수령자, ②동업자(공동경영인), ③가족농업보조자의 3가지 지위 중 하나를 택하도록 하고 있는데, 1980년의 농업법에서 부인은 남편의 동의나 서명 없이도 농장의 경영에 관한 독자적인 행동을 용인하고 있으며, 1999년에 개정된 농협법에서는 여성농업인의 지위를 더욱 개선하여 남편과 동등한 사회적 신분을 보장하고 있다. 이러한 부인의 권리는 독일, 벨기에, 덴막과는 달리 농지소유권 여부와 관계없이 인정된다.
공동경영인 외에 가족농업 보조자로서도 권리를 갖는데, 프랑스에서는 가족농업 보조자 그 자체를 사회적 지위로 인정한다. 덴막크나 네델란드 같은 나라는 배우자를 돕는 여성농업인에 대해 세제상의 혜택이나 재산공유 등의 제도를 도입하여 여성농업인의 노동과 지위를 사회적으로 인정하고 있다. 이러한 서구(EC 회원국)에 대하여 일본은 법률상 남녀차별이 존재하지 않으나 현실적으로 남편이 경영주로 취급되며 또한 농업노동력의 절반 이상이 여성에 의하여 담당되어도 그 노동에 대해 정당한 보수가 실현되는 예는 적고, 농업자산도 여성명의로 등기되는 경우도 드물다. 우리나라에 있어서의 여성농업인의 지위는 일본과 비슷한 실정이라 할 수 있다(서구 및 일본의 여성농업인의 사회적·법률적 지위에 관하여는 박민선, 1999, 의 논문과 農村女性問題研究會, 日本, 1992, 자료에 상세히 언급되어 있다).

108) 김주숙, "농촌여성과 일-그 체계와 보상", 『한국여성과 일』, 이화여자대학교 출판부, 1996, 213~214쪽.

1960년대 이전까지의 시기는 한마디로 혼돈기라 할 수 있다. 1948년 정부수립과 함께 제정된 헌법에는 남녀평등과 동등한 참정권이 명시되어 여성의 권익이 보장되는 우리사회의 성격과 발전방향이 제시되었으며, 헌법에 보장된 성차별금지 정신과 그동안 축적된 여성의 힘은 이후 전개되는 사회변화과정에서 여성의 권익신장과 삶의 터의 확장을 가져오는 지렛대가 되었다.[109] 그러나 이시기는 해방과 전쟁 그리고 전후복구로 이어지는 정치적 혼란과 경제적 궁핍기로서 '남녀평등'이나, '여성권익'은 사치스런 표현이라 할 수 있다.

전쟁의 포화를 피하고, 이삿짐을 싸고, 가족의 생계를 책임져야 했던 여성에게는 사느냐 죽느냐의 절박함 속에 고달픈 시기였다. 그러나 이러한 역사적 선회기는 과서에는 여성들에게 금지되었던 생산영역과 남성적 활동영역에 까지 여성이 대거 참여하는 계기가 되었다.

세계2차대전 말까지도 양반을 자처하는 집의 여자들은 논밭에 나가서 일하는 것이 금지되었고, 전쟁 말기에 여자들이 논·밭일을 돕고 부락사업에 참가하기 시작했을 때도 남자와는 별도로 부녀자들끼리 일을 했었다.[110]

한국의 전통사회에서 여자들은 집안에 은둔하며 일을 하거나 눈에 뜨이지 않을 정도의 소규모집단 활동에 참여하는 게 일반적이었다.[111] 어떤 곳에서는 동네 마을에 가는 것도 여자의 경우에는 50세 이상의 노인에게만 허용되었다. 설령 생산활동에 종사하여도 그것을 가사의 일부로 인식하고 있었다. 여성의 노동대상이던 부식마련, 채소재배, 가축사양, 양잠, 양계, 길쌈 등의 생산적 노동도 가사의 영역이었다.

학자들 중에는 한국의 농촌여성들이 오래 전부터 밭일에는 종사하였으나 논일은 일제시대의 식량증식정책의 일환으로 여자들이 모내기 작업에 동원되기

---

109) 권영자, "광복 이후의 사회 변천과 여성", 『한국여성발전50년』, 정무장관 (제2)실, 1995, 1쪽.

110) 고황경 외,『한국농촌가족의 연구』, 서울대학교 출판부, 1962, 48쪽.

111) 그렇다고 해서, 한국의 전통사회(조선)에서 여성들이 유교와 가부장제의 영향으로 집안에만 들어앉아 사회적 접촉을 하지 않고 경제적으로 철저히 비활동적이었다고 정태적으로 이해해서는 안 된다.

시작함으로써 참여하게 되었다고 한다. 그러나 전통사회의 생활상을 엿볼 수 있는 옛그림[112]을 보면 여성이 남성과 함께 모내기를 하는 풍경이 등장하고 있어 일제시대 이전에 이미 여성이 논농사에 참여하고 있었음을 알 수 있다. 다만 일제시대의 혼란기를 통하면서 생존의 기로에 선 빈한한 농가의 여성들이 경제활동의 전면에 나서 생산활동에의 참여가 크게 증대되었다는 것은 부인할 수 없다.

더욱이 1950년대는 소작농의 급증, 미국잉여농산물 도입으로 인한 국내농업의 파탄 등으로 농가 대부분이 극도의 빈곤에 시달렸고, 덧붙여 강력한 가부장제하에서 남존여비 사상이 강했던 점을 감안할 때 농촌여성의 비참했음을 추측할 수 있다. 그러나 여성들은 여전히 일제하에서와 같이 기본적으로는 사회적 생산노동에 참여할 권리를 갖지 못하고 배제되면서 다른 한편으로는 공업의 가장 밑바닥 노동력과 무보수 농업노동력으로 이용되었다.

이 시기에 전체 인구의 약 60~70%를 차지하는 농민 가운데 2ha 이상을 경작하는 농민은 6~7%에 불과하였고 나머지 농민들은 자신의 가족노동을 동원하여 농사를 지어야 하는 영세농가였으므로 대부분의 여성들은 직접 농업노동에 참여하지 않을 수 없었다.

1960년대 들어서까지도 남편이나 처를 포함하는 가족협력의 분야가 아니면 대체로 경제활동은 부인의 분담역할이 아니라 남편의 분담업무로 되어 있었다.[113] 그러나 장시간 지속적인 체력을 요하는 '논매기'와는 달리 '밭매기'일만은 남편보다 부인이 몇 배 더 참가하는 등 생산활동에의 참여가 높아지는 경향이 나타났다. 농촌여성들의 역할, 특히 경제활동에서의 여성역할이 본격적으로 논의된 것은 1970년대에 들어와서이다.

1960년대 이후 계속적으로 추진된 산업화정책의 결과로 농업자본주의화의

---

112) 『조선시대 사람들은 어떻게 살았을까』(한국역사연구회 지음, 청년사, 1997) 71쪽의 그림(독일 게르트루트 클라센 박물관 소장, 연대 미상)을 보면 논북을 치는 가운데 남자와 여자가 함께 어울려 공동모내기를 하는 장면이 나온다.

113) 최재석, 『한국농촌사회 연구』, 일지사, 1990, 127쪽.

보편적인 현상은 우리나라 농촌에서도 거의 그대로 나타났다. 즉, 상품경제 및 화폐경제화, 신분의 자유화, 농공 간 불균등성장, 가사의 기계화, 농업의 기계화, 상업적 농업의 전개, 농업기술의 향상, 농업비중의 감소, 농업노동력의 유출과 여성화·노령화, 농민층분해, 중농비대화와 하향분해, 겸업화와 농외취업 확대, 임노동자의 증가 그리고 노동의 증대 등이 바로 그것이다. 특히 농촌 청장년층의 이농이 가속화됨으로써 농촌에서의 기존 노동력이 유출되어 일손이 부족하게 되어 결과적으로 그동안 묵과되어 오던 농사보조자로서의 여성농업노동력의 중요성이 재인식되게 되었다.

또한 1970년대에 들어서면서 시작된 새마을운동도 농촌여성의 역힐과 생활에 큰 변화를 가져오는 요인이 되었다. 1973년 1월 5일 국무회의 보고사항 속에는 농촌사회내의 구조적 변화로서 부녀층의 사회참여를 기록하고 있으며, 동시에 앞으로의 개선사항으로 부녀층의 더욱 폭넓은 참여를 거론하고 있다. 농촌새마을운동 추진과정에서 여성의 활동은 남성과 구분되지 않을 만큼 부락전체의 개발사업에 여성이 동원되었다.

1970년대 후반부터 시작한 우리나라의 중화학공업에 대한 집중투자를 통한 공업화와 1988년대에 본격화된 '개방농정'은 농가경제에 큰 영향을 미치고 아울러 농촌여성의 역할에 새로운 양상을 띠게 하였다. 즉, 농촌인구의 이농에 의한 농업노동력 부족과 농촌경제의 화폐화이다.

농촌의 노동력부족은 1960년대 이래 비농업 부문의 급성장과 도시성장의 파급효과의 하나이며, 여기에서도 농촌경제의 예속성의 한 증거를 발견한다. 도시인구에 비하여 높은 자연증가율을 보이는 농촌인구의 수가 감소된 것은 농촌인구 중, 특히 생산층의 젊은 연령층이 대거 전출한 데에 가장 큰 원인이 있기 때문이다. 그 결과 농촌 부락에는 2, 3채의 빈집이 있는 것이 예사가 되었으며 젊은이들은 몇몇 학생들 외에는 거의 눈에 뜨이지 않게 되었다.[114]

농업인력의 이농은 농업노동의 성별분업 체계를 바꾸어 놓았다. 농가의 농업노동에서 성별분업 체계를 바꾸어 놓은 가장 중요한 요인은 농업에 종사하던

---

114) 조형, "농촌사회의 변화와 농촌여성", 『농촌사회개발 연구』, Ⅴ, 고려대학교 출판부, 1981, 229-230쪽.

노동력의 이농과 자녀의 취학이다.

농업 이외의 대안이 없는 전통적인 농경사회에서 농가의 인구 중 노동이 가능한 노동력은 대부분 농업에 종사해 왔다. 따라서 농가의 주부는 자녀의 출산과 육아, 가사노동에 전념하면서 보조적으로만 농업노동에 참여해 왔다.

그러나 산업화가 진행되면서 농가의 잉여 노동력이 취업을 위해 이농하고 노동이 가능한 자녀들은 고등교육 이수를 위하여 취학하고 있기 때문에 농가의 농업노동력은 대부분 부부노동력으로 고착되었다. 따라서 농가여성의 농업노동이 증가하게 되고 남성이 담당하던 농작업에도 참가하지 않을 수 없게 되었다.[115]

노동력부족과 함께 농촌에 나타난 급격한 경제변화는 농가경제의 화폐화이다. 임금노동의 증대와 농업의 기계화와도 연관된 농가의 화폐의 필요성과 농작물의 다양화·상업화가 모두 여기에 기여하였다. 자녀의 교육비, 농기구·농약·비료를 비롯한 일부 생활필수품의 구입을 위해서는 반드시 현금을 가져야 한다. 또한 농민들의 생활수준에 대한 기대가 높아짐에 따라 소득증대 자체가 농가의 중요한 목표가 되었다. 따라서 가계상(家計上)의 현금조달과 생활수준향상을 꾀하는 농민들은 현금소득을 위한 생산활동에 주력하고 그 대신 과거에 자급자족하던 물품들을 시장에서 구입하게 되었다.

이러한 상황하에서 농가의 현금소득증대는 중대한 가치로 받아들여졌고, 노동에 대한 가치관도 변화되었다. 소득증대를 위한 어떠한 노력도 정당한 것으로 받아들여짐으로써 농외취업 등 경제성이 있다고 생각되는 일이면 여자나 자녀들까지 거리낌 없이 노동에 참여하여 가계를 보충하게 되었다.[116]

결과적으로 농촌여성들은 노동 능력을 가진 노동자로서 자신의 의사에 의해 노동력을 거래, 판매할 수 있는 자유로운 임금 노동자의 길이 열린 것이다. 드디어 여성들은 가부장인 아버지나 남편에 의존하지 않고 여성 스스로의 힘을 통해 독립적인 사회 경제적 지위를 획득할 수 있게 되었[117]지만, 한편으로는

---

115) 정기환, 『농가여성의 노동력구조와 경제활동 실태』, 한국농촌경제연구원, 1997, 62쪽.

116) 조형, 전게 논문, 1981, 231-232쪽.

자유로운 노동자로서의 위치를 획득하였으면서도 다른 한편으로는 가사의 전담자로서 가정에 묶이는 모순된 위치에 놓이게 되었다. 그리하여 대다수 농촌여성들은 생산 노동과 노동력 재생산노동을 동시에 부담하게 됨으로써 이중노동에 시달리게 되었다

〈그림 3-3〉은 농업의 자본주의화로 나타나는 보편적 현상이 농촌여성의 역할, 특히 생산노동에 어떠한 영향을 미쳤는지를 각종 문헌을 종합정리하여 본 연구자가 작성한 것이다. 이 그림 을 통하여 상품·화폐경제화, 신분의 자유, 농공 간 불균등성장, 가사 및 영농의 기계화, 농업기술의 향상, 수출지향의 공업화, 이농과 농촌인구의 감소, 상업농 전개, 농산물 수입개빙화, 다양한 환금성작물 재배 등 자본주의화(산업화)의 여러 현상들이 농촌여성의 생산노동에의 참여를 증대시켜 결국 여성의 노동부담을 가중시키는 결과로 모아지고 있음을 알 수 있다. 그렇다면 자본주의화가 과연 농촌여성에게 노동부담과 고통만을 가중시키는 것일까? 그에 대하여는 사례지역의 실증조사를 통해 검증할 것이다.

---

117) 한국여성연구회, 전게서, 1994, 26-27쪽.

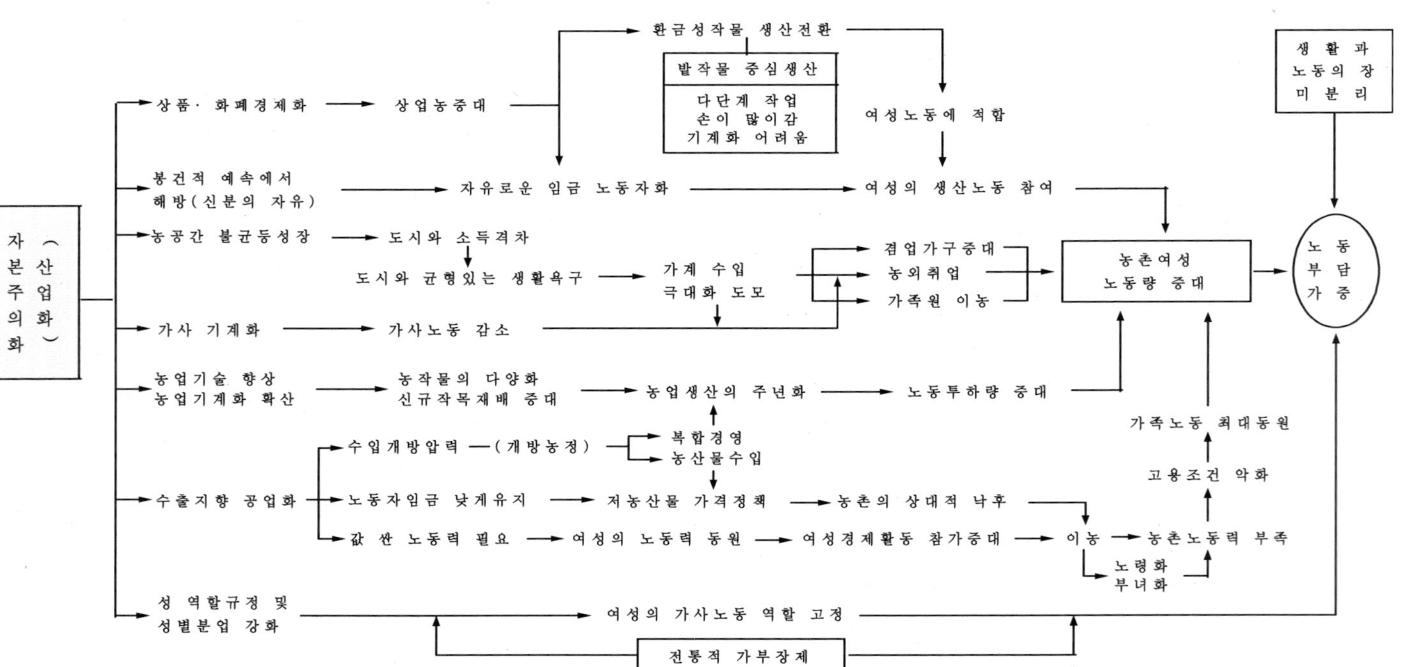

주: 문헌조사에 의거 필자 작성

〈그림 3-3〉 한국 농업의 자본주의화와 여성의 역할변화

Ⅳ. 농촌발전과 여성의 역할

앞의 Ⅲ장에서는 우리나라에 자본주의(산업화)가 전개됨에 따라 사회와 농촌 그리고 여성에게 어떤 변화가 일어났는지를 고찰하였다. 특히 최근 10여 년간에 걸친 '산업화사회 진입기(〈그림 3-2〉 참조)'는 우리 농업사에 「개방」과 그에 대응한 「농어촌구조개선」의 시대로 기록될 것이다.

따라서 본 장에서는 농어촌구조개선의 연대라 할 수 있는 지난 10여 년 동안에 우리나라 농업구조가 어떻게 달라지고 농촌이 얼마나 변화했는지를 살펴보고, 아울러 그러한 농촌개발과 구조개선이 농촌여성의 역할에 어떤 변화를 초래하였는지를 고찰하고자 한다.

1. 개방농정과 농촌의 변화

1) 개방과 전환기의 농업정책

우리나라는 1970년대 중반까지 증산을 통한 식량자급을 농업정책의 중심축으로 추진하였다. 그러나 공산품 수출증대와 함께 1970년대 말부터 국내의 농산물시장이 일부품목을 중심으로 개방되기 시작하면서 농업정책 또한 농산물 수입개방에 대응을 목표로 재편되기 시작하였다. 이것이 소위 「개방농정」의 출발이다.

농산물시장 개방이 농민은 물론 전 국민에게 그 심각성을 인식시키는 계기가 된 하이라이트는 UR협상이다. 그로 인해 「우루과이 라운드」는 한 시대를 풍미하는 유행어가 되었다.

1986년부터 시작된 UR다자간 협상은 1994년 농산물에 대한 예외 없는 포괄

104

적 관세와 단계적 관세인하, 수입물량확대라는 원칙하에 최종의정서에 서명함
으로써 쌀을 포함한 기초농산물에 대한 시장접근이 허용되고 기존의 각종 보상
제도를 비롯한 정부의 농업보호조치 철회일정이 구체화되었다(〈표 4-1〉 참조).

〈표 4-1〉 UR농산물협상의 주요일지

일 정	주 요 내 용
1986. 9. 20	우루과이의 푼타 델 에스테에서 105개 국가가 모여 새로운 다자간 무역협상을 하기로 공식선언
1991. 12. 20	던켈 GATT 사무총장이 최종협정안 제시
1993. 8. 30	TNC(무역협상위원회), 12월 15일의 타결시한에 합의
1993. 12. 9	한국, 쌀시장 부분개방 수용발표
1993. 12. 15	UR협상 타결
1994. 4. 15	UR 최종의정서 서명
1995. 1. 1	WTO체제 출범

이렇듯 개방화, UR협상, 수입자유화로 상징되는 1980년대 중반 이후와
1990년대는 한국농촌에 상반된 영향을 미쳤다. 그 하나는 주로 1980년대
중·후반에 나타난 것으로 주곡생산의 급격한 감소, 식량자급도 저하, 농산
물 가격폭락, 농가부채의 누적, 농촌가족의 해체, 광범위한 소작제 확산 등
농촌사회의 피폐화이다.

"농촌에서 어린아이 울음소리를 들을 수 없게 되었다"는 말이 나올 만큼 농
촌이 노령화되고 농촌 청년들은 장가를 가지 못해 전전긍긍하며, 결혼과 부채
문제로 고민하던 농민이 자살하는 등의 소동이 일어난 것도 이때이다.

또 다른 하나는 농업구조 조정에 관한 것이다. 1970년대 말까지, 농정은 절
대빈곤과 식량부족을 극복하기 위하여 토지생산성 위주의 '증산농정'을 계속해
왔다. 농정의 주안점도 구조개선이나 경쟁력 강화보다는 농산물, 그중에서도
주곡증산을 위한 쌀 다수확 신품종의 개발 및 보급에 의한 녹색혁명, 이중 곡
가제에 의한 가격지지 등에 두어졌고, 이를 보완하는 수준에서 농어민소득증대

사업과 농어촌개발사업 등이 추진되었다.

그러나 1980년대에 들어서면서 양특적자의 누적, 냉해, 농산물수입에 의한 고추 및 돼지파동 등으로 농촌경제가 침체되고 농가부채 증가로 증산농정은 한계에 부닥쳤다. 그로부터, '복합영농 및 농외소득론', '물가안정을 위한 개방농정론'과 이에 맞서는 '보호농정론', '주곡증산 지속론' 등이 대두되었다. 이에 정부는 1986년 3월에 누적된 농업문제를 근본적으로 해결하고 침체된 농어촌 경제를 활성화시키고자 「농어촌종합대책」을 마련하였고, 이후 농산물 시장개방에 대응하기 위하여 여러 차례 농어촌대책을 수정·보완하였다(〈표 4-2〉 참조).

「농어촌종합대책」은 농정의 새로운 방향정립을 위한 첫 시도였다. 다만, 이 대책은 주로 농어촌의 공업화 등을 통한 농외소득원의 개발, 농어촌 생활여건의 개선, 농어민의 부담경감 등을 강조하였기 때문에 농산물시장 개방에 대응하는 종합적 경쟁력강화 정책으로는 미흡한 점이 있었다. 그 이후에 발표된 「농어가부담 경감대책(1987. 3)」, 「농어촌경제 활성화대책(1987. 12)」 등도 이러한 한계에서 탈피하지 못함으로써 농업의 구조개선을 위한 대책이 중장기적으로 일관성 있게 추진될 수 없었다.

1990년대에 들어서면서 UR타결의 분위기가 무르익자, 시장개방으로 인하여 우리 농업이 단시일 내에 붕괴될지 모른다는 불안이 팽배하였다.

<표 4-2> 전환기 농촌정책의 주요 내용

대책명	주요내용
농어촌종합대책 (1986. 3)	농어촌공업화 및 생활여건 개선 농어가 부담경감(소 입식자금, 영농자금 이자율 인하 등) 농어촌개발기금 설치
농어가부채경감대책 (1987. 3)	농어가 고리사채를 제도금융으로 대체 중장기 정책자금 금리인하
농어촌발전종합대책 (1989. 4)	농어촌구조개선 추진을 위한 중장기전략과 비전제시 농업진흥지역, 위탁영농회사·영농조합법인제도 도입결정 가격안정대, 자조금제도 도입으로 가격안정 도모
농어촌구조개선대책 (1991. 7)	농어촌구조개선을 위한 42조 원 투자계획 마련 농어촌구조개선 특별회계 설치 농지·산지 전용부담금 신설
'신농정' 5개년계획 (1993. 7)	42조 원 구조개선투자를 3년 앞당기고 투자순위 조정 농정사업 추진방식을 상향식으로 전환 양정, 농지제도 등의 개혁
농어촌발전대책 및 농정개혁방안 (1994. 6)	WTO체제 대응농정의 기본 틀 마련 농어업 경쟁력강화 10대 핵심사업 추진 농어촌 발전을 위한 개혁과제 추진 농어촌 생활개선 및 복지증진을 위한 중장기대책 추진 15조 원 농특세 신설 및 투융자계획 조기집행

자료: 강정일, "농정개혁의 평가와 향후과제", 『농촌경제』 제20권 제4호, 한국농촌경제연구원, 1997, 77쪽.

이에 정부는 1990년 이전까지 시행해온 생산위주의 증산시책, 소득원개발 등에 의존한 농외소득시책으로는 개방시대에 대응하는데 한계가 있음을 알고, 1992년부터 2001년까지 42조 원을 투입하는 근본적인 농어촌구조 개선사업을 추진하게 되었다(<표 4-3> 참조).

〈표 4-3〉 농어촌구조개선 42조 원 투자계획

단위: 백 만 원

주요사업	내 용	금 액
인력육성	후계자, 전업농 15만 호 육성 등	23,756
생산기반	경지정리, 용수개발 등	86,063
기계화	농기계 공급 등	30,720
영농규모화	농지교환, 분합 등	25,408
소득원개발	농공단지조성 등	24,682
생활환경개선	주거환경, 정주권개발 등	10,348
기 타	축산, 어업, 임업구조개선 등	153,000

주: 42조 원 계획 중 중앙지원분(353,977백 만 원)임.
자료: 농림수산부, 『농림수산사업통합실시요령』, 1994. 12에 의거 작성.

1993년 12월, UR이 타결되고, 1995년 1월에 WTO체제가 출범하면서 개방화라는 내외적 시련에 직면하였다. 이에 정부는 1994년 2월, 대통령 직속의 「농어촌발전위원회」를 발족시키고, 1994년 6월 14일 「농어촌발전위원회」의 건의를 토대로 농어촌특별세를 신설하여 1995년부터 2004년까지 10년간 15조 원을 투자하기로 하였다. 동시에, 기존의 농어촌구조개선 42조 원 투자계획을 당초 2001년까지에서 1998년까지 앞당겨 집행하여 농업의 경쟁력을 조기에 갖추는 것을 골자로 하는 「농어촌발전대책 및 농정개혁추진방안(농촌발전대책)」을 확정, 발표하였다. 농어촌특별세를 포함하여 총 57조 원이 투입되는 농촌구조개선사업은 많은 문제점이 지적되고 있음에도 불구하고[118] 우리 농업과 농촌사회에 여러 가지 변화를 가져왔다.

---

118) 농어촌구조개선사업의 문제점에 대하여는, 특히 '월간조선'(조선일보사, 1998. 9월호) 306~341쪽에 "농어촌에 쏟아 부은 국부(國富) 5백 억 달러(61조 원)의 행방"이라는 제하로 상세히 다루고 있다.

2) 농업구조의 변화

(1) 경영구조의 변화

이상에서 살펴본 바와 같은 정부의 각종 농업·농촌대책은 궁극적으로 농업구조를 개선하는 것이며 농업구조개선의 핵심은 기존의 농업경영구조를 개선하는 것이다. 그에 따라 농업의 규모화·전문화를 통하여 쌀농업은 규모화 되고 원예 및 축산업은 전업농화 되는 추세이다. 영농형태별 농가호수를 보면 쌀재배 농가 수는 1990~1998년간 연평균 3~4% 줄어든 반면, 원예농가는 1990년의 285천 호에서 1998년에 413천 호로 연평균 5~6% 증가하였고, 같은 기간 동안 한우사육농가는 연평균 3~4%씩 줄어들었으나 사육두수는 오히려 연평균 5~6%씩 증가하여 그 규모가 커졌다 (〈표 4-4〉 참조).

〈표 4-4〉 영농형태별 농가분포

단위: 천 호(천두)

구 분	1990년	1995년	1998년
쌀재배	1,232	823	820
원예(과수, 채소, 화훼)	285	401	413
한우(사육두수)	620(1,622)	519(2,594)	427(2,383)

자료: 농림부, 『농림업 주요통계』, 각 년도.
　　　통계청 인터넷, "농업기본통계."

규모화와 함께 나타난 경영구조 변화의 주목할 만한 것은 시장판매를 목적으로 하는 작물생산이 크게 증가됐다는 점이다. 즉, 농업경영 형태가 미곡위주의 생산방식에서 환금성작물 생산과 축산으로 바뀜으로써 상업농업이 크게 확대된 것이다.

전통적으로 농업생산은 가족소비와 안정적 수요를 상정해왔으며 따라서 작물이나 기술의 변화에 민감하지 않았지만, 시장과 직결된 상업작물을 생산하게 됨으로써 기술과 정보를 중요시하는 경영으로 바뀌게 되었다. 이와 같은 농업의 규모화, 전문화, 상업화, 특히 시설채소 재배를 통해 농한기의 개념이 사라져 농업노동이 주년화되는 등 경영구조의 변화가 초래되었으며, 이는 농촌여성의 역할과 노동강도를 변화시키는 것과 깊은 연관을 갖는다.

(2) 농가소득구조와 생활여건의 변화

농가소득 수준은 농가구성원의 경제적 생활과 직결될 뿐만 아니라 여성의 경제활동참여의 강도와 밀접한 관계가 있다는 점에서 중요한 의미를 갖는다. 또한 농가의 생활수준이나 여선은 이농이나 농업에 대한 만족도 등과 관련이 있어 결과적으로 농촌여성의 역할에 영향을 미치게 된다.

농가소득은 1960년대 말까지 부진하다가 1970년대 초중반에는 상대적 고미가정책과 쌀 신품종을 중심으로 한 적극적인 농업개발정책에 힘입어 상대적으로 호전되었으나 1970년대 후반 이후 열세가 지속되어 농가소득이 도시근로자가구소득의 80%수준에서 정체되는 경향을 보였다. 그러나 많은 수에 달하는 저소득 노령농가들의 은퇴와 농업구조 개선사업에 따라 농가소득이 꾸준히 증가하는 추세이다.[119] 다만 IMF라는 돌발상황으로 인하여 1998년의 농가소득은 그 전해에 비하여 약간 낮아졌다.

1998년의 농가호당소득은 20,494천 원으로 이는 1990년의 11,026천 원에 비해 2배 증가한 것으로 GNP성장(1.7배)보다 빠른 속도이며 연간소득 3천 만원 이상의 농가도 약30%에 달하는 것으로 나타났다. 또한 농가소득 중 농외소득비중이 1990년의 25.8%에서 1998년에는 34.0%로 늘어나 소득작목과 농외소득원이 다양화되고 있음을 보여주고 있다(〈표 4-5〉 참조).

---

119) 정영일, "농업구조변화와 전망", 『한국농업50년의 회고와 전망』, 광복50주년 기념학술대회자료, 1995, 한국농촌경제연구원, 62쪽.

〈표 4-5〉 농가소득, 농업소득, 농외소득의 변화

단위: 천 원(%)

구 분	1990	1993	1995	1998	대비(배) 98/90
농가소득	11,026(100.0)	16,928(100.0)	21,803(100.0)	20,494(100.0)	1.9
농업소득	6,624(56.8)	8,427(49.8)	10,469(48.0)	8,955(43.7)	1.4
농외소득	2,841(25.8)	5,040(29.8)	6,931(31.8)	6,976(34.0)	2.5
이전수입	1,921(17.4)	3,461(20.4)	4,403(20.2)	4,563(22.3)	2.4

자료: 농림부, 『농가경제통계』, 각 년도.

이에 따라 생활수준도 달라져 칼라TV 보유율은 100%를 훨씬 상회하고 (145%) 자동차 보유만 하더라도 농가 2호당 1대를 보유하는 등 크게 변화하고 있다. 농외소득의 증가와 생활수준의 변화는 삶의 질 향상이라는 긍정적 측면과 함께 농촌여성의 역할변화에도 영향을 미친다(〈표 4-6〉 참조).

〈표 4-6〉 농촌구조개선사업전후의 농가생활여건 변화

단위: 대/100호당

구 분	1990년	1995년	1998년
칼라TV	96.3	133.6	145.1
세탁기	37.4	81.0	93.4
컴퓨터	-	12.5	21.2
자동차	5.0	29.6	44.1
전자렌지	-	24.4	46.8

자료: 농림부, 『농림업 주요통계』, 1998자료에 의거 작성.

(3) 농업노동력구조의 변화

1960년대 이후 본격적으로 진행되어 온 산업화로 농촌의 청년노동력이 이출됨으로써 농가노동력은 노령화되고 여성화되어 농업경영을 압박하였다. 이는 1970년대 이후 농촌노동력의 부족으로 나타나 농촌노임의 상승, 가족노동력의 강화, 농업기계화의 진행으로 이어졌다.

〈표 4-7〉에서 보듯이 농가인구 및 농가호수는 1967년을 정점으로 감소하기 시작한다. 즉, 1965년에 15,812천 명 및 2,507천 호에 달하던 농가인구와 농가호수는 1967년에 16,078천 명 및 2,587천 호로 피크를 이루었으나 30년 후인 1997년에는 4,468천 명 및 1,440천 호로 1967년 대비 농가인구는 72.2%, 농가호수는 44.3%가 줄어들었다.

이농의 양상은 1960년대는 극빈의 영세농을 중심으로 세대유출이 많았으나, 1970년대 이후는 공업화와 함께 고용기회가 늘어남으로써 젊은층을 중심으로 한 단신유출이 많았다.[120]

〈표 4-7〉 농가인구 및 농가호수의 변화추이

단위: 천 명, 천 호

연 도	총인구(A)	농가호수	농가인구			B/A	호당인구
			계(B)	남	여		
1965	28,705	2,507	15,812	7,963	7,850	55.1	6.31
1967	29,471	2,587	16,078	8,067	8,011	54.6	6.21
1970	32,241	2,483	14,422	7,164	7,258	45.9	5.81
1975	35,281	2,379	13,244	6,654	6,590	37.5	5.57
1980	38,124	2,155	10,831	5,416	5,415	28.9	5.02
1985	40,806	1,926	8,521	4,246	4,275	20.9	4.42
1990	42,869	1,767	6,661	3,279	3,382	15.5	3.77
1995	44,609	1,501	4,851	2,373	2,478	10.9	3.23
1997	45,991	1,440	4,468	2,149	2,319	9.7	3.10
1998	46,430	1,413	4,400	2,129	2,271	9.5	3.11

자료: 농림부, 『농림업주요통계』, 각 년도.

농업인구의 감소가 어느 정도 심각했는지는 다른 나라들의 농업인구감소와 비교해보면 확연히 드러나는데, 〈표 4-8〉에서와 같이 농업인구가 40%에서 16%로 줄어든 기간이 우리나라의 경우 14년으로 가장 짧아 농업인구 및 노동력 구조의 변화를 실감할 수 있다.

---

120) 전운성, "강원지역 농업구조의 변화와 특징", 『강원사회의 이해』, 한울아카데미, 1997, 258~259쪽.

〈표 4-8〉 농업인구비중 감소속도의 국제비교

구 분	40%시점	16%시점	소요기간
영 국	1800년경	1968년	70년 이상
네델란드	1855년	1950년	95년
독 일	1897년	1957년	60년
미 국	1900년	1942년	42년
덴마크	1920년	1962년	42년
프랑스	1921년	1965년	44년
일 본	1940년경	1971년	약 31년
한 국	1977년	1991년	14년

자료: 이정환, "농업취업자 감소와 노령화의 법칙성", 『농촌경제』 제16권 제2호, 1993, 한국농촌경제연구원.

1998년 현재 농가인구 4,400천 명 중 여성이 51.6%(2,271천 명)로 여성의 비중이 더 높다. 특히, 농촌인구는 남녀를 불문하고 〈표 4-9〉에 나타나듯이 도시지역에 비해 노령화가 급진전되고 있으며 또한 여성들의 노령화 경향이 남성에 비해 뚜렷한 것으로 나타났다.

〈표 4-9〉 지역 및 성별 인구구조 단위: %

구 분	여 성			남 성		
	연소연령 (14세 이하)	생산연령 (15~64세)	노령인구 (65세 이상)	연소연령 (14세 이하)	생산연령 (15~64세)	노령인구 (65세 이상)
시 부						
1980	31.1	65.5	3.4	33.8	64.5	1.7
1985	28.3	67.8	3.9	31.1	66.9	2.1
1990	25.3	70.1	4.7	27.4	70.0	2.5
1995	22.7	71.7	5.6	24.8	72.1	3.1
군 부						
1980	35.0	58.1	6.8	36.3	59.3	4.4
1985	30.1	61.6	8.3	30.7	63.9	5.4
1990	23.3	65.8	10.9	24.0	68.8	7.2
1995	19.4	66.3	14.3	20.9	69.9	9.2

자료: 통계청,『인구주택총조사』, 1995.

노령화지수를 보면 도시의 경우, 1990년에 13.6이던 것이 1995년에는 18.2로 완만한 상승을 하는데 비하여 농촌지역은 1990년의 45.7에서 1995년에는 75.4로 1990년대의 농촌구조개선 기간 중에도 가파른 변화를 보이며 노령화되고 있다(〈표 4-10〉 참조).

〈표 4-10〉 노령화지수

구 분	1975	1985	1990	1995
농 촌	12.0	25.9	45.7	75.4
도 시	6.4	10.2	13.6	18.2

자료· 통계청·한국인구학회, 『인구변화와 한국사회의 미래에 관한 세미나』, 1997. 11.

이와 같은 농업인구의 감소, 농가인구의 여성비중 증대, 여성인구의 노령화 등 농업노동력 구조의 변화는 당연히 농가여성의 역할에 주요한 변화요인으로 작용하게 된다.

(4) 경지면적의 변화

농업인구의 급속한 변화는 경지면적에 서로 상반된 영향을 미쳤다. 즉, 전체 경지면적은 대폭 줄어든 반면에 농가당 경지면적은 늘어났다. 우리나라의 전체 경지면적은 1968년의 232만ha를 정점으로 하여 줄어들기 시작하였는데 1995년에는 절대적 마지노선이라고 생각하고 있던 200만ha가 무너져 198만ha로 감소하였다(〈표 4-11〉 참조).

〈표 4-11〉 경지면적 및 호당면적 추이

연 도	1965	1968	1970	1975	1980	1985	1990	1995	1998
총면적(천ha)	2,256	2,319	2,298	2,240	2,196	2,144	2,109	1,985	1,910
호당(ha)	0.90	0.92	0.93	0.94	1.02	1.11	1.19	1.32	1.35

자료: 농림부, 『농림업주요통계』, 각 년도.

이와 같은 경지면적의 절대적인 감소원인은 농지전용이 주된 원인이다. 농지전용의 증가요인으로는 도시화·산업화의 영향으로 택지, 공장, 도로 등이 늘어나고, 농어촌구조개선 사업의 추진으로 인한 농업용시설 등 설치로 농지전용이 증가한 데 가장 큰 원인이 있다. 그러나 전체경지면적의 감소 속에서도 농가호당 평균경지면적이 꾸준히 증가한 것은 농가호수의 감소추세가 전체 경지면적 감소추세보다 빠르게 진행되는 가운데 일부 농가를 중심으로 경지면적이 확대된 데 그 이유가 있다.

〈그림 3-1〉에서 보았듯이 1980년대 중반 이후 경지면적 0.5~1.0ha를 중심으로 소농층과 중·대농층으로의 분화현상을 뚜렷이 보여주고 있음을 알 수 있다. 이는 빈곤한 소농층을 중심으로 이농과 경영포기가 진행되고 0.5~1.0ha층에서 상하로 분화가 진행된 결과이다. 또한, 1985년 이래 경지규모가 비교적 큰 상층농가가 증가하였음을 볼 수 있다. 이러한 현상은 경영을 포기한 하층농의 농지를 중·상농층이 매입한데도 그 원인이 있으나 특히 임차지가 이들 계층으로 집중하는 경향과도 일치한다. 이러한 경지면적의 확대는 농업노동과정에서 획기적인 변화를 가져온 기계화가 빠른 속도로 이루어졌기 때문에 가능했으며 결국 이러한 현상은 농촌여성의 역할변화에도 당연히 영향을 미치게 된다.

2. 농촌개발과 여성

농촌의 발전과 개발이 농촌여성에게 어떤 영향을 미치는가에 대해서는 서구에서도 여러 연구가 있었다.

미국의 농촌여성에 대한 연구에서도 핵심적인 내용은 ①여성의 노동이 어느 정도이며 그 노동이 정당하게 평가받고 있는가, ②여성의 노동(농업노동과 농외취업)은 어떻게 변화하고 있는가, ③자본주의와 가부장제도가 어떻게 이들의 일에 영향을 미치는가로 요약할 수 있다.[121]

첫째 문제와 관련해서는 많은 여성이 상당부문 가족의 농업경영에 기여함에도 불구하고 이들의 노동이 사회적으로 드러나지 않는다는 점에 많은 연구가 동의하고 있다. 두 번째 논의와 관련해서 주목할 것은 과거 남성의 일로 여겨져 온 일에 여성이 많이 참여하고 있다는 것이다. 구체적으로, 3/4의 농가부인이 가계장부와 재정운영에서 중요한 역할을 맡으며 약 30%의 여성이 농외취업을 하고 있다는 것이다.

이러한 연구들의 일반적 결론은 이미 여성은 과거 남성의 일로 간주되어온 일에 상당부문 참여하고 있으며 남녀 모두 점차 농업보다는 농업 외 취업이 더욱 중요해지고 있다는 것이다. 특히 여성의 농외취업이 가족농업의 경영을 지속하는 데 중요한 기여를 한다고 한다.

이러한 연구결과는 일반적으로 자본주의가 발전하고 기계화와 같은 농업의 집약화(intensification)가 늘어나면 여성의 농업참여는 줄어든다는 Boserup의 가설과는 차이를 보인다. 그러나 실제로 작물별로 노동과정에 차이를 보이며 그 때문에 기계화 등과 같은 농업의 집약화가 남녀에게 서로 다른 영향을 미친다는 연구결과도 있다. Simpson 등은 연속적인 노동과정을 가진 콩이나 땅콩 경작이, 소규모 작업으로 노동이 분절되는 낙농이나 담배 경작에 비해 여성의 노동을 더욱 독립적인 것으로 한다고 지적하였다. 즉, 노동과정의 차이에 따라 기계화를 비롯한 농업의 집약화는 남성과 여성에게 다르게 영향을 미친다는 것이다.

Sachs는 역사적으로 여성이 농업에서 많은 기여를 함에도 불구하고 그들의 역할이 드러나지 않고 과소평가 되고 저평가 되는 것과 그들의 농업노동과정에서 남성에게 종속되는 것은 자본주의 발전만으로는 설명되지 않는다고 주장한다. 즉, 이를 정확히 설명하기 위해서는 자본주의와 가부장제의 상호 역동성 과정을 통해 살펴보아야 한다는 것이다. 그녀는 가부장제를 물질적 기반을 가진 일련의 사회적 관계를 가진 체제로 보고, 그 체제 안에서 남성이 여성을 지배

---

121) Buttel, Friedrick H., Olaf F. Larson, and Gilbert W. Gillespie Jr., *The Sociology of Agriculture*, Connecticut: Green Wood Press, 1990, pp.115~124.

하도록 하는 남성들 간의 위계적 관계와 남성의 연계를 가능케 하는 체제라고 보고 있다. 가족 내에서의 성별분업을 유지 변형시키는데 작동하는 가부장제가 여성의 역할을 평가하는데 적절히 고려되어야 한다는 것이다. 그리고 가족농이 바로 가부장제를 유지시키는 메카니즘의 하나를 구성한다고 주장하였다.

또한 Brydon과 Whitehead 등 여러 연구자들은 농촌발전이나 농촌개발이 농촌여성에게 미치는 영향을 연구하였는데, 그에 의하면 여성의 노동이 적절히 평가받지 못할 때, 농촌개발 계획은 쉽게 여성의 특수한 경제적 이익을 무시하게 되며 또한 농업 노동력에서 여성을 고려하지 않는 것은 세계적으로 공통된 현상이라고 한다. 특히 환금작물 재배, 토지 소유 및 임금소득 경제에서 여성 노동력이 간과되고 있다는 것이다. 발전을 위한 새로운 기술은 남녀의 전통적인 역할을 무시한 채 환금작물 생산에 종사하는 남성 중심으로 도입되어 왔다.[122] 세계적으로 볼 때, 농촌개발에 따른 새로운 기술의 도입과 기능의 훈련은 남성의 입장에서는 주요한 수혜자가 되어 환금작물 재배로의 이동을 가능케 하지만 여성농민의 경우에는 이러한 혜택으로부터 배제되어 생계작물 생산에 머물게 하거나 또는 농업으로부터 완전히 일탈하였다.[123] 따라서 농업의 상업화와 기계화는 환금작물의 생산증대를 유발하였으나 불행하게도 여성에 대하여는 부정적인 영향이 보다 더 많다는 것이다.

새로운 기술은 노동집약적인 일상의 힘든 일로부터 벗어나게 해주지만 여성들은 사회, 문화, 지리적 측면에서 외부목표그룹으로 간주되고,[124] 여성을 고려하지 않는 소득창출사업은 산출량을 증가시킬지 모르나 동시에 여성의 고용이나 생산과정에서의 참여를 축소시키게 된다.

---

122) Nash, June, "Implications of Technological Change for Household and Rural Development", *The Struggles of Latin American Women*, Connie Weil, 1988, pp.37~71. Minneapolis: Prisma Institute.

123) Anderson, Mary, "Technology Transfer: Implications for Women" In Over-holt et al, 1985, pp.57~78.

124) Bagchi, Deipica, "The Household and Extrahousehold Work of Rural Women in a Changing Resource Environment in Madhya Pradesh, India" In Raju and Bagchi, 1993, pp.137~157.

농촌개발에 있어서 여성이 개발계획에 포함될 때, 이들을 사회의 생산적 구성원이라기보다는 수동적 개발의 수혜자로 간주하여,[125] 개발에의 여성 참여를 배제시켰으며 결과적으로 사회 내에서 그들을 주변부로 축출하는 결과를 가져왔다.[126]

정부의 개발계획은 여성보다는 남성들에 대해 기술적 생산요소와 교육훈련을 제공한다. 그 결과 여성들은 여전히 생계농업 분야에 종사할 수밖에 없다.[127] 그리하여 여성들은 새로운 기술습득을 위한 훈련과 경제적 자원에의 접근으로부터 제약을 받고 있다. 또한 기술개발에 의한 농업생산과정의 변화 역시 남녀간에 차별적인 영향을 미치게 된다.

한편 농촌여성들은 가족부양을 위한 가사활동에 많은 노동시간을 투입하게 되는데 많은 연구보고에 의하면 소농구조에서 여성들은 남편보다 더 많은 노동시간을 투입하지만 개인시간이나 여가시간은 오히려 적은 것으로 나타나고 있다.[128]

모든 소농사회에서는 남녀간에 엄격한 노동분화가 이루어지는데 지배적인 유형은 남성들은 자녀양육 및 가사활동에 거의 참여치 않으며 직접적 가계사용을 위한 생산활동에도 여성에 비해 기여도가 낮다. 일 연구에 의하면 남성의 가사활동에의 기여는 15분에서 1시간 내지 1시간 30분 정도인데 비하여 여성의 경우는 5시간에서 7시간으로 아주 높은 편이다. 남성들의 가사활동에의 낮은 참여는 역으로 보면, 남성들이 현금소득 창출활동에 높게 관여되어 있다고 볼 수 있는 것이다.[129]

---

125) Stamp, Patrica, *Technology, Gender, and Power in Africa*, Ottawa: Inte-rnational Development Research Centre, 1990.

126) Henderson, Helen, *Gender and Agricultural Development*, The University of Arizona Press, 1995.

127) Carney, Judith, and Michael Watts, "Disciplining Women? Rice, Mecha-nization, and the Evolution of Mandinka Gender Relations in Senegambia", 1991, pp.651~681.

128) Stamp, Patrica. 전게서, 1990.

129) Boserup, Ester, *Woman's Role in Economic Development*, NewYork: St.

이상 기존의 연구를 통해 살펴 본 바와 같이, 다양한 여성의 역할을 고려하지 않는 농촌개발은 여성들의 삶의 질을 향상시키기보다는 오히려 악화시킬 우려가 있음에 주목해야 한다.[130] 이러한 현상은 한국에 있어서도 크게 벗어나지 않는 것이다. 따라서 산업화나 농촌개발은 농업생산 증대라는 목표달성 못지않게 수혜대상자 및 형평의 문제와 관련된 고려가 있어야 한다.

3. 농업구조의 변화와 여성의 역할 변화

1) 농업생산활동 부문

우리나라 농촌여성들의 농업생산 참여가 급격히 늘어난 것은 1970년대 이후 산업화과정에서 농촌 청장년이 도시로 대량 유출되면서부터이다. 농촌여성의 취업율은 1960년에 34.7%이었던 것이 1979년에는 54.2%로 급격히 증대되었고, 이는 같은 해 도시 여성의 35.9%를 훨씬 상회하는 숫자였다.

이와 같은 여성의 영농참여는 기본적으로 우리나라의 농업경영형태가 가족노동력을 중심으로 한 가족농[131]이라는 점에 기인한다. 소농규모의 농가경제를

Martin's Press, 1970.

130) Bagchi, Deipica. 전게서.

131) 농림부는 최근(1998년 7월), '가족농 중심의 농업구조 정책방향'을 마련하면서 그동안 혼선을 빚어온 가족농과 전업농, 회사농에 대한 개념을 정립하였는데, 그에 따르면 '가족농'(Family Farm)은 가족의 구성원에 의해 농업의 경영의사가 결정되고 가족노동력(경영주와 가족 구성원이 제공하는 노동력)을 주축으로 전문적 또는 전통적 농업경영을 영위하는 경영체를 말하는 것으로, 이는 전통적인 형태의 가족농(중소농가)뿐만 아니라 기업적 운영을 하는 가족농(전문가족농)을 포괄하는 광범위한 개념이다. 또한 '전업농'(전문가족농)은 전문농업기술 및 경영능력을 갖추고 한두 가지 작목을 전문적으로 생산하거나 한두 가지 생산과정(단계)을 전문화한 가족농으로 농업경영을 통해 타산업부문 종사자와 균형된 소득을 목표지

가족노동력으로 유지하기 위해서는 여성의 영농참여는 당연한 것이며, 이는 산업구조의 변화에 따른 남자 노동력의 도시유출로 더욱 가속화되었다.

농촌여성들의 농업참여를 확인시켜주는 또 하나의 통계는 여성의 경제활동 참가율이다. 1970년에 농가(군지역)와 비농가(시지역)의 남자의 경제활동 참가율은 75.2% 대 75.1%로 같은 수준이었다. 그러나 같은 해 여자의 경제활동 참가율은 농가 48.2% 대 비농가 29.8%로 현격한 차이가 났다. 이 추세는 계속되어 〈표 4-12〉에서 보듯이 농가여성의 경제활동참여가 비농가 여성의 참여율에 비하여 월등히 높은 상황이다.

〈표 4-12〉 농가 및 비농가의 경제활동 참가율

단위: %

구 분	농가(군지역)		비농가(시지역)	
	여 자	남 자	여 자	남 자
1970	48.2	75.2	29.8	75.1
1975	51.8	73.8	31.2	75.1
1980	53.0	72.4	36.1	74.2
1985	50.7	88.9	37.7	69.8
1990	61.6	74.5	44.2	73.8
1995	66.2	78.7	45.4	76.1
1998	65.9	79.4	45.0	74.3

자료: 통계청, 『경제활동인구연보』, 각 년도.

농촌여성의 영농참여는 1980년대 이후 농업노동의 고용조건이 악화됨에 따라 더욱 강화되었다.[132]

1989년 농어촌발전종합대책을 보완한 농어촌구조개선사업은 15만 호의 전업농과 영농조합, 농업회사법인을 중심으로 전문기술을 갖춘 정예인력을 농업생산인력으로 육성하고 나머지는 재촌탈농 또는 이농토록하여 정주권을 개발하

향하는 가족농이다.

132) 김종숙·정명채, 『농촌여성의 의식변화와 역할에 관한 연구-충남지역 4개 마을을 중심으로』, 한국농촌경제연구원, 1992, 1쪽.

는 것을 골자로 하고 있다. 이에 따라 농촌인구는 계속 도시로 떠나고 농촌여성이 농촌의 주역으로 등장하게 되었다. 또한 농촌에서 여성의 비중이 높아짐과 더불어 농촌여성의 영농에 대한 참여가 급격히 증가되었다.

이러한 구조적 변화의 과정에서 농촌여성의 농업참여 양상과 생산자 지위는 전통적인 농업에서와는 다른 양상으로 전개되고 있다. 즉, 상업적 영농에서는 자본의 투여를 통해 1년 내내 생산이 이루어지기 때문에 농번기, 농한기 구분 없이 농업노동이 주년화되어[133] 농촌여성들의 노동참여가 확대되고 노동투하량이 증대되게 되었다.

1998년 말 현재 농가인구는 4,400천 명으로 그중 남자가 2,129천 명(48.4%)인데 반하여 여성이 2,271천 명(51.6%)으로서 여성이 더 많은 실정이다.

〈표 4-13〉 농림업 취업자의 성별 구성비 변화

단위: 천 명, %

구 분	농림업 취업자	성 별	
		남 성	여 성
1965	4,603	60.7	39.3
1970	4,826	58.4	41.6
1975	5,123	58.5	41.5
1980	4,433	56.2	43.8
1985	3,554	55.7	44.3
1990	3,100	55.0	45.0
1995	2,370	51.1	48.9
1998	2,247	52.9	47.1

자료: 통계청, 『경제활동인구연보』, 각 년도.

농림업취업자의 남녀구성도 〈표 4-13〉과 같이 여성의 비율이 계속 증가되어 1990년에는 전체농림업취업자의 45%였으나 1995년에는 48.6%에 이르고 있다. 그러나 1998년에는 여성의 구성비가 약간 떨어지는 변화를 보이고 있다.[134]

---

133) 김이선, "농촌여성의 당면과제와 전망", 농정연구포럼, 1997, 18쪽.

134) 농림업 취업자의 성별구성비는 지속적으로 남성의 비율이 줄고 여성의 비율이 늘어나는 추세이었으나 통계청의 「경제활동인구 연보(1999)」에 의하

이와 같이 여성의 영농참여가 증대된 것은 농촌노동력의 절대부족에 따른 노임상승으로 고용노동이 감소되고, 그 대신 가족노동이 강화된 데 주로 기인하는 것이다.

〈표 4-14〉에 나타나는 것과 같이 농가의 노동투하량을 분석해 보면 노동투하의 절대적 시간 수는 1985년을 정점으로 감소하고 있으나 고용노동과 품앗이 노동은 1980년대 중반을 고비로 남성보다 여성이 더 많이 하는 것으로 역전되었다.

〈표 4-14〉 농가 노동투하량 성별구성 추이

단위: 능력환산시간, %

연 도	노동투하 시간	가족노동		고용(품삯) 노동		품앗이 노동		합 계	
		남	여	남	여	남	여	남	여
1965	2,584.74	69.7	30.3	82.5	17.5	70.2	29.8	72.5	27.5
1970	2,154.83	66.2	33.8	74.0	26.0	65.2	34.9	67.4	32.4
1975	1,708.47	64.6	35.4	75.0	25.0	69.3	30.7	66.7	33.3
1980	1,814.00	58.3	41.7	57.4	42.6	49.5	50.5	57.4	42.6
1985	2,016.95	59.3	40.7	51.0	49.0	46.9	53.1	57.2	42.8
1990	1,592.69	55.4	44.6	44.6	55.4	36.5	63.5	52.7	47.3
1995	1,439.22	54.1	45.9	-	-	37.9	62.1	51.8	48.2
1998	1,241.22	55.5	44.5	40.7	59.3	41.3	58.7	53.4	46.6

자료: 농림부, 통계청, 『농가경제통계』, 각 년도.

고용노동의 경우 여성의 참여는 1980년에 급격히 증가하여 43%에 이른 후, 1998년에는 59.3%를 상회함으로써 남자보다 훨씬 더 큰 비중을 차지하고 있

면 IMF사태가 발생한 1997년(여성비율: 49.2%)과 1998년(여성비율: 48.9%) 사이에는 그 반대의 현상이 나타났다. 이는 〈표 4-14〉에 나타난 1998년의 여성노동투하시간의 감소와 더불어 의미 있는 것이라 생각된다. 이러한 현상이 나타난 원인에 대하여는 좀 더 깊은 분석이 필요할 것이나, 농촌여성의 노령화로 인한 노동투하 감소, 젊은 여성층의 농업인력 유입감소, 그리고 IMF사태로 인한 남성노동력의 도시이출 감소 및 귀농 등이 복합적으로 작용한 것으로 판단된다.

다. 한편, 가족노동과 품앗이노동의 경우는 1990년대 중반을 고비로 1998년에
는 여성의 참여가 약간이나마 줄어들기 시작하였다.

또한 전체적으로 보더라도, 지속적으로 늘어나 남성과 거의 같은 정도로 농
업노동에 참여하던 여성의 노동투하량이 1998년에는 46.6%로 약간 감소함으
로써 매우 의미 있는 변화를 보이고 있다. 뿐만 아니라 WTO체제의 출범과
더불어 최근 농업에서는 새로운 시설, 설비, 작물, 기술 등이 도입되어 특히 수
도작 분야에서는 기계화를 통한 규모화가 빠른 속도로 진행되고 있다.

농업경영 형태도 미곡위주 생산에서 환금성 작물로 바뀜에 따라 기술과 경
영이 농업생산의 주요소로 자리잡음으로써 농업노동력 구조도 노동생산성에
따라 위계적으로 재편되고 있다.

지난 30여 년간의 농가의 작목별 노동투하 비율을 보면 미곡과 맥류생산을
위한 노동투하는 현저히 감소한 반면에 채소, 기타 경종 및 기타 농업 등 환금
성농업에의 노동투하가 월등히 증대되었음을 알 수 있다(〈표 4-15〉 참조).

이는 미곡과 맥류생산이 농기계를 사용하는 남성노동력이 주로 투입되는 데
비해, 전통적으로 채소농사는 여성들의 노동이 많이 요구됐다는 점을 고려할
때 남성노동투하가 감소되는 반면에 여성의 농업생산 역할이 증가되었음을 의
미하는 것이다.

〈표 4-15〉 작목별 노동투하 비율

단위: %

구분	미곡	맥류	잡곡	두류	서류	채소	기타 경종	기타 농업	농외	계
1970	35.3	13.6	2.0	5.7	3.5	7.2	7.6	9.1	16.0	100.0
1975	33.0	13.1	1.5	5.3	4.8	9.1	8.2	14.5	10.5	100.0
1980	32.9	5.6	1.1	4.2	2.7	15.7	9.1	19.9	8.8	100.0
1985	29.9	3.0	1.0	3.4	1.7	20.2	10.7	23.1	4.6	100.0
1990	29.8	2.4	1.0	4.4	1.8	24.7	14.2	18.1	3.6	100.0
1995	18.8	0.8	0.7	3.1	1.7	32.0	17.0	23.2	2.6	100.0
1998	21.4	0.8	0.8	2.8	2.3	31.1	21.1	18.4	1.3	100.0

자료: 농림부, 통계청, 『농가경제통계』, 각 년도.

  농가여성의 생산노동부문에서의 역할변화는 노동시간을 통해서도 확인할 수 있다. 〈표 4-16〉에서도 보듯이 농가여성의 농번기 1일 농업노동시간은 개방농정과 복합영농이 권장되기 시작하던 1979년에는 9시간 46분까지 늘어났었다. 그리고 그 이후 8시간 내외로 약간 줄어든 추세이다.

〈표 4-16〉 농촌여성 농번기 노동시간 변화 추이(미맥농가)

단위: 시간

구 분	1966[1]	1973[1]	1975[1]	1979[1]	1983[2]	1988[2]	1993[2]	1998[3]
농업노동	3 : 25	4 : 39	5 : 31	9 : 46	8 : 54	7 : 52	8 : 24	9 : 00
가사노동	8 : 29	6 : 40	5 : 15	4 : 28	4 : 29	4 · 52	4 : 34	3 : 58
계	11 · 54	11 : 19	10 : 46	14 : 14	13 : 23	12 : 44	12 : 58	12 : 58

주: 1) 김종숙·정명채(1992), 『농촌여성의 의식변화와 역할에 관한 연구』에서 재인용.
  2) 농촌진흥청(1994), 전게 보고서.
  3) 농촌진흥청에서 1998년에 조사한 자료.

  그러나 농촌진흥청이 1993년에 조사한 바에 의하면 미맥농가의 경우 농가여성과 경영주(남편)와의 농업노동 정도가 8시간 24분 대 11시간 35분이나[135], 과수농가는 농가여성 8시간 25분 대 경영주 10시간 32분으로 노동시간의 차이가 줄어들고 더욱이 시설원예농가의 경우에는 9시간 38분 대 10시간 58분으로 거의 같은 수준의 농업노동을 하는 것으로 나타나 가사노동을 고려하면 농가여성의 노동강도가 훨씬 강함을 나타낸다(〈표 4-17〉 참조).

---

135) 농촌진흥청에서 1998년에 조사한 농가의 생활시간분석 자료에 의하면 미맥농가의 경우 농가여성과 남편간의 농업노동시간(농외겸업노동시간 포함)은 9시간 대 11시간 35분으로 1993년의 조사와 비교할 때 농가여성의 농업노동시간은 더 늘어난 반면에 남편의 노동시간은 거의 변화가 없는 것으로 나타났다.

〈표 4-17〉 농가형태별 주부 및 경영주 노동시간(1993)

단위: 시간: 분

구 분	미맥농가		과수농가		축산농가		시설원예농가	
	주 부	경영주	주 부	경영주	주 부	경영주	주 부	경영주
농업노동	8 : 24	11 : 35	8 : 25	10 : 32	6 : 48	10 : 18	9 : 38	10 : 58
가사노동	4 : 34	0 : 21	4 : 28	0 : 29	5 : 29	0 : 41	3 : 13	0 : 24
계	12 : 58	11 : 56	12 : 53	11 : 01	12 : 17	10 : 59	12 : 51	11 : 22

주: 농업노동시간에는 농외겸업노동시간이 포함된 것임
자료: 농촌진흥청, 『농가주부 및 경영주의 생활시간분석 보고서』, 1994.

즉, 우리나라의 농업경영형태가 단순미작농업에서 환금성작물 중심의 시설원예 중심으로 전환되는 추세하에서 여성의 농업생산 참여가 얼마나 많이 늘어났는지를 알 수 있다.

단순히 농업생산노동의 측면에서 통계상의 수치로 나타난 것만으로 판단하면 1980년대 후반 이후, 개방과 농촌의 구조개선에 따른 1990년대의 농촌개발은 농촌여성에게 노동강도의 심화와 역할증대라는 부담을 안겼다고 할 수 있다.

2) 가사활동 부문

가족농업 중심으로 되어있는 우리나라의 농업구조하에서 농촌여성은 남성과 마찬가지로 농업생산노동에 참여하면서도 재생산활동이라 할 수 있는 가사노동의 역할을 수행해야 하기 때문에 여성의 전체 노동부담은 그만큼 증대하게 된다.

가사역할은 전통적으로 여성의 역할분야로 인식되어 왔으며 오늘날에도 예외는 아니다. 특히 농촌지역에서는 농업생산에의 여성참여가 많아지고 있음에도 불구하고 여성들의 가사역할이 크게 감소되고 있다는 징후는 없다.

전통적으로 농촌가구는 도시와 달리 가구원수가 많은 것이 주요한 특징의 하나였다. 그러나 이와 같은 특성은 1990년을 기점으로 역전되기 시작하여 도시의 평균 가구원수보다 농촌가구원의 수가 적어지는 추세에 있다. 이처럼 농촌에서도 핵가족화가 진행되면서 가구원 가운데 성인여성이 한 명뿐인 경우가 대부분이나 가족 내 성별 분업은 재조정되지 않아 대다수 농촌여성들은 가사노동의 대부분과 농업노동을 동시에 처리해야 하는 2중노동의 고통을 겪고 있다.[136)]

농촌여성들이 느끼는 애로사항으로, 자녀나 가사를 돌 볼 시간적 여유가 없고(16.1%), 농사일이 힘에 겹다(72.6%)고 한 것은 다름 아닌 2중역할의 어려움을 드러낸 것이다.[137)]

농촌여성의 가사노동 시간은 1970년대 초반에 비해서는 크게 감소되었다. 〈표 4-16〉에서와 같이 농번기의 가사노동은 1973년에 6시간 40분이었으나 1993년에는 4시간 34분으로, 그리고 1998년에는 3시간 58분으로 계속 줄어들고 있다.

이와 같이 가사노동이 1970년대에 비하여 감소하게 된 것은 농촌의 가족형태가 대가족제에서 직계가족형으로 변화되고 또한 가족원의 도시유출로 인하여 가구원수가 줄어들었으며 가사노동이 부분적으로 기계화된 것에도 그 원인이 있다. 그러나 가사노동이 줄어든 해는 농업노동이 증가한 것에서 알 수 있듯이 농업노동이나 농외소득노동이 증가함에 따라 가사노동을 수행할 수 없게 된 측면이 더 크다고 보아야 한다.

설령, 농촌여성의 가사노동 투입시간이 줄었다 하더라도 그 여유를 도시여성처럼 쉬거나 여가를 즐기는데 사용하기보다는 농업생산 내지는 농외소득활동으로 생산노동화함으로써 가사노동의 경감이 별 의미가 없다. 농촌여성은 도시 취업주부와 달리 생활의 장과 노동의 장이 분리되어 있지 않으며, 정해진 시기에 정해진 작업을 마쳐야 하기 때문에 그만큼 가사노동부분이 농업노동에 할애된다. 〈표 4-16〉은 농업노동이 줄면 가사노동이 늘어나고, 가사노동이 줄면 농업노동이 늘어나는 농가여성의 노동의 특성을 잘 보여준다. 이렇듯 농가여성의 농업생산에의 역할증대는 결과적으로 농가 내에서 재생산활동이라 할 수

---

136) 김이선, 전게서, 1997, 19쪽.
137) 이영대, "여성농민의 농업전문인력화를 위한 정책과제", 『'97대선 여성농민 정책과제 토론회』, 전국여성농민회 총연합, 1997, 43쪽.

있는 가사노동의 위축을 가져오고 여성자신의 건강을 포함한 가족 전체의 생활의 질에 심각한 문제를 초래하게 된다. 더욱이 앞에서 언급한 바와 같이 농촌구조개선에 따른 농업생산의 주년화로 인하여 농촌여성의 농업재생산 활동이 연중 위축된 상태가 되어 농촌 여성은 정신적으로나 육체적으로 큰 부담을 안고 있다.

따라서 농촌여성이 영농종사자로서의 역할을 제대로 수행하기 위해서는 가사노동의 부담을 줄여야 하며, 역으로 주부로서의 역할을 제대로 수행하려면 농업노동의 부담을 덜어주어야 한다.

현실적으로 생산활동을 위해 가사부담을 줄여야 한다면 농가여성이야말로 가사의 기계화(가전제품 보급 등)가 더욱 확대되어야 하며 농촌보육시설, 농번기 공동취사 등 가사노동을 사회화 할 수 있는 방안이 강구되어야 한다. 가정 내에서도 가족원끼리 협력하여 가사노동을 분담하는 등 생활양식에도 변화가 있어야 할 것이다.

3) 농외소득활동 부문

정부는 농촌구조개선의 일환으로 농가소득 증대를 위한 농외소득 고취방안을 모색하여 농공단지 조성과 같은 정책을 펴고 있으며, 농외소득의 비중이 꾸준히 증가하였다. 이러한 배경 속에서 농촌의 청장년 남자노동력의 부족현상은 농촌여성의 농외소득활동을 확대시켰다.

더구나 정부가 추진하고 있는 농촌구조개선사업은 15만 호의 전업농과 영농조합 등 소수정예 기술인력을 중심으로 농업생산인력을 육성하고, 나머지는 재촌탈농하거나 이농토록 조장하고 있어 농촌여성들은 겸업을 하거나 재촌탈농케 되어 식당일, 서비스업, 농업단지취업, 공사장 잡역 등 농외소득 활동에 내몰리는 결과를 낳고 있다.

1995년 현재 농업에 취업한 농가여성 가운데 겸업종사자는 26.2%로 나타났다. 이 가운데 1종겸업이 39.4%, 2종겸업이 60.6%를 각각 차지하고 있다(〈표

4-18〉 참조). 1990년과 비교해 보면 성별에 관계없이 겸업의 비율은 크게 증가하였으나 여성의 겸업증가율이 남성에 비해 다소 높은 것으로 나타났다. 그런데 남녀의 겸업화는 그 성격에 약간의 차이가 있는 것으로 판단된다. 즉, 남성의 경우에는 농업종사자비율 감소 → 겸업확대 → 주종사자 비율 감소라는 일관된 방향으로, 겸업을 통해 농업으로부터 농외취업으로 이동하는 성향이 뚜렷하다. 그러나 여성의 경우에는 주종사자비율이 1990～1995년 사이에 10% 정도 상승하였다. 이러한 점에서 여성의 겸업화는 남성과 달리 농외취업 전업을 위한 전단계라기보다는 오히려 안정화될 가능성이 크다.[138]

<표 4-18〉 성별 농가인구의 취업유형

단위: %

구 분	1990		1995	
	남 성	여 성	남 성	여 성
농가인구 중 농업종사자비율	82.3	78.1	80.8	77.3
그중 주종사자비율	74.8	70.0	74.1	80.1
그중 겸업종사인구비율	30.9	17.4	38.0	26.2
그중 제1종겸업	46.8	50.9	35.0	39.4
그중 제2종겸업	53.1	49.1	65.0	60.6

자료: 농림부, 『농업총조사』, 1995.

이와 같이 농촌여성들의 농외취업이 확대되는 것은, 전통적으로 농촌여성의 노동력은 보조적 기능으로 인식되어 온 탓에 주된 농업생산활동은 남성이 지속적으로 맡는 반면에 여성은 똑같이 농업생산활동에 기여하면서도 시간적 여유가 있거나 농외소득활동의 기회가 주어지면 그에 추가적으로 투입되기 때문이다. 따라서 농촌여성은 농업노동과 가사노동에 덧붙여 3중의 노동역할을 수행해야하는 경우가 많게 된다.

---

138) 김이선, 전게서, 1997, 12쪽.

4) 지역사회활동 부문

우리나라의 산업화에 따른 농촌노동력의 노령화·부녀화 현상은 농촌여성을 생산노동으로 이끌어 내는 데만 영향을 미친 것은 아니다. 그것은 전통적인 성별노동분할의 고정관념을 변화시킴으로서 농촌여성으로 하여금 가정의 테두리를 벗어나 사회활동에도 적극 참여할 수 있는 계기를 만들었다.

농촌여성들의 지역사회 활동은 종교활동, 계모임, 관공서 출입, 자모회 참석 등에서부터 부녀회 등의 지역사회 조직활동과 지역개발 사업에의 직접적인 참여에 이르기까지 다양한데, 이들이 지역사회에서 전개하는 조직활동은 공동이익을 추구하기 위해 조직을 만들고 조직을 통해 이익을 증진한다는 점에서 사적인 이익추구와는 다른 일종의 시민으로서의 역할로 평가받는다.

이와 같이 농촌여성의 활동범위가 확대된 것은 핵가족화 되어가는 추세에서 지역사회발전에 자발적이든 비자발적이든 농촌여성을 참여시키는 게 필수적이라는 사회적 인식이 뒷받침된 결과이기도 하다.

산업화가 더욱 진전됨에 따라 농촌사회가 개방되고 여성에 대한 사회의식과 개인태도가 변함으로써 여성의 사회참여 역시 더욱 증진되었다. 특히 1970년대 초부터 활발히 전개된 새마을운동은 농촌여성들의 사회참여를 촉진시키는 중요한 전환기가 되었다.

물론 새마을운동 이전에도 1950년대의 지역사회개발 사업이나 1960년대의 재건국민운동, 그리고 초창기 농협조직 활동 등에 농촌여성의 참여가 활발했었고, 더욱 거슬러 올라가 1930년 초 일제하의 농촌진흥운동에 여성들이 동원되는 등 다양한 집권세력에 의해 농촌여성이 부락 내지는 지역사회개발에 동원되어왔으나 산업화과정과 맞물린 새마을운동이 농촌여성의 지역사회 활동참여를 확대시켰음을 부인할 수 없다.

이렇듯, 농촌여성의 지역사회활동이 늘어난 데는 여러 이유가 있으나 산업화되는 과정에서 도·농 간의 소득격차와 생활불균형이 초래되었고 그에 따라 농촌여성들이 도시여성에 비해 상대적인 박탈감과 소외감을 느낌으로

써 자발적인 '농촌 잘살기'에 나선 측면도 있지만, 농촌여성의 삶의 만족도
가 농촌지역사회 성장에 중요한 관건이 될 뿐 아니라 농촌사회 개발에 여
성의 적극적인 참여 없이는 성공의 가능성이 적다는 인식이 농촌여성의 개
인 및 집단적 사회참여를 유도하는 요인으로 작용하였기 때문이기도 하다.

　이상에서 최근 10여 년간에 걸친 우리나라 농촌구조의 변화상과 그것이 농
촌여성의 역할에 미친 영향을 살펴보았다. 다음의 Ⅴ장에서는 변화된 농촌여성
의 역할 중 농업생산활동을 중심으로 사례지역의 실증분석을 통해 그 실상
을 검증하고자 한다.

V. 현단계에 있어서 농촌여성의 역할변화에 관한 실증분석

1. 조사지역 및 농가의 특성

1) 조사지역 선정

앞 Ⅳ장에서는 개방과 구조개선의 연대라 할 최근의 10여 년 동안에 농촌이 어떻게 변화되고 그 변화가 농촌여성의 역할에 어떤 의미가 있는지 살펴보았다. 이제 농촌여성의 역할변화를 실증분석하기 위해 조사대상 지역을 선정하였는데 대상지역을 선정함에 있어서는 무엇보다도 개방화와 농촌구조개선이 논의되기 시작한 후 농업발전과 상업화 등 많은 변화가 일어남으로써 새로운 농업으로의 이행을 보여줄 수 있는 지역인지 여부를 선정기준의 우선순위로 삼았다. 그 이유는 농업의 특성상 지역(마을)별로 농업조건이나 생산방식이 상이한 만큼 변화가 비교적 크게 일어난 특정 지역을 선정하여 그 지역의 여건 변화와 그에 따른 농촌여성의 역할변화의 관계를 밝히는 것이 소기의 연구목적을 달성할 수 있기 때문이다.

우리나라에서 농업지역을 구분하는 기준은 논자에 따라 다르나 통상 산간지역, 중간지역, 평야지역, 도시근교지역 등으로 구분하며, 산간지역과 중간지역을 합해 중산간지역[139]이라고도 한다. 그런데 지역별 농업조건을 고려하는 연구에서는 산간지역과 도시근교지역을 대상에서 제외하기도 한다. 왜냐하면 산간지역은 대부분 조건불리지역으로 개방화에 따라 농업여건이 극히 불리해져

---

139) 장우환, "중산간지역 농촌의 활성화 방안", 『농민과 사회』, 한국농어촌 사회연구소, 1997, 48쪽.

서 지역 공동화가 되고 있는 경우가 많고, 도시근교지역은 교통과 행정구역의 확대로 도시가 팽창되어 농업생산지로서의 위상을 상실한 지역이 적지 않기 때문이다.

위와 같은 점을 고려하여 본 연구에서는 비교적 오지 마을이지만 지역적 특수성을 살려서 나름대로 많은 변화와 농업기반을 구축한 중산간지역에서 1개 마을, 그리고 도시근교이면서도 농업생산지로서의 특성을 갖추고 있는 평야지역에서 1개 마을을 조사대상 지역으로 선정하였다(〈그림 5-1〉 참조).

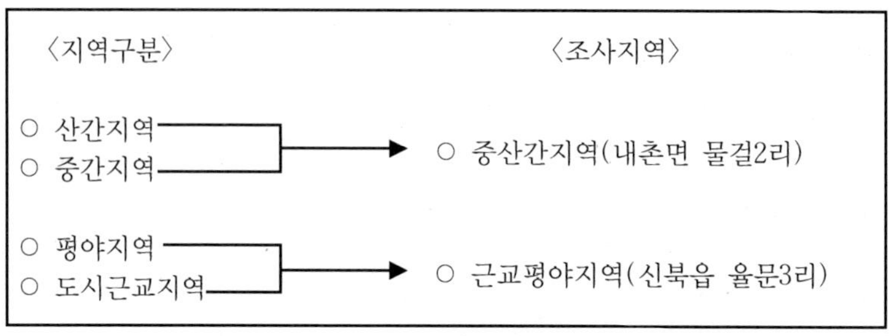

〈그림 5-1〉 지역구분과 조사지역 선정

조사지역 결정은 농협중앙회 강원도지역본부(지도과)에 의뢰하여 후보지역을 지대별로 각 2곳씩 추천받은 후, 이들 지역을 현장답사 등 면밀히 사전 조사하여 연구목적에 가장 적합하다고 판단되는 홍천군 내촌면 물걸2리(중산간지)와 춘천시 신북읍 율문3리(근교 평야지)를 선정하였다.

〈그림 5-2〉 조사지역의 위치도

2) 조사지역의 개요

(1) 물걸2리 마을

① 역사적 · 지리적 개관

중산간지대인 내촌면은 강원도 홍천군의 1읍 9면 중 하나로서 홍천군의 동쪽에 위치하고 있다. 원래는 柰村面이라고 하였으나 1942년에 乃村面으로 개칭하여 오늘에 이르고 있다. 동쪽은 인제군 기린면과 접하고 있고 서쪽은 홍천군 두촌면, 남쪽은 화촌면과 인제군 남면에 닿으며, 49개 자연부락과 8개의 법정리, 그리고 13개의 행정리로 구성되어 있다.

물걸리는 내촌면에 속해있는 지역으로서 물걸1리와 2리로 나뉘며 홍천군의 동쪽, 내촌면의 동남쪽에 위치하고 있다. 산간오지의 지형이나 홍천강의 상류가 흐르고 서석방면으로 통과하는 도로가 개설되면서 전통적인 작형에서 탈피하고 있는 농촌이다.

134

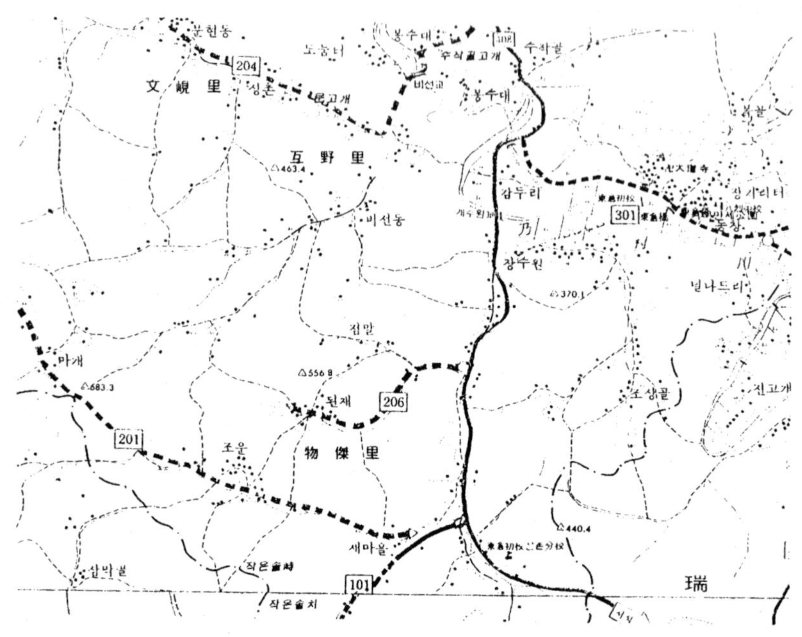

〈그림 5-3〉 물걸2리 위치도

　이곳은 예전에 동창(東倉)이라는 이름으로 불리어졌는데 그 이유는 조선
시대의 역촌(驛村)으로서 서울~영동(嶺東) 간의 교통요지였으며 그로 인
하여 대동미의 수집창고가 있었기 때문이다. 이렇듯 이곳은 오지이면서도
우리나라 동서문물의 교류장소였다. 일제치하에서는 물걸1리를 중심으로
항일운동이 치열하게 전개되어 3·1운동 때 일제헌병의 총탄에 순직한 8열
사가 있어 지금은 그를 추모하기 위한 팔렬공원이 조성되어있다. 현지를
답사해 보면 이러한 오지에서 80여 년 전에 어떻게 그러한 구국운동이 일
어날 수 있었는지 궁금할 정도이다.

　물걸리의 교통상황은 그다지 좋은 편이 아닌데 물걸2리와 홍천읍을 1일 3회
정도 왕래하는 버스를 이용하여 주로 홍천읍을 중심으로 생활이 영위되고 있
다. 학교는 물걸1리에 위치한 동창초등학교와 동창부락에 있는 군내 유일의 사
립학교인 팔렬중학교를 다니며, 고등학교 이상의 수학은 타지로 유학을 가야하

는 실정이다.

전형적인 중산간 농촌지역으로서 주요 작목은 풋고추, 오이, 감자, 도라지, 황옥 등을 많이 재배하고 최근에는 겨울철 소득특산물로 느타리버섯을 재배하고 있다.

② 여건변화

이 지역은 산간오지이면서도 항일운동이 치열하게 벌어졌고 군내 유일의 사립중학교가 있을 만큼 주민의 의식이 깨우쳐 있는 곳이다. 또한 효자각이 있어 구한말부터 주민이 잘 단합되고 경노효친 사상이 강하게 자리잡은 곳이다. 그러한 정신은 오늘에까지 주민들의 내면에 이어져 내려와 다분히 도전적이고 깨우친 농사를 지어 나름대로의 지역농업을 발전시킴으로써 개방화에 발빠르게 대응하고 있는 모범지역이다.

1998년 현재 물걸2리의 인구 및 가구 수는 〈표 5-1〉에서 보듯이 1990년에 비하여 줄어들었으며 비농가 인구가 늘어난 것은 상업으로의 전환 등 농업을 포기한 가구이다. 통계상으로 이 지역의 조사대상농가는 98호이나 실제 거주하지 않는 농가(12가구), 조사기간 중 타지역 출타(5가구), 고령단독가구로서 설문이 불가능한 농가(11가구), 그리고 설문응답거부(4가구) 농가를 제외한 66가구를 조사하였다.

〈표 5-1〉 물걸2리 인구 및 호수

단위: 명, 호(%)

구 분	1990년			1998년		
	농 가	비농가	계	농 가	비농가	계
인 구	433(100.0)	0	433(100.0)	317(98.8)	4(1.2)	321(100.0)
호 수	108(100.0)	0	108(100.0)	98(96.1)	4(3.9)	102(100.0)

자료: 내촌농협(1998) 제공.

물걸2리의 경지면적은 내촌면 전체의 약 5%를 차지하고 있으며 논보다는 밭이 두 배 이상 많고 임야가 89%를 점하는 산간지역이다(〈표 5-2〉 참조).

〈표 5-2〉 물걸2리 경지면적

단위: ha(%)

구 분	내촌면(A)	물걸2리(B)	점유비(B/A)
전	1,380(9.9)	176(8.2)	(12.8)
답	550(4.0)	69(3.2)	(12.6)
임 야	11,950(86.1)	1,892(88.6)	(15.8)
계	13,880(100.0)	2,137(100.0)	(15.4)

자료: 내촌농협(1998) 제공.

이 마을은 오래 전부터 옥수수, 콩, 벼 등을 재배해왔으나 1993년을 전후하여 비가림 하우스를 대대적으로 설치하기 시작한 후 하우스 농사를 주축으로 풋고추, 감자, 황옥, 오이 등 밭작물을 중심으로 소량 다품목의 농업을 경영하고 있는데 산업화와 도시화에 따른 인구이동으로 노령층이 많지만 농업을 지키고 발전시키려는 열성적인 젊은이들을 중심으로 전통적인 영농구조에서 탈피한 지역이다. 물론 산간오지지역이 전통적인 작부체계를 탈피하기까지는 노년층과 젊은층 사이에 갈등이 없지 않았다. 그러나 변하지 않으면 결국 도태되고 말 것이라는 공감대가 젊은층을 중심으로 서서히 확산되면서 특히, 효를 근간으로 중·장년층과 청년층이 힘을 합쳐 영농회 및 작목반을 그 어느 지역보다도 탄탄히 구성하여 작목을 바꾸고 유기농법과 시설재배를 도입하는 등 지역농업을 선진적으로 이끌어 가고 있다.

작목반 조직은 엄격히 운영되며 산간 영세지역임에도 자체기금을 조성하고 수시로 외부전문가를 강사로 초빙하여 선진영농기술을 습득하고 있다. 또한 농산물 출하 시 자율 농산물검사원제 채택, 전국 최초의 농산물 리콜제 실시, 정보화 영농 등 선진영농의 시범적 도입이 눈에 두드러지는 농촌이다. 그럼에도 전체적으로는 지리적 한계로 인하여 한국농업의 영세성에서 벗어나지 못하고 있는 실정이다.

(2) 율문3리 마을

① 역사적·지리적 개관

근교평야지역인 율문3리는 행정구역상 춘천기점 북동쪽으로 약 8km거리인 춘천시 신북읍에 속해있는 마을로서 서쪽은 신북읍 소재지인 율문5리와, 동쪽은 소양댐 및 소양강과 접해있는 1개의 자연부락으로 형성된 전형적인 도시근교 시설원예단지 마을이다. 율문리는 본래 춘천군 북중면 지역인데 1914년 행정구역 통폐합 때 율대리(栗垈里), 문정리(文庭里), 천구리(泉邱里)의 일부를 병합하여 율대리의 栗자와 문정리의 文자를 따서 율문리가 된 것이다. 율대리는 글자 그대로 밤나무가 많아서 '밤나무 터'라 이름이 붙은 곳이며 6.25 이후 까지도 오래된 밤나무가 남아있었다.

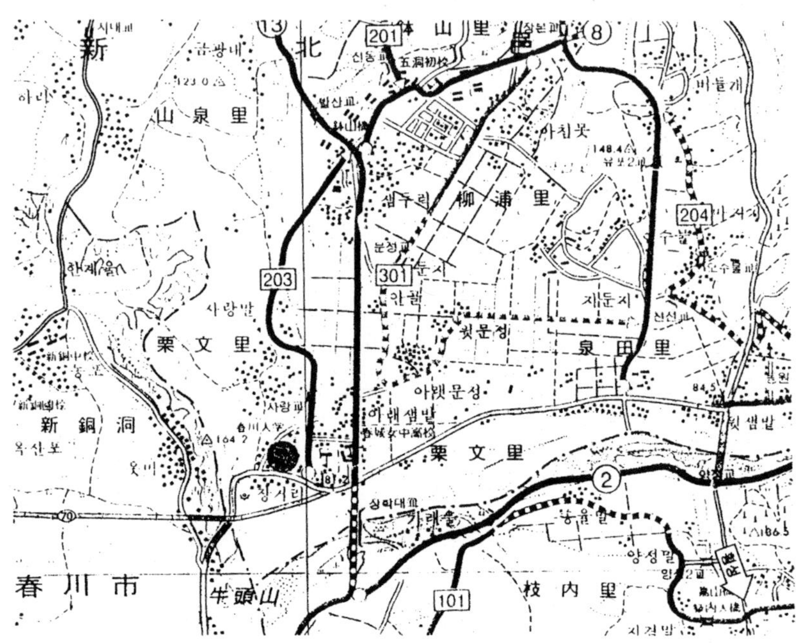

〈그림 5-4〉 율문3리 위치도

율문리의 행정리는 1, 2, 3, 4, 5리로 구획되는데 율문1리와 율문5리는 5일장인 '샘밭장'이 열리던 장거리였으며 현재는 신북농협과 신북읍사무소 등 읍 단위 기관이 소재하고 있는 신북읍의 중심이 되었다. 율문3리는 율문2리와 더불어 모두 옛날 문정리로 불리던 곳인데 율문3리 5개반 중 제5반은 인근 항공대 군인가족아파트가 있는 특수지역이고 나머지 4개반은 대다수 주민들이 농업에 종사하고 있다.

율문3리 마을은 신북읍 소재지에 바로 인접한 마을로 춘천시로 통하는 시내버스가 20분 간격으로 지나고 있고 택시도 쉽게 탈 수 있어 생활권역인 춘천시내까지 약 15분이면 접근이 가능할 만큼 교통이 편리한 곳이다.

학교는 마을어귀인 율문1리에 천전초등학교가 있으며 바로 인접하여 율문5리에 춘성중·춘성실업고가 위치해 있어 통학에 불편이 없다. 다만, 인문계고등학교에 다니는 학생은 주로 시내버스를 이용하여 춘천시내로 통학하고 있다. 또한 병원은 율문5리에 조그만 의원이 있으나 주로 춘천시내의 병원을 이용한다. 생필품은 마을의 소규모 슈퍼나 신북농협의 하나로마트를 이용하지만 옷 등 주요 생활용품은 역시 춘천에서 구입하는 등 춘천시내와 밀접한 연관을 가지고 있다.

② 여건변화

율문3리 마을은 소양강 유역에 자리잡은 입지여건으로 소양댐건설 이전에는 하천범람으로 상습 침수되던 곳이었으나, 1973년에 이 마을의 윗마을인 천전5리와 동면 월곡리의 협곡을 막아 이룩된 동양 최대의 사력댐인 소양강 다목적댐 건설 이후 크게 입지여건이 변한 마을이기도 하다. 거대한 인공호수가 생김으로써 소양댐에서 양구와 인제에 이르는 뱃길이 열렸으며 1975년에 이곳이 국토개발심의회에서 자연보존지구로 지정되어 주변의 오봉산, 청평사 등과 더불어 자연스럽게 관광지의 길목이 되었다.

또한 최근에는 이곳을 지나 화천 간동면과 양구를 잇는 국도가 확장 포장되어 양양까지 연결됨으로써 사람의 이동이 많은 지역으로 바뀌었으나 이곳에 터잡아 살아온 주민들은 농업을 생업으로 발전시켜왔다. 즉, 재래의 농업에서 탈피하여 도시근교의 원예농업을 발달시켰다. 특히 이 지역은 토양 하부층이 사질토로 구성되어 물빠짐이 양호하고 댐 건설에 따른 인공호수의 영향으로 낮과 밤의 기온차가 심하여 토마토, 오이, 호박 등의 재배적지로 부상, 1980년대 중반부터 농업의 개방화와 구조개선의 분위기를 타고 선진농업기술을 받아들여 대대적인 시설원예농업을 추진하여 오늘에 이르고 있다.

마을 입구 및 주변에는 춘천의 향토음식인 막국수와 민물매운탕 등의 음식점이 70여 곳이나 성업 중에 있는데 주로 춘천시내에 거주하는 주민이나 관광객 및 군부대 면회객들이 이용하고 있으며, 이곳 마을의 대다수 주민들은 이러한 변화에는 별로 영향을 받지 않고 있다. 식당을 운영하는 사람들은 주로 춘천시내 출신들로 마을 주민과는 잘 어울리지 않으며, 주민들은 간혹 지나가는 관광객을 상대로 토마토 등의 농산물을 직판하고 있다. 또한 4~5년 전부터는 타 지역보다 비교적 높은 농가소득의 바탕위에 도시팽창의 영향을 받아 주택개량 및 신축이 활발하게 이루어지는 등 대부분의 주민들이 도시민 못지않은 주거·문화생활을 영위하고 있다.

신북읍의 인구증감 추이를 보면 다른 농촌지역과 달리 가구 수 및 인구가 약간 증가하였는데 이는 관광지 활성화로 인한 자영업자의 전입과, 춘천시내에 거주하던 군부대 가족들이 아파트 건립 등 주거환경개선으로 이주해 오는 등 비농업인구가 늘어났기 때문이다. 율문3리도 1990년에 비하여 1998년 현재 총인구는 519명에서 527명으로 늘어났으나 농가 인구는 279명에서 268명으로 줄어들어 그만큼 비농가인구가 증가하였음을 보여준다. 통계상의 조사대상농가는 76호이나 주민등록과는 달리 춘천 등 타 지역에 거주하는 농가(7가구), 실제로는 농가가 아니고 상업 등 타업종에 종사농가(5가구), 조가기간 중 출타(5가구), 설문조사가 어려운 고령 단독농가(4가구), 설문거부(4가구) 농가를 제외한 51농가를 모두 조사하였다.

〈표 5-3〉 율문3리의 인구 및 호수

단위: 명, 호(%)

구 분	1990년			1998년		
	농 가	비농가	계	농 가	비농가	계
인 구	279(53.8)	240(46.2)	519(100.0)	268(50.9)	259(49.1)	527(100.0)
호 수	68(50.4)	67(49.6)	135(100.0)	76(52.4)	69(47.6)	145(100.0)

자료: 춘천군 연감, 해당연도.

율문3리마을에 거주하는 145가구 중 농업경영가구는 76가구(52.4%)로서 농업지대임에 비하여 비농업가구가 많은 것은 군인가족 및 막국수식당 등 상업자가 많기 때문이며, 또한 농가76가구 중 전업농이 69가구(90.8%)이고 겸업농이 3가구, 다른 집의 농사일만 다니는 농업노동가구가 4가구로 전업농의 비율이 높은 것은 이 마을의 농업유형이 시설원예를 주로 하는 특성상 가족노동력의 집중적인 투여가 요구되기 때문이다.

율문3리의 경지는 논과 밭의 면적이 비슷하며 임야는 아주 적어 전형적인 근교평야지의 특성을 갖춘 곳이다(〈표 5-4〉 참조).

〈표 5-4〉 율문3리 경지면적

단위: ha(%)

구 분	신북읍(A)	율문3리(B)	점유비(B/A)
전	711(51.9)	34(43.6)	(4.8)
답	603(44.0)	35(44.9)	(5.8)
임 야	57(4.1)	9(11.5)	(15.8)
계	1,371(100.0)	78(100.0)	(5.7)

자료: 신북농협(1998) 제공.

이 마을의 영농형태는 전통적으로 콩, 옥수수, 잡곡, 채소 등 일반 밭작물과 수도작이 주종을 이루었으나 1985년경부터 일부 농가를 중심으로 소형, 단동하우스의 시설원예농사가 시도되면서 작목체계에 변화가 일어나기 시작한 후 1990년대 초부터 대대적인 시설원예단지로 탈바꿈하였다. 그리하여 지금은 대

형, 연동하우스를 주축으로 토마토, 호박, 오이가 주작목이며 소득 또한 비약적
으로 높아졌다.

3) 조사지역 농가의 특성

(1) 농가여성

① 연 령

조사대상자의 연령분포는 〈표 5-5〉에서 보듯이 60세 이상의 고령여성이
28.3%로 가장 많고 그 다음은 40대(25.6%)이다. 50대 및 60세 이상의 고령자
가 전체의 52.2%로 절반을 넘는 반면에 20~29세까지의 젊은 층은 5.1%에
불과해 농촌여성의 노령화 현상을 잘 보여주고 있다.

마을별로 분석해 보면 물걸2리(이하 '물걸리'라 함)의 경우에는 나이가 많을
수록 대상자자 많아서 60세 이상이 36.3%로 가장 많고 50대 및 60세 이상이
63.6%를 차지하는데 비하여 20대는 7.6%이다. 율문3리(이하 '율문리'라 함)는
물걸리와 달리 40대가 35.3%로 가장 많고 주연령층이 30~40대로서 60.8%이
며, 20대는 2.0%로 근교 평야마을인 율문리보다 중산간지역인 물걸리에 노령
화현상이 훨씬 심각함을 알 수 있다. 조사대상 농가여성의 평균연령은 49.8
세로 물걸리 52.2세, 율문리 46.7세이다.

<표 5-5> 조사대상 농가여성의 특성

단위: 명(%)

구 분		물걸리	율문리	계
연 령	20대	5(7.6)	1(2.0)	6(5.1)
	30대	7(10.6)	13(25.5)	20(17.1)
	40대	12(18.2)	18(35.3)	30(25.6)
	50대	18(27.3)	10(19.6)	28(23.9)
	60세 이상	24(36.3)	9(17.6)	33(28.3)
	평균연령	52.2세	46.7세	49.8세
교육수준	무 학	21(31.8)	7(13.7)	28(23.9)
	초 등	28(42.4)	24(47.1)	52(44.4)
	중 등	13(19.7)	11(21.6)	24(20.5)
	고 등	4(6.1)	8(15.7)	12(10.3)
	대학 이상	0	1(1.9)	1(0.9)
남편유무	남편 있음	56(84.8)	47(92.2)	103(88.0)
	남편 없음	10(15.2)	4(7.8)	14(12.0)
계		66(100.0)	51(100.0)	117(100.0)

자료: 전산처리에 의거 필자가 작성.

② 교육수준

조사농가 여성들의 교육수준은 68.3%가 초등학교 졸업 이하로서 매우 낮은데 특히 무학자가 23.9%에 이르고 있다. 이는 60세 이상의 고령여성들 대부분이 무학이기 때문이다. 마을별로는 물걸리의 교육수준이 율문리보다 상대적으로 낮아서 율문리는 고등학교 및 대학 이상의 학력자가 17.6%인데 비해 물걸리는 대학 학력자가 한명도 없이 고등학교 학력자만 6.1%에 불과하였다.

③ 혼인상태

조사대상 여성은 전원이 결혼을 했으며, 그중 남편이 있는 사람은 103명(88.0%)이고 남편이 없는 사람은 14명(12.0%)이다. 남편이 없는 경우 모두가 사별이며 남편이 없는 농가여성은 물걸리가 10명(15.2%)으로 율문리 4명(7.8%)의 두 배에 달했다. 이는 물걸리에 60세 이상의 고령자가 많기 때문이다.

④ 종　교

조사대상자의 종교분포는 무종교가 49.5%로 가장 많고 그 다음이 불교
(39.3%), 기독교(8.6%)의 순이었다. 마을별로는 별다른 차이가 없으나 율문리
가 무종교와 불교신자가 물걸리에 비해 비교적 많았다(부록 Ⅰ-5표 참조).

(2) 가족원

조사대상 농가의 가족형태는 〈표 5-6〉와 같이 부부중심의 핵가족이 72호
(61.6%)로 가장 많고 단신가족은 5호(4.3%), 확대가족은 40호(34.1%)이다.
　조사대상자 남편의 특성을 살펴보면, 연령은 60세 이상이 가장 많은 32.0%
를 차지하고 있고 그 다음은 40대(30.1%)이며, 20대는 율문리에 단 1명뿐이었
다. 50~60대 이상의 고령자 점유비는 52.4%로서 농가여성(52.1%)의 경우와
비슷하다. 평균연령은 51.6세이며 부인의 경우와 마찬가지로 물걸리(53.1세)가
율문리(49.9세)보다 노령화되어 있다.
　남편의 학력수준은 초등학교 졸업 이하의 남편이 52.4%로서 전반적으로 학
력수준이 낮았으나 고등학교 및 대학 학력 이상이 24.3%로(〈표 5-7〉 참
조), 농가여성(11.2%)에 비하여 교육수준이 높았다.

〈표 5-6〉 조사대상가구의 가족형태

단위: 호(%)

구　분	물걸리	율문리	계
단신가족	5(7.6)	0	5(4.3)
부부가족	14(21.2)	8(15.7)	22(18.8)
부부 + 자녀	25(37.9)	20(39.2)	45(38.5)
부부중1 + 자녀	3(4.5)	2(3.9)	5(4.3)
(편)부모 + 부부 + 자녀	14(21.2)	15(29.4)	29(24.8)
(편)부모 + 부부중1 + 자녀	0	1(2.0)	1(0.8)
(편)부모 + (편)부부	1(1.5)	1(2.0)	2(1.7)
(편)부모 + 손자녀	1(1.5)	0	1(0.8)
기타 확대가족	3(4.6)	4(7.8)	7(6.0)
계	66(100.0)	51(100.0)	117(100.0)

자료: 〈표 5-5〉와 같음.

〈표 5-7〉 조사대상자 남편의 특성

단위: 명(%)

구 분		물걸리	율문리	계
연 령	20대	0	1(2.1)	1(1.0)
	30대	6(10.7)	11(23.4)	17(16.5)
	40대	17(30.4)	14(29.8)	31(30.1)
	50대	12(21.4)	9(19.2)	21(20.4)
	60세 이상	21(37.5)	12(25.5)	33(32.0)
	평균연령	53.1세	49.9세	51.6세
교육수준	무 학	6(10.7)	3(6.4)	9(8.7)
	초 등	27(48.2)	18(38.3)	45(43.7)
	중 등	16(28.6)	8(17.0)	24(23.3)
	고 등	5(8.9)	17(36.2)	22(21.4)
	대학 이상	2(3.6)	1(2.1)	3(2.9)
계		56(100.0)	47(100.0)	103(100.0)

자료: 〈표 5-5〉와 같음.

조사대상농가의 가족원수는 본인을 포함하여 3~4명인 가구가 33.3%로 가장 많았고 그 다음이 5~6명인 가구(29.1%)의 순인데, 가구당 1~2명뿐인 핵가족이 10년 전에는 10가구(8.5%), 5년 전에는 17가구(14.5%)였으나 지금은 31가구(26.5%)로 핵가족화가 급속히 진행되었음을 알 수 있다.

가구당 평균 가족원수는 10년 전 4.9명(물걸리 4.7명, 율문리 5.1명), 5년 전 4.5명(물걸리 4.1명, 율문리 5.0명), 현재는 4.1명(물걸리 3.9명, 율문리 4.4명)으로 점점 줄어들었으나, 1998년의 전국농가당 평균가구원수 3.1명보다는 많은 편이었다. 가구당 농사일을 하는 사람의 수는 10년 전에 2.5명(물걸리 2.5명, 율문리 2.5명), 5년 전 2.4명(물걸리 2.3명, 율문리 2.4명), 현재는 2.2명(물걸리 2.1명, 율문리 2.3명)으로 줄어들어 이농현상이 지속되어 왔음을 알 수 있다(〈표 5-8〉 참조).

〈표 5-8〉 가구당 가족원수의 변화

단위: 명(%)

구　분	현　재	5년　전	10년　전
1~2명	31(26.5)	17(14.5)	10(8.5)
3~4명	39(33.3)	40(34.2)	43(36.8)
5~6명	34(29.1)	47(40.2)	43(36.8)
7명 이상	13(11.1)	13(11.1)	21(17.9)
계	117(100.0)	117(100.0)	117(100.0)
평　균	4.1	4.5	4.9

자료: 〈표 5-5〉와 같음.

가족원 중에서 농사일을 하는 사람의 수는 가구당 1~2명인 경우가 61.5%로 가장 많고 그 다음이 3~4명으로 36.7%를 차지하였다. 가구당 농사일을 하는 평균인원은 10년 전에 2.5명, 5년 전 2.4명, 현재는 2.2명으로 감소하여 대부분의 농가가 부부노동력에 의하여 농사를 짓고 있음을 보여준다(〈표 5-9〉 참조). 농사인원이 감소한 이유는 자녀분가(이농)가 34.1%로 가장 많고 그 다음이 남편이나 시부모의 사망이었다(각각 20.5%).

〈표 5-9〉 가구당 농사일 하는 사람 수의 변화

단위: 명(%)

구　분	현　재	5년　전	10년　전
1~2명	94(80.3)	81(69.2)	72(61.5)
3~4명	23(19.7)	35(29.9)	43(36.7)
5~6명	0	1(0.9)	1(0.9)
7명 이상	0	0	1(0.9)
계	117(100.0)	117(100.0)	117(100.0)
평　균	2.2	2.4	2.5

자료: 〈표 5-5〉와 같음.

(3) 영농규모

조사대상 농가를 영농규모별로 분석해보면 21.4%에 해당하는 25농가가

0.5ha 이하의 영세농이고 0.5~1ha 이하의 소농계층은 23.9%(28농가)였다.

반면에 2ha 초과의 대농도 18.0%(21농가)에 달해 대농의 점유비가 비교적 높은데, 특히 중산간지인 물걸리의 경우에는 경영면적으로만 분석할 때 대농이 24.2%로 율문리의 9.8%보다 훨씬 많다. 그러나 재배규모가 소득과 비례하지 않을 뿐더러 물걸리와 율문리의 땅값, 영농형태를 고려해 보면 경지규모로 농가경제를 판단할 수는 없는 것이다(〈표 5-10〉 참조).

<표 5-10> 경지규모별 분포

단위: 명(%)

구 분	물걸리	율문리	계
0.5ha 이하	8(12.1)	17(33.3)	25(21.4)
0.5 ~ 1ha 이하	11(16.7)	17(33.3)	28(23.9)
1 ~ 1.5ha 이하	13(19.7)	11(21.6)	24(20.5)
1.5 ~ 2ha 이하	18(27.3)	1(2.0)	19(16.2)
2ha 초과	16(24.2)	5(9.8)	21(18.0)
계	66(100.0)	51(100.0)	117(100.0)

자료: 〈표 5-5〉와 같음.

10년 전과 비교한 경지규모의 증감 상황은 29.1%(34농가)의 농가에서 경지가 증가한 반면에 17.1%(20농가)는 경지가 감소하여 증가농가가 더 많았으며 경지증감의 변화가 없는 농가는 53.8%(63농가)이다(〈표 5-11〉 참조).

<표 5-11> 10년 전과 비교, 경지 증감여부

단위: 명(%)

구 분	물걸리	율문리	계
그대로	35(53.0)	28(54.9)	63(53.8)
증 가	17(25.8)	17(33.3)	34(29.1)
감 소	14(21.2)	6(11.8)	20(17.1)
계	66(100.0)	51(100.0)	117(100.0)

자료: 〈표 5-5〉와 같음.

(4) 농가소득

1998년의 우리나라 농가 평균소득은 20,494천 원으로 1997년의 23,488천 원에 비해 12.7% 감소한 것이다. 이는 IMF사태의 영향으로 전반적인 소비부진과 영농자재가격의 상승, 그리고 경기침체에 따른 겸업소득 및 농외소득이 감소한데 기인한다.

조사대상농가를 소득별로 분석해보면, 율문리의 연간 평균소득은 26,973천 원으로 우리나라 전체평균소득보다 6,479천 원이 많으며 강원도의 평균농가소득(1998년) 19,402천 원에 비하면 7,571천 원이 많은 수준이나 물걸리는 18,250천 원으로 저었다(〈표 5-12〉 참조).

〈표 5-12〉 조사농가 평균소득

단위: 천 원

구 분	물걸리	율문리	평 균	'98농가소득[1]
총수입	18,250	26,973	22,052	20,494
농사수입	16,998	23,571	19,863	8,955
농사외 수입	1,252	3,402	2,189	11,539

주: 1) 통계청, 『1998년도 농가경제조사결과』. 농사 외 수입은 이전소득을 포함한 것임.

또한 물걸리에는 연간소득이 500만 원 이하인 농가가 5농가로 율문리(2농가)보다 많았으며, 반면에 연간소득이 4,000만 원을 초과하는 농가는 율문리가 9농가로 물걸리(4농가)보다 두 배나 더 많아 전체적으로 도시근교의 원예농사 위주인 율문리가 경제여건에 있어 형편이 나았다(〈표 5-13〉 참조).

<표 5-13> 조사농가 연간소득분포

단위: 호(%)

구 분	물걸리	율문리	계
500만 원 이하	5(7.6)	2(3.9)	7(6.0)
500~ 1,000만 원 이하	10(15.2)	7(13.7)	17(14.5)
1,000~2,000만 원 이하	29(43.9)	15(29.4)	44(37.6)
2,000~3,000만 원 이하	13(19.7)	8(15.7)	21(18.0)
3,000~4,000만 원 이하	5(7.6)	10(19.6)	15(12.8)
4,000만 원 초과	4(6.0)	9(17.7)	13(11.1)
계	66(100.0)	51(100.0)	117(100.0)

자료: <표 5-5>와 같음.

그러나 이전소득을 포함한 농사 외 소득(1998)은 우리나라 농가평균이 11,539천 원인데 비하여 조사대상지역은 그에 훨씬 못 미치는 2,189천 원에 불과하였다. 마을별로는 율문리가 3,402천 원으로 물걸리의 1,252천 원보다 농사 외 소득이 훨씬 많았다.

2. 조사지역 농촌여성의 노동실태

1) 농업생산 노동

(1) 농업노동 참여 정도

먼저, 조사대상지역 농가여성이 농사일에 참여하고 있는지 여부를 질문하였다. 그 결과, 응답자 117명 중 절대 다수인 98.3%에 해당하는 115명이 농사일에 참여하고 있으며, 농사일을 안하는 농가여성은 물걸리와 율문리에서 각각 단 1명씩뿐으로 거의 모든 농가여성이 농사일에 참여하고 있는 것으로 나타났다.

<표 5-14> 농사일 참여여부

단위: 명(%)

구 분	물걸리	율문리	계	1987년 연구[1]
농사일 한다	65(98.5)	50(98.0)	115(98.3)	(99.6)
농사일 안한다	1(1.5)	1(2.0)	2(1.7)	(0.4)
계	66(100.0)	51(100.0)	117(100.0)	(100.0)

주: 1) 한국여성개발원, 전게서, 1987, 37쪽.

이는 1987년 한국여성개발원[140]의 조사결과와 거의 일치하는 것으로 우리나라 농촌에서는 건강상의 문제나 농외취업 등 특별한 경우가 아닌 한 노동 가능한 농촌여성은 모두가 농사일에 참여한다고 봐야한다(<표 5-14> 참조).

다음은, 농가여성이 농사일에 어느 정도 참가하고 있는지를 가족 내 다른 식구들과 비교한 상대적 참여도로 조사하였다. 그 결과 <표 5-15>과 같이 농사일을 하는 농가여성 가운데 '전적으로 맡아서 일한다'는 농가여성은 13.9%였고, '다른 가족과 비슷하게 한다' 65.2%, '다른 가족을 돕는 정도이다'는 15.7%, 그리고 '아주 조금밖에 안한다'는 부인은 5.2%이었다. 여기에서 '다른 가족'이란 거의 남편을 지칭하는 것으로 농가여성의 농사일 참여 정도가 남편과 대등한 수준 이상임을 알 수 있다.

<표 5-15> 농사일 참여의 정도

단위: 명(%)

구 분	물걸리	율문리	계
전적으로 맡아서 일한다	11(16.9)	5(10.0)	16(13.9)
다른 가족과 비슷하게 한다	37(56.9)	38(76.0)	75(65.2)
다른 가족을 돕는 정도이다	13(20.0)	5(10.0)	18(15.7)
아주 조금밖에 안한다	4(6.2)	2(4.0)	6(5.2)
계	65(100.0)	50(100.0)	115(100.0)

자료: <표 5-5>와 같음.

---

140) 한국여성개발원, 『농촌여성의 노동실태에 관한 연구－농가주부를 중심으로』(1987년)는 농촌을 대표할 수 있는 전국 64개 부락의 농가주부 2,005명에 대한 조사이다.

　이중 농번기에만 일을 조금 거든다든지, 다른 가족을 돕는 정도로 농사일에 참여하는 것을 '보조 노동력'으로 보고, 전적으로 농사일을 맡아하거나 다른 가족과 비슷하게 농사일을 하는 경우를 농가의 '주노동력'141)이라고 한다면 약 79.1%의 농가여성이 주노동력으로 영농생산활동에 참여하고 있다. 또한 농가여성이 농사일을 '전적으로 맡아서 하는' 가구가 율문리(10.0%)에 비해 물걸리에 훨씬 많은 것은(16.9%) 남편이 없는 가구가 율문리(7.8%) 보다 물걸리(15.2%)에 더 많기 때문인 것으로 분석된다.

　농사일에 대한 참여의 정도를 연령대별로 분석해 보면 〈표 5-16〉과 같은데, 이를 주노동력(전적으로 맡아서 일한다 + 다른 가족과 비슷하게 한다)의 연령별 점유비로 분석하여 10년 전(1987) 전국의 상황과 비교해 볼 때, 20대 젊은층의 점유비가 줄어들었고(3.9% → 2.2%), 반면에 60세 이상의 점유비가 크게 늘어나(9.1% → 28.6%) 농가여성 노동력의 노령화현상을 알 수 있다(〈표 5-17〉 참조).

〈표 5-16〉 연령대별 농사일 참여도

단위: 명(%)

분	20대	30대	40대	50대	60세 이상	계
전적으로 맡아한다	0	2(10.0)	4(13.8)	2(7.1)	8(25.0)	16(13.9)
다른 가족과 비슷하게	2(33.3)	16(80.0)	19(65.5)	20(71.5)	18(56.3)	75(65.2)
다른 가족을 돕는 정도	3(50.0)	2(10.0)	4(13.8)	4(14.3)	5(15.6)	18(15.7)
아주 조금	1(16.7)	0	2(6.9)	2(7.1)	1(3.1)	6(5.2)
계	6(100.0)	20(100.0)	29(100.0)	28(100.0)	32(100.0)	115(100.0)

자료: 〈표 5-5〉와 같음.

〈표 5-17〉 주노동력의 연령별 점유비

단위: %

구 분	20대	30대	40대	50대	60세 이상	계
본 연구	2.2	19.8	25.3	24.2	28.6	100.0
1987년 연구[1]	3.9	19.3	33.2	34.5	9.1	100.0

주: 1) 한국여성개발원, 전게서, 1987, 38쪽에서 재구성.

---

141) 농협중앙회, 『농촌부녀자의 의식과 역할』, 1984, 78쪽.

　기존의 연구[142]에서 영농규모별 농가여성의 농업노동 참여도를 살펴보면 소규모 농가에서 여성의 농업노동 참여도가 높고, 영농규모가 커질수록 농사일 참여도가 낮아지는 경향이 나타나 영농규모와 농사일 참여도 사이에 유의한 관계가 있다고 하였다.[143]

　본 조사에서도 그와 같은 경향성이 어느 정도 나타났다. 즉, 영농규모 1ha를 초과하는 규모에서부터 농사일을 전적으로 맡아하는 농가여성이 급격히 감소하였다. 그러나 0.5ha 이하의 영세농가의 경우에는 농가여성이 농사일을 '전적으로 맡아서 하는' 농가와 '다른 가족을 돕는 정도' 이하의 농가로 분리되는 현상을 보여주었다(〈표 5-18〉 참조).

〈표 5-18〉 영농규모별 농사일 참여도

단위: 명(%)

구 분	0.5ha 이하	0.5~1ha 이하	1~1.5ha 이하	1.5~2ha 만 원	2ha 초과	계
전적으로 맡아한다	5(20.8)	8(28.6)	1(4.4)	1(5.3)	1(4.8)	16(13.9)
다른 가족과 비슷하게	10(41.7)	17(60.7)	21(91.2)	14(73.6)	13(61.9)	75(65.2)
다른 가족을 돕는 정도	6(25.0)	2(7.1)	0	3(15.8)	7(33.3)	18(15.7)
아주 조금	3(12.5)	1(3.6)	1(4.4)	1(5.3)	0	6(5.2)
계	24(100.0)	28(100.0)	23(100.0)	19(100.0)	21(100.0)	115(100.0)

자료: 〈표 5-5〉와 같음.

---

142) 한국여성개발원, 전게서, 1987. 김종숙·정명채, 전게서, 1992.

143) 이에 대해 정기환은 1970년대까지는 그런 현상이 있었으나 1980년 이후는 달라졌다고 하였다. 즉, 1980년 이후부터는 공업화와 도시화의 진전에 따라 영농규모가 적은 농가여성들의 노동력이 기회비용이 높은 비농업 부문으로 이동하였기 때문에 영농규모가 큰 농가여성의 영농참여율이 영농규모가 적은 농가의 영농참여율보다 높게 나타났다는 것이다. 따라서 영농규모가 적은 농가여성의 농업노동 참여 정도가 대농의 여성보다 높다는 주장은 산업화가 진전된 1980년대 이후 한국농촌사회에서는 나타나지 않는 현상이라 하였다(정기환, 『농가여성의 노동력구조와 경제활동 실태』, 한국농촌경제연구원, 1997, 51쪽).

이는 여성경영주 등 여성 중심의 가구가 이 규모층에 몰려있어서 여성이 전적으로 농사일에 참여하는 농가가 많은 반면에 남편이 있더라도 영농규모가 작으므로 남성만의 노동으로도 어느 정도 농사를 지을 수 있기 때문으로 분석된다.

(2) 가족 간 역할체계

농사일, 가사일, 농외취업 등을 통틀어 '아주머니 댁에서 누가 가장 많은 일을 한다고 생각하는지'를 물어보았다. 그 결과 조사대상자 117명 중 41.9%(49명)의 여성이 '본인이 가장 많은 일을 한다'고 응답하였으며, 남편이 가장 많은 일을 한다는 응답은 50.4%(59명), 부인과 남편이 같은 비중으로 일한다는 응답은 2.6%(3명)로 부인이 볼 때 남편의 노동량이 더 많다고 생각하는 것으로 나타났다. 특히 율문리의 경우는 그 격차가 비교적 큰(본인: 37.3%, 남편: 52.9%) 반면에 물걸리는 부부가 비슷하게 일하는 것으로 나타났다.

〈표 5-19〉 가족 중 누가 일을 많이 하나?

단위: 명(%)

구 분	물걸리	율문리	계
본 인	30(45.4)	19(37.3)	49(41.9)
남 편	32(48.5)	27(52.9)	59(50.4)
시 부	4(6.1)	2(3.9)	6(5.1)
남편과 같다	0	3(5.9)	3(2.6)
계	66(100.0)	51(100.0)	117(100.0)

자료: 〈표 5-5〉와 같음.

여성의 노동참여가 남성과 대등함에도 불구하고(〈표 5-15〉 참조) 남편이 더 많은 일을 한다고 생각하며 스스로 자신의 역할(노동)을 평가절하 하는 여성 자신의 이러한 인식은 여성으로 하여금 더 많은 노동에 참여케 되는 동인의 하나가 될 것이다(〈표 5-19〉 참조).

이를 영농규모별로 물걸리와 율문리로 나누어 분석해 본 결과 물걸리는 모든 영농규모에서 남편이 부인보다 더 많은 일을 한다고 응답한 반면에, 율문리는 대조적으로 영농규모가 영세할수록 여성의 노동역할이 큰 경향을 보였으며, 1ha 이하의 농가에서는 오히려 여성이 남편보다도 더 많은 일을 한다고 응답하였다. 이는 물걸리의 영세농가에 남편이 없는 농가가 다수 있는 데 기인한 것이다(〈표 5-20〉 참조).

〈표 5-20〉 영농규모별, 가족 중 누가 일을 많이 하나?

단위: 명(%)

(물설리)

구 분	0.5ha 이하	0.5~1ha 이하	1~1.5ha 이하	1.5~2ha 이하	2ha 초과	계
본 인	4(50.0)	8(72.7)	5(38.5)	8(44.4)	5(31.3)	30(45.5)
남 편	3(37.5)	2(18.2)	6(46.1)	10(55.6)	11(68.7)	32(48.4)
시 부	1(12.5)	1(9.1)	2(15.4)	0	0	4(6.1)
남편과 같다	0	0	0	0	0	0
계	8(100.0)	11(100.0)	13(100.0)	18(100.0)	16(100.0)	66(100.0)

(율문리)

구 분	0.5ha 이하	0.5~1ha 이하	1~1.5ha 이하	1.5~2ha 이하	2ha 초과	계
본 인	7(41.2)	6(35.3)	4(36.4)	0	2(40.0)	19(37.3)
남 편	8(47.0)	9(52.9)	6(54.5)	1(100.0)	3(60.0)	27(52.9)
시 부	0	1(5.9)	1(9.1)	0	0	2(3.9)
남편과 같다	2(11.8)	1(5.9)	0	0	0	3(5.9)
계	17(100.0)	17(100.0)	11(100.0)	1(100.0)	5(100.0)	51(100.0)

자료: 〈표 5-5〉와 같음.

다음은 농작업 유형별로 가족들의 참여 정도를 알아보았다. 그 결과 전통적으로 남성의 노동으로 여겨져 왔던 논농사에 있어서는 역시 남편이 주된 노동참여(52.2%)를 하였고, 반면에 일반 밭농사의 경우에는 부부가 비슷하게 농사에 참여하는 비중이 매우 높았으며(71.9%), 또한 '주로 부인이' 농사를 담당하는 비중도 영농형태 중 가장 높게(18.8%)나타났다. 또한 하우스 농사를 짓는 가구의 영농참여상황을 보면 '주로 남편'이나 '주로 부인'의 참여도가 같고(각각 7.3%) '부부가 비슷하게' 참여하는 것이 절대적으로 높아(80.0%) 상업화로 인한 영농형태의 변화가 농가의 가족 성별노동분업 체계와 역할에 큰 영향을 주고 있음을 알 수 있다(〈표 5-21〉 참조).

〈표 5-21〉 농작업 종류별 가족의 농사일 참여도

단위: 명(%)

구 분	논농사 작업	일반 밭농사	하우스 농사	계
주로 부인이	10(11.4)	18(18.8)	4(7.3)	32(13.4)
부부가 비슷하게	29(33.0)	69(71.9)	44(80.0)	142(59.4)
주로 남편이	46(52.2)	8(8.3)	4(7.3)	58(24.3)
다른 가족이	3(3.4)	1(1.0)	3(5.4)	7(2.9)
계	88(100.0)	96(100.0)	55(100.0)	239(100.0)

자료: 〈표 5-5〉와 같음.

(3) 노동시간과 노동량

농가여성의 농업노동에 대하여 노동시간을 정확히 측정한다는 것은 현실적으로 대단히 어려운 일이다. 더욱이 여성의 경우에는 농업노동과 가사노동이 혼재되어 있기 때문에 농업노동에 투하된 시간을 측정한다는 것은 거의 불가능하다.

농촌진흥청에서 주기적으로 조사한 시간분석에 의하면 농가여성은 경영주(거의 남편이다)보다 농업노동시간은 적지만 가사노동시간이 상대적으로 많기 때문에 전체적으로 노동시간이 많은 것으로 나타났다. 미맥농가를 기준으로 하여 농번기에 농가여성이 어느 정도 노동을 하는지 살펴보면 농업노동은 8시간 24분이고 가사노동은 4시간 34분으로 총 12시간 58분을 일하고 있다. 반면에 경영주는 농업노동시간은 11시간 35분으로 훨씬 많지만 가사노동은 단 21분에 불과함으로써 전체노동은 오히려 농가여성이 1시간

2분 더 하고 있다.[144] 이와 같은 현상은 시설원예농가에서도 마찬가지어서 농가여성의 노동시간이 경영주보다 1시간 29분 더 많은 것으로 분석되었다 (〈표 5-22〉 참조).

<h4 align="center">〈표 5-22〉 농가여성과 경영주의 노동시간(1993)</h4>

단위: 시: 분

구 분	미맥농가		시설원예농가	
	주부(A)	경영주(B)	주부(A)	경영주(B)
농업노동	8 : 24	11 : 35	9 : 38	10 : 58
가사노동	4 : 34	0 : 21	3 : 13	0 : 24
계	12 : 58	11 : 56	12 : 51	11 : 22
A-B	1 : 02		1 : 29	

주: 미맥농가는 농번기 기준, 시설원예농가는 연중 평균.
자료: 농촌진흥청, 전게 보고서, 1994.

　본 연구에서는 농가여성과 남편의 정확한 노동시간과 노동량은 조사하지 않았다. 그러나 농가여성과 남편의 기상시간과 취침시간을 조사하여 간접적으로 노동시간과 노동량을 추측하였다. 보통 때나 겨울 농한기에는 남·녀 간에 기상시간 및 취침시간에 큰 차이를 보이지 않았으나 전체적으로 농가여성의 기상이 빠르고 취침이 늦었다.

　먼저 기상시간을 보면, 농번기에는 부인이나 남편이나 새벽 5시 이전에 64%가 기상하여 남녀간의 차이를 보이지 않는다. 그러나 새벽 4시 이전에 기상하는 부인이 16.2%인 데 비하여 남편은 9.7%에 불과하고, 특히 보통 때나 겨울농한기에도 부인은 4시 이전에 기상하는 사람이 있으나(3명) 남편은 전혀 없었다. 보통 때나 겨울농한기에는 농번기에 비하여 당연히 기상시간이 늦어지고 있다(〈표 5-23〉 참조).

---

144) 농촌진흥청에서 1998년에 조사한 자료에 의하면 전체노동시간은 농가여성이 12시간 58분, 경영주(남편)가 11시간 50분으로 5년 전(1993)에 조사한 상황과 비슷하다.

<표 5-23> 기상시간

단위: 명(%)

구 분	농번기		보통 때		겨울 농한기	
	부 인	남 편	부 인	남 편	부 인	남 편
오전4시 이전	19(16.2)	10(9.7)	1(0.8)		2(1.7)	
4시30분 이전	12(10.3)	16(15.5)	1(0.8)	1(1.0)	1(0.9)	2(1.9)
5시 이전	45(38.4)	40(38.8)	16(13.7)	17(16.5)	7(6.0)	5(4.9)
5시30분 이전	15(12.8)	15(14.6)	14(12.0)	11(10.7)	4(3.4)	3(2.9)
6시 이전	23(19.7)	17(16.5)	58(49.6)	43(41.7)	38(32.5)	30(29.1)
6시30분 이전	1(0.9)	4(3.9)	12(10.3)	11(10.7)	20(17.1)	18(17.5)
7시 이전	2(1.7)	1(1.0)	13(11.1)	18(17.4)	37(31.6)	29(28.2)
7시30분 이전			1(0.8)	1(1.0)	4(3.4)	6(5.8)
7시30분 이후			1(0.8)	1(1.0)	4(3.4)	10(9.7)
계	117(100.0)	103(100.0)	117(100.0)	103(100.0)	117(100.0)	103(100.0)

자료: <표 5-5>와 같음.

취침시간 역시 농번기에 남녀간의 차이가 두드러지는 데 밤 10시 30분 이후에 잠자리에 드는 부인이 45.4%, 남편은 33.9%이다. 그러나 보통 때와 겨울농한기에는 취침시간이 농번기에 비해 조금 빨라지고 부부가 거의 같은 시간에 취침하는 것으로 나타났다(<표 5-24> 참조).

<표 5-24> 취침시간

단위: 명(%)

구 분	농번기		보통 때		겨울농한기	
	부 인	남 편	부 인	남 편	부 인	남 편
오후8시 이전	1(0.9)	3(2.9)	4(3.4)	6(5.8)	5(4.3)	9(8.7)
8시30분 이전	1(0.9)	2(1.9)	1(0.9)	2(1.9)	2(1.7)	2(1.9)
9시 이전	17(14.5)	10(9.7)	26(22.2)	28(27.2)	21(18.0)	22(21.4)
9시30분 이전	2(1.7)	5(4.9)	7(6.0)	7(6.8)	7(6.0)	7(6.8)
10시 이전	32(27.4)	34(33.0)	45(38.5)	30(29.1)	41(35.0)	31(30.1)
10시30분 이전	11(9.4)	14(13.6)	8(6.8)	8(7.8)	8(6.8)	5(4.9)
11시 이전	34(29.1)	26(25.2)	21(18.0)	16(15.5)	23(19.7)	17(16.5)
11시30분 이전	5(4.3)	2(1.9)	1(0.9)	1(1.0)	3(2.6)	3(2.9)
11시30분 이후	14(12.0)	7(6.8)	4(3.4)	5(4.9)	7(6.0)	7(6.8)
계	117(100.0)	103(100.0)	117(100.0)	103(100.0)	117(100.0)	103(100.0)

자료: <표 5-5>와 같음.

기상시간과 취침시간에 관한 이러한 조사결과는 농가여성의 노동시간과 노동량을 남편과 비교해 볼 수 있는 매우 흥미 있는 것인데, 농가여성들이 보통 때나 겨울농한기에는 남편과 노동시간에 있어서 큰 차이를 보이지 않으나 농번기에는 남편보다 더 많은 노동시간과 노동량에 시달리는 것으로 보인다.

농가여성이 농사철에 새벽 일찍 일어나고 밤늦게 취침하는 것은 식사준비나 하루의 일 마무리를 위해 그러는 것이다. 그렇다고 해서 낮에 휴식시간을 더 제공받는 것도 아니고 계속해서 남편과 같이 일 하거나 보조노동 및 가사노동에 참여하는 게 농촌의 관행임을 고려할 때 적어도 농번기에 있어서는 농가여성의 노동시간과 노동량이 남편보다 더 많다고 분석된다.

2) 품앗이 및 피고용노동

품앗이는 우리나라 농촌사회의 가장 전통적인 공동노동조직으로서 1960년대의 공업화 이후 줄어들다가 1970년대 후반 이후 급격히 늘어났으나 1980년대 이후 다시 감소추세를 보이고 있다. 품앗이는 부족 노동력을 채우는 노동력 동원 형태로서 노동의 등가교환이라기보다는 작업내용과 작업분량이 다르더라도 자기 농사에 필요한 노동력을 얻기 위해 품앗이가 이루어진다. 품앗이는 산업화 이후 농촌일손이 부족하게 되어 농업노동력의 질적 구성이 변화하는 가운데 품앗이도 여성노동력 중심으로 변화하여 남성보다 여성의 참여가 더 많아졌지만 원래는 전통적으로 '男性等價勞動交換原則'에 의거 남성들이 주로 참여하던 노동이며[145] 산간지대나 중산간지대에서 많이 이루어지는데 이는 기계화가 덜 진전되고 또한 공동체적 노동관행이 남아있기 때문이다.

조사대상 지역의 품앗이 상황은 가족 중 어떤 형태로든 품앗이에 참여하는 농가가 117농가 중 102농가로 87.2%를 차지하였으며, 근교평야지인 율문리는 조사대상 51농가 중 43농가가 품앗이를 하는데(84.3%)비하여 중산간지인 물

---

145) 한국여성개발원, 전게서, 1987, 50쪽.

걸리는 66농가 중 59농가가 품앗이에 참여함으로써(89.4%) 더 높게 나타났다. 가족 중 품앗이를 하는 사람은 이번 조사에서도 농가여성이 더 많이 참여하는 데(36.3%), 남성(15.7%)보다 2배 이상이나 되어 여성의 농업노동을 더욱 가중시키는 요인이 된다. 1987년 한국여성개발원의 연구와 비교하면 농가여성의 품앗이 참여가 약간 감소한 반면에 남편의 품앗이 비중이 높아졌다. 이는 핵가족화로 인하여 농촌남녀의 노동참여 구분이 점점 없어지는 데 기인한 것으로 분석된다(〈표 5-25〉 참조).

〈표 5-25〉 품앗이 참여의 정도

단위: 명(%)

구 분	본 연구			1987년 연구[1]
	물걸리	율문리	계	
주로 부인	19(32.2)	18(41.9)	37(36.3)	(56.2)
부부 비슷	29(49.1)	16(37.2)	45(44.1)	(31.9)
주로 남편	7(11.9)	9(20.9)	16(15.7)	(6.5)
기타 가족	4(6.8)	0	4(3.9)	(6.4)
계	59(100.0)	43(100.0)	102(100.0)	(100.0)

주: 1) 한국여성개발원, 전게서, 1987, 50쪽.

조사지역의 농가여성에게 품앗이 참여여부를 질문한 결과 전체 응답자 117명 중 83명(70.9%)이 '참여한 경험이 있고', 품앗이 경험이 없는 부인도 34명(29.1%)이 되었다(부록 I-43표 참조). 이는 1987년 한국여성개발원의 조사 결과(72.8%)와 비슷한 수준이다. 품앗이의 주된 작업 내용은 파종이나 모종, 김매기 등 여성의 노동참여가 비교적 용이한 작업에 집중되고 있다(부록 I-44표 참조). 농가여성의 품앗이 참여 정도를 영농형태별로 분석해보면 전체적으로 비슷한 수준이나 이후 중심의 농가여성의 경우 논농사나 밭농사를 위주로 하는 농가(각각 71.4%)에 비하여 품앗이 참여 정도가 높은 편(78.8%)이었다(〈표 5-26〉 참조).

〈표 5-26〉 영농형태별 품앗이 참여도

단위: 명(%)

구 분	논농사	밭농사	하우스 농사	계
한 다	35(71.4)	20(71.4)	26(78.8)	81(73.6)
안한다	14(28.6)	8(28.6)	7(21.2)	29(26.4)
계	49(100.0)	28(100.0)	33(100.0)	110(100.0)

자료: 〈표 5-5〉와 같음.

　　농가여성의 품앗이 참여를 영농규모별로 보면 0.5ha 이하 농가여성의 64.0%, 0.5~1ha 이하 75.0%, 1~1.5ha 이하 70.8%, 1.5~2ha 이하 73.3%, 그리고 2ha초과 계층의 농가여성의 71.4%가 품앗이를 한 적이 있다고 응답하여, 1~2ha의 중농층 농가여성의 품앗이 참여가 높고 0.5ha 이하의 영세농층 농가여성의 참여가 가장 저조한 것으로 나타났다(〈표 5-27〉 참조). 이는 1987년(한국여성개발원)에 전국을 대상으로 조사한 것과 일치된 경향인데 과거에 소농층 중심으로 이루어졌던 품앗이가 이처럼 변화된 것은 농업노동력의 감소로 농업노임이 상승함에 따라 특히 중농층 이상에서 고용노동의 비중이 크게 감소하고 가족노동의 비중이 증가함에 따른 결과이다.[146]

〈표 5-27〉 영농규모별 품앗이 참여도

단위: 명(%)

구 분	0.5ha 이하	0.5~1ha 이하	1~1.5ha 이하	1.5~2ha 이하	2ha 초과	계	1987년 연구[1]
한 다	16(64.0)	21(75.0)	17(70.8)	14(73.7)	15(71.4)	83(70.9)	(72.8)
안한다	9(36.0)	7(25.0)	7(29.2)	5(26.3)	6(28.6)	34(29.1)	(27.2)
계	25(100.0)	28(100.0)	24(100.0)	19(100.0)	21(100.0)	117(100.0)	(100.0)

주: 1) 한국여성개발원, 전게서, 1987, 50쪽.

---

146) 품앗이도 가족노동의 범주에 포함되는 것으로, 가족노동의 증대와 함께 품앗이 투하량도 늘어나게 되었다(한국여성개발원, 전게서, 1987, 51쪽).

160

다음은 피고용노동(품삯일)에 관한 것인데 여성의 피고용 농업노동도 비교적 높게 나타났다. 본 조사에 의하면 전체 117농가 중 77농가(65.8%)가 어떤 형태로든 품삯일에 참여하고 있는데 율문리 23농가(45.1%)보다 물걸리의 품삯일 참여가 월등히 높았다(54농: 81.8%). 가족 중에서 품삯일을 나가는 사람은 농가여성(51.9%)이 남편(18.2%)에 비하여 훨씬 많으나 1987년의 연구와 비교해 보면 남편의 품삯일 정도가 많이 높아진 것으로 나타났다(1987년: 6.5%). 이는 핵가족화됨에 따라 남녀노동의 구분이 점점 없어지는데 그 원인이 있다고 분석된다(〈표 5-28〉 참조).

〈표 5-28〉 품삯일 참여의 정도

단위: 명(%)

구 분	본 연구			1987년연구[1]
	물걸리	율문리	계	
주로 부인	29(53.7)	11(47.8)	40(51.9)	(66.4)
부부 비슷	16(29.6)	2(8.7)	18(23.4)	(23.7)
주로 남편	4(7.4)	10(43.5)	14(18.2)	(6.5)
기타 가족	5(9.3)	0	5(6.5)	(3.4)
소 계	54(100.0)	23(100.0)	77(100.0)	(100.0)
품삯일 없다	12(18.2)	28(54.9)	40(34.2)	
계	66	51	117	

주: 1) 한국여성개발원, 전게서, 1987, 55쪽.

농가여성의 품삯일 참여를 묻는 질문에 대하여는 58가구(49.6%)의 여성이 품삯일에 참여한다고 응답하였는데 이는 1987년의 연구(한국여성개발원)와 비교할 때(51.3%) 약간 낮아진 수준이다. 그러나 지대별로는 큰 차이가 있어서 근교평야지인 율문리(29.4%)보다 중산간지대인 물걸리(65.2%)가 2배 이상이나 농가여성의 피고용농업노동이 많았는데 이는 영세농이 대부분인 이 지역의 농가여성들이 현금수입을 목적으로 임노동에 많이 참여한 것으로 분석된다(〈표 5-29〉 참조). 품삯일로 참여하는 농작업의 내용은 농사일 전반에 걸쳐 이루어지고 있으나 김매기와 수확작업의 빈도가 높은 반면에 농약살포와 같은 위험한 작업에는 피고용노동을 회피하는 것으로 나타났다(부록 Ⅰ-50표 참조).

〈표 5-29〉 품삯일 참여여부

단위: 명(%)

구 분	본 연구			1987년 연구[1]
	물걸리	율문리	계	
한 다	43(65.2)	15(29.4)	58(49.6)	(51.3)
안한다	23(34.8)	36(70.6)	59(50.4)	(48.7)
계	66(100.0)	51(100.0)	117(100.0)	(100.0)

주: 1) 한국여성개발원, 전게서, 1987, 55쪽.

품삯일은 일반적으로 영농규모가 작아질수록 참여가 높아지는 경향이 있다. 즉, 품앗이가 중농층 농가여성의 참여가 높은 노동유형이라면 품삯일은 0.5ha 이하의 영세소농층 여성들의 참여도가 높은 노동유형이다. 이러한 경향은 이번 조사에서도 나타났다(〈표 5-27〉 및 〈표 5-30〉 참조).

〈표 5-30〉 영농규모별 품삯일 참여여부

단위: 명(%)

구 분	본 연구			1987년 연구[1]		
	있다	없다	계	있다	없다	계
0.5ha 이하	15(60.0)	10(40.0)	25(100.0)	(63.6)	(36.4)	(100.0)
0.5~1ha 이하	12(42.9)	16(57.1)	28(100.0)	(55.8)	(44.2)	(100.0)
1~1.5ha 이하	10(41.7)	14(58.3)	24(100.0)	(42.3)	(57.7)	(100.0)
1.5~2ha 이하	13(68.4)	6(31.6)	19(100.0)	(34.7)	(65.3)	(100.0)
2ha 초과	8(38.1)	13(61.9)	21(100.0)	(30.2)	(69.8)	(100.0)
계	58(49.6)	59(50.4)	117(100.0)	(51.3)	(48.7)	(100.0)

주: 1) 한국여성개발원, 전게서, 1987, 55쪽.

3) 가사노동

일반적으로 가사노동은 여성의 노동으로 간주되어왔다. 특히 보수적인 농촌 가정에서 가사는 전통적으로 처와 딸의 몫이었다. 그러나 1960년대부터 산업화가 촉진되면서 농촌출신 '딸'들이 대거 도시로 취업해 나가면서 농촌가족의 가사담당 측면에 변화가 일어났다. 가사를 도와주던 보조노동력으로서의 여성의 수는 줄어든 반면에 문화적 가사용품의 개발과 보급으로 이 물품들이 농촌주부를 보조하게 된 것이다. 또한 남편들이 가사일을 도와주기 시작했는데 김주숙의 연구에 의하면 1980년의 조사에서 남편이 집안일을 도와주는 정도가 미약하게나마 보이기 시작한다. 예를 들어 빨래하기는 거의 도와주지 않으나 13%내외의 남편들이 밥짓기를 도와주고 있다.[147]

남편이 가사일을 도와주는 정도는 계속해서 늘어나고 있는 데, 남편이 가사일을 도와주는 정도가 높아지고 있음에도 가사노동은 여전히 주부가 주 담당자이다. 가사일을 거의 혼자서 다 처리하는 농가여성이 전체의 53.8%이며, 80% 정도 담당하는 사람은 35.0%였다. 따라서 가사를 80% 이상 담당하는 농가여성은 조사대상농가 117호 중 88.8%에 해당하는 104가구였으며 가사일을 거의 하지 않는 농가여성은 율문리에서 농외취업을 한 단 1명뿐이었다.

이를 지대별로 분석해보면 중산간지인 물걸리가 도시근교인 율문리보다 남편의 가사도움이 더 커서(부록 Ⅰ-61표 참조) 부인이 가사의 80% 이상을 담당하는 농가는 물걸리 84.8%, 율문리 94.1%로 물걸리가 오히려 낮은 것으로 나타났다(〈표 5-31〉 참조).

---

147) 김주숙, 『한국농촌의 여성과 가족』, 한울아카데미, 1994, 151쪽

〈표 5-31〉 가사일 참여의 정도

단위: 명(%)

구 분	물걸리	율문리	계
거의 혼자 한다	35(53.0)	28(54.9)	63(53.8)
80% 정도 담당	21(31.8)	20(39.2)	41(35.0)
50% 정도 담당	8(12.1)	2(3.9)	10(8.5)
30% 정도 담당	2(3.0)	0	2(1.7)
거의 안한다	0	1(2.0)	1(0.9)
계	66(100.0)	51(100.0)	117(100.0)

자료: 〈표 5-5〉와 같음.

가사분담을 연령대별로 분석해보면 80% 이상 가사를 전담하는 비율은 각 연령대 별로 비슷하나 20대가 가장 낮고 30~40대의 부인들이 전담률이 높게 나타났다(〈표 5-32〉 참조).

〈표 5-32〉 연령별 가사일 참여도

단위: 명(%)

구 분	20대	30대	40대	50대	60세 이상	계
거의 혼자 한다	1(16.7)	9(45.0)	15(50.0)	13(46.4)	25(75.8)	63(53.8)
80% 정도 담당	4(66.6)	9(45.0)	13(43.3)	11(39.3)	4(12.1)	41(35.0)
50% 정도 담당	1(16.7)	1(5.0)	2(6.7)	4(14.3)	2(6.1)	10(8.5)
30% 정도 담당	0	1(5.0)	0	0	1(3.0)	2(1.7)
거의 안한다	0	0	0	0	1(3.0)	1(0.9)
계	6(100.0)	20(100.0)	30(100.0)	28(100.0)	33(100.0)	117(100.0)

자료: 〈표 5-5〉와 같음.

4) 농산물판매활동

농업이 상업화되고 농가경제가 자급자족을 넘어 현금수요가 증대됨에 따라 농산물 판매가 늘어남은 당연한 현상이다. 그러나 농가여성이 농업생산에 참여하는 정도는 절대적(98.3%)이면서도 판매활동에서는 계속 배제되고 있는 실정

164

이다. '아주머니 댁이 농사지은 농산물을 판매합니까?'라는 질문에 '그렇다'는
응답이 92.3%로 절대다수의 농가가 농산물을 판매하고 있으나 '아주머니가 직
접 판매하느냐'는 질문에는 4분의 1 수준인 25.9%의 부인이 '그렇다'고 응
답하였다(〈표 5-33〉 및 〈표 5-34〉 참조).

〈표 5-33〉 농가의 농산물 판매여부

단위: 명(%)

구 분	물걸리	율문리	계
그렇다	61(92.4)	47(92.2)	108(92.3)
아니다	5(7.6)	4(7.8)	9(7.7)
계	66(100.0)	51(100.0)	117(100.0)

자료: 〈표 5-5〉와 같음.

〈표 5-34〉 농가여성의 직접 판매여부

단위: 명(%)

구 분	물걸리	율문리	계
그렇다	14(21.5)	16(31.4)	30(25.9)
아니다	51(78.5)	35(68.6)	86(74.1)
계	65(100.0)	51(100.0)	116(100.0)

자료: 〈표 5-5〉와 같음.

농가여성의 농산물판매활동은 양면성을 가지고 있는데 판매활동의 정도가
낮으면 그만큼 노동으로부터 해방될 수 있다는 긍정적인 측면이 있는 반면에
경제적 재량권이 그만큼 적어지는 측면도 있다. 왜냐하면 농촌여성의 영농참여
에 대한 보수가 여성개인에게 별도로 지불되기 어려운 가족농업 경영하에서
여성의 농산물 판매활동의 참여는 농가 내에서 경제적 재량권의 크기와 직결
될 수 있기 때문이다.

농가여성이 직접 판매하는 비율은 일반적으로 산간마을이 높게 나타난다. 산
간마을은 산채, 잡곡류 등의 생산이 많고 이러한 농산물은 직접 시장에 나가

판매하는 경우가 많기 때문이다. 그러나 이번 연구에서는 도시근교인 율문리가 중산간지대인 물걸리보다 직접 판매하는 비율이 더 높게 나타났는데 그것은 물걸리의 경우 작목반 조직이 어느 곳보다도 잘 조직되어 있는데다가 도시의 장터와 거리가 멀고, 또한 농협이 순회수집제도를 이용하여 거의 모든 생산물을 순회수집하여 판매해 주는 반면에, 율문리는 인근 춘천시의 시장거리가 짧고 교통이 편리하고 하우스 농사로 생산물을 직접 팔러나가는 경우가 많기 때문이다.

농가여성의 판매회수는 월3회 이하가 66.7%로 대부분이나 한달에 10회 이상 수시로 판매하는 농가여성도 1명(율문리)있었다(〈표 5-35〉 참조).

〈표 5-35〉 월 평균 판매회수

단위: 명(%)

구 분	물걸리	율문리	계
3회 이하	12(85.7)	8(50.0)	20(66.7)
5회 이하	2(14.3)	4(25.0)	6(20.0)
10회 이하	0	3(18.8)	3(15.0)
15회 이하	0	1(6.3)	1(3.3)
계	14(100.0)	16(100.0)	30(100.0)

자료: 〈표 5-5〉와 같음.

5) 농외취업

농가여성이 농외취업을 하는 농가는 의외로 적은 5농가(4.3%)에 불과하였으며 물걸리 1농가, 율문리 4농가로서 도시근교지역에 농외취업의 기회가 많음을 보여준다. 농외취업의 형태는 물걸리(1농가)의 경우 취로사업이었으며, 율문리는 식당이나 가게 등 자영업이었다(〈표 5-36〉 참조).

농외취업을 하는 이유는 '농사만으로 생활이 어렵거나'(3농가), '생활이 어렵지는 않으나 돈이 더 필요하기 때문'(2농가)으로 경제적 동기가 절대적이었다.

IMF사태의 영향을 조사하였는데 농외취업농가 중 IMF로 인하여 일자리를 잃은 농가는 없었으나, 일이 줄었다는 농가는 있었다(2농가).

<표 5-36> 농외취업 여부

단위: 명(%)

구 분	물걸리	율문리	계
한 다	1(1.5)	4(7.8)	5(4.3)
안한다	65(98.5)	47(92.2)	112(95.7)
계	66(100.0)	51(100.0)	117(100.0)

자료: <표 5-5>와 같음.

농외취업을 안하는 이유를 질문한 결과 41.5%의 농가여성이 '농사일이 바빠서'라고 응답하였으며, 그 다음의 이유로는 '마땅한 일자리가 없어서'(39.6%), '고령화/건강 때문에'(9.0%)의 순으로 나타났다(<표 5-37> 참조).

<표 5-37> 농외취업 안하는 이유

단위: 명(%)

구 분	물걸리	율문리	계
농사일이 바빠서	18(28.1)	28(59.6)	46(41.5)
마땅한 일자리 없어서	39(60.9)	5(10.6)	44(39.6)
고령화/건강 때문에	4(6.3)	6(12.8)	10(9.0)
집안일이 많아서	3(4.7)	5(10.6)	8(7.2)
남편이 원치 않아서	0	3(6.4)	3(2.7)
계	64(100.0)	47(100.0)	111(100.0)

자료: <표 5-5>와 같음.

3. 농촌여성의 역할변화와 변화요인

1) 역할변화의 추이

(1) 농업생산노동

10년 전과 비교하여 농가여성의 역할 중 상대적으로 중요해진 역할이 무엇인지를 질문하였다. 이에 대하여 역시 농사일에 대한 역할이 76.0%(73명)로 제일로 나타났으며 그 다음이 가사일(16.7%, 16명), 농외취업(3.1%, 3명)의 순이었다(부록 I-84표 참조). 이로 미루어 생산노동에 있어서의 여성의 역할은 세월이 지나면서 더욱 확고해지고 있음을 보여주었다. 이렇듯 농가여성의 역할이 늘어나고 있는 농사일에 대하여 '지난 10년간 농산물 시장개방, 복합영농, 농촌구조개선 등 농촌과 농업에 많은 변화가 있었는데 아주머니가 직접하는 농사일은 10년 전에 비해 어떻냐'고 질문하였다.

이에 대해 10년 이상 농사를 지은 96명의 응답자 중 '훨씬 늘었다' 30명(31.3%), '약간 늘었다' 14명(14.6%)으로 절반수준인 45.9%의 부인이 농사일이 10년 전에 비해 늘어났다고 응답하였으며 농사일이 줄어들었다는 응답은 32.3%(31명)이었다(〈표 5-38〉 참조).

〈표 5-38〉 10년 전과 비교한 농사일

단위: 명(%)

구 분	물걸리	율문리	계
훨씬 줄었다	12(21.4)	7(17.5)	19(19.8)
약간 줄었다	6(10.7)	6(15.0)	12(12.5)
전과 비슷하다	11(19.7)	10(25.0)	21(21.8)
약간 늘었다	6(10.7)	8(20.0)	14(14.6)
훨씬 늘었다	21(37.5)	9(22.5)	30(31.3)
계	56(100.0)	40(100.0)	96(100.0)

자료: 〈표 5-5〉와 같음.

이를 농가의 주작목에 따른 영농형태별로 분석해보면, 하우스 농사를 주로 짓는 농가의 68.0%가 농사일이 늘어났다고 응답하여 가장 농사일이 많이 늘었으며, 그 다음이 일반밭농사 농가(45.5%), 논농사 농가(30.4%)의 순이었다 (〈표 5-39〉 참조).

〈표 5-39〉 영농형태별 10년 전과 비교한 농사일

단위: 명(%)

구 분	논농사	일반 밭농사	하우스 농사	계
훨씬 줄었다	14(30.4)	2(9.1)	3(12.0)	19(20.4)
약간 줄었다	8(17.4)	3(13.6)	1(4.0)	12(12.9)
전과 비슷하다	10(21.8)	7(31.8)	4(16.0)	21(22.6)
약간 늘었다	4(8.7)	4(18.2)	5(20.0)	13(14.0)
훨씬 늘었다	10(21.7)	6(27.3)	12(48.0)	28(30.1)
계	46(100.0)	22(100.0)	25(100.0)	93(100.0)

자료: 〈표 5-5〉와 같음.

농가여성의 농사일 증감을 남편의 농사일 증감과 비교해보기 위해 '남편의 농사일은 10년 전과 비교해 어떠하냐'고 질문하였는데 이에 대한 응답은 부인의 농사일 증감도와 거의 일치하여 농가여성이 자신의 농사일이 늘었다고 응답한 경우(또는 줄었다고 응답한 경우) 남편의 농사일도 늘었다고(또는 줄었다고) 생각하는 일치된 경향을 보여준다(부록 Ⅰ-39표 참조).

10년 전에 비해 농사일이 늘어난 이유는 하우스 농사 때문과 경작면적 증가가 각각 23.2%로 가장 큰 요인이었고 다음으로는 새로운 작물재배(20.2%)라고 응답하여 하우스 농사 및 재배작물의 다양화가 농사일 증가의 주요인임을 나타냈다. 반면에 농사일이 줄어든 이유로는 농사기계화가 가장 큰 요인(35.4%)이었으며 그다음은 경작면적의 감소(22.9%) 때문이라고 응답하였다 (〈표 5-40〉 a, 〈표 5-41〉 참조).

〈표 5-40〉 10년 전과 비교, 농사일 늘어난 이유

단위: 명(%)

(1, 2순위 이유 합산)

구 분	물걸리	율문리	계
경작면적 증가	9(20.9)	7(26.9)	16(23.2)
논농사 때문	1(2.3)	0	1(1.5)
일반밭농사 때문	2(4.7)	2(7.7)	4(5.8)
하우스 농사 때문	6(14.0)	10(38.5)	16(23.2)
새로운 작물재배	11(25.5)	3(11.5)	14(20.2)
품삯일 때문	7(16.3)	1(3.9)	8(11.6)
일할 식구감소	7(16.3)	3(11.5)	10(14.5)
계	43(100.0)	26(100.0)	69(100.0)

자료: 〈표 5-5〉와 같음.

〈표 5-41〉 10년 전과 비교, 농사일 줄어든 이유

단위: 명(%)

(1, 2순위 이유 합산)

구 분	물걸리	율문리	계
경작면적 감소	7(24.1)	4(21.0)	11(22.9)
농사 기계화	13(44.9)	4(21.0)	17(35.4)
노동력을 사서함	2(6.9)	4(21.0)	6(12.5)
노동 회피	2(6.9)	1(5.3)	3(6.3)
농사법 개선	3(10.3)	4(21.0)	7(14.6)
다른 가족 도움	0	1(5.3)	1(2.1)
기 타	2(6.9)	1(5.3)	3(6.3)
계	29(100.0)	19(100.0)	48(100.0)

자료: 〈표 5-5〉와 같음.

다음은 가족 내에서 농가여성이 어느 정도 농사일에 참여하는지를 파악하여 증감여부를 기존의 연구와 비교하였다. 그 결과, '아주 조금밖에 안한다'는 응답이 1984년에는 16.0%였으나(〈표 5-42〉의 조사① 참조) 그 이후 2~5%대로 떨어져 농가여성의 노동참여가 증대되었음을 보여준다. 또한 '전적으로 맡아서 일하는' 농가는 1984년 조사 이후 계속 줄어들었으나(20.9% → 13.9%) 이는 남편이 없거나 남편이 농업에 종사하지 않는 가구가 대부분이므로, 주노동력(전적으로 일한다 + 다른 가족과 비슷하게 한다)을 중심으로 비교해 보면 농사일 참여가 1984년의 65%에서 1987년에는 81%로 크게 늘어났고 그 후 1992년의 조사 때까지는 그대로(81%)유지 되다가 이번 조사에서는 79%로 약간 낮아진 현상을 보였다(〈그림 5-5〉 참조).

이러한 각각의 조사결과는 전국자료 또는 사례조사 자료로서 직접 비교하기 곤란한 점이 있기는 하나 농촌여성의 농업노동참여가 한계에 다다른 것이 아닌가 하는 분석을 낳게 한다.

〈표 5-42〉 농사일 참여의 정도

단위: 명(%)

구 분	본 연구			조사①	조사②	조사③
	물걸리	율문리	계			
전적으로 맡아한다	11(16.9)	5(10.0)	16(13.9)	(20.9)	(19.7)	(19)
다른 가족과 비슷하게	37(56.9)	38(76.0)	75(65.2)	(44.7)	(61.9)	(62)
다른 가족을 돕는 정도	13(20.0)	5(10.0)	18(15.7)	(18.4)	(16.2)	(19)
아주 조금	4(6.2)	2(4.0)	6(5.2)	(16.0)	(2.2)	
계	65(100.0)	50(100.0)	115(100.0)	(100.0)	(100.0)	(100.0)

주: 조사① 농협중앙회, 『농촌부녀자의 의식과 역할』, 1984, 78쪽.(전국단위 조사)
　　② 한국여성개발원, 『농촌여성의 노동실태에 관한 연구』, 1987, 38쪽. (전국단위조사)
　　③ 김종숙·정명채, 『농촌여성의 의식변화와 역할에 관한 연구』, 한국농촌경제연구원, 1992, 42쪽.(충남지역 4개 마을 사례조사)

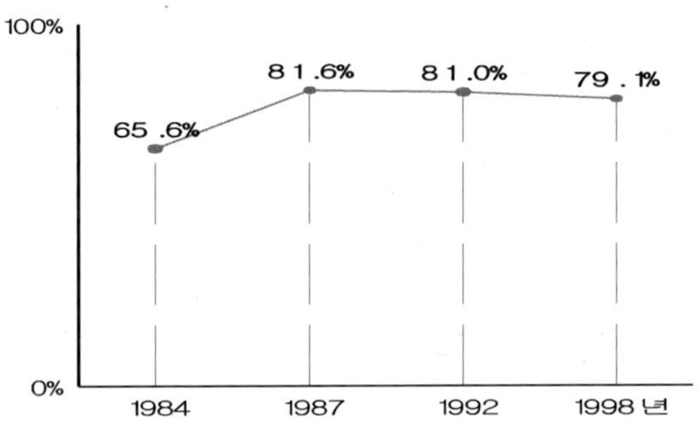

자료: 〈표 5-5〉와 같음.

〈그림 5-5〉 주노동력의 농사일 참여 추이

다음은 농가여성의 농사일 참여실태를 영농형태별, 작업단계별로 살펴보았는데 논농사와 밭농사(하우스 및 일반밭농사) 사이에 차이가 나타난다(〈표 5-43〉 참조).

논·밭갈이를 제외한 전체 작업에서 부부가 서로 비슷하게 농작업을 실시하는 것으로 나타나 농작업에서 점점 더 성별분업을 뛰어넘어 여성의 역할이 두드러지고 있으나, 힘을 많이 쓰게 되는 논·밭갈이와 판매, 그리고 위험작업인 농약살포는 아직까지 남편의 노동이 주로 이용되고, 비교적 섬세한 농작업인 김매기와 선별, 포장작업에는 부인의 역할이 강세를 보임으로써 성별요인이 역할변화 요인의 하나임을 보여준다.

<표 5-43> 영농형태별, 작업단계별 분업체계

단위: 명(%)

구 분	논농사			밭농사(하우스 및 일반)		
	주로 부인이	주로 남편이	서로 비슷	주로 부인이	주로 남편이	서로 비슷
논갈이/밭갈이	8(16.7)	32(66.7)	8(16.7)	6(9.8)	50(82.0)	5(8.2)
파 종	10(21.7)	11(23.9)	25(54.4)	17(28.3)	10(16.7)	33(55.0)
모내기(모종)	8(16.7)	18(37.5)	22(45.8)	7(13.2)	16(30.1)	30(56.6)
농약살포	8(16.7)	19(39.6)	21(43.8)	6(10.0)	32(53.3)	22(36.7)
김매기	15(31.3)	10(20.8)	23(47.9)	29(47.5)	3(4.9)	29(47.5)
수 확	8(16.3)	13(26.5)	28(57.1)	12(19.7)	2(3.3)	47(77.1)
수확물 건조	10(20.4)	7(14.3)	32(65.3)	7(43.8)	0	9(56.3)
선별 포장	9(20.0)	12(26.7)	24(53.3)	23(39.7)	7(12.1)	28(48.3)
판 매	10(20.8)	25(52.1)	13(27.1)	9(14.8)	31(50.8)	21(34.4)

자료: <표 5-5>와 같음.

전통적으로 논농사는 남성의 노동으로 여겨져 왔으며 여성은 기계가 닿지 못하는 분야의 보조작업을 거들거나 이앙과 탈곡, 조제 및 저장일 그리고 새참을 준비하는 일을 하였다. 그러나 최근의 연구들에서는 논농사에 대한 여성노동의 비중이 더욱 감소할 것이라는 주장[148]과 보조적 노동력이었던 농가여성의 노동력이 여러 작업과정에서 중요한 역할을 한다는 주장[149]이 있는데 이번 조사에서는 여성들이 수도작의 여러 작업 과정에서 중추적인 노동력으로 역할을 하고 있음을 뒤받침하고 있다. 이렇게 된 원인은 농업노동이 가족노동력중심으로 바뀐데 기인한 것으로 보인다. 밭농사의 분업체계는 수도작 농가와 약간 다르게 나타난다. 즉, 밭농사는 전통적으로 여성의 노동력에 의존하는 것으로 논농사에 비해 여성의 참여가 높으며 특히 씨뿌리기(파종), 김매기, 수확, 수확물 건조, 선별포장 등에서 여성의 역할이 두드러지게 나타나고 있다. 그러나 이번 조사에서 남편이 밭농사에 참여하는 경우가 적지 않은 것으로 나타났는데 밭농사의 여러 작업이 여성의 일이었음을 감안할 때 밭농사에 남성의 참

---

148) 김이선, 전게서, 1997, 105쪽.
149) 정기환, 전게서, 1997, 63~64쪽.

여가 두드러진 것은 상업화로 원예농업이 중요해졌고 농기계 등을 이용한 남성노동력의 투입이 증가됐기 때문으로 분석된다.

이러한 논농사·밭농사의 작업단계별 분업체계를 10년 전의 연구(한국여성개발원, 1987)와 비교해 보면 논농사에는 여성의 진출이, 그리고 밭농사에는 남성의 진출이 늘어나고 양쪽 모두 남녀가 서로 비슷하게 일하는 비중이 크게 높아져 남녀의 노동참여가 평준화·대등화되고 있음을 알 수 있다(〈표 5-44〉 참조).

〈표 5-44〉 영농형태별, 작업단계별 성별분업(1987)

단위: %

구 분	논농사			밭농사		
	주로 여자	주로 남자	서로 비슷	주로 여자	주로 남자	서로 비슷
논/밭갈이	1.3	92.6	6.0	10.3	78.5	11.2
파종/못자리	5.5	62.7	31.8	35.3	31.4	33.3
모내기/모종	17.4	44.6	38.0	47.7	11.3	41.0
농약살포	4.6	79.5	15.9	14.9	69.2	15.9
김매기	27.3	32.6	40.0	55.7	9.3	35.0
수 확	5.3	51.2	43.5	26.1	16.7	57.2
선별포장	-	-	-	25.3	16.7	58.0

자료: 한국여성개발원, 전게서, 1987, 59쪽.

(2) 품앗이 및 피고용노동

먼저 품앗이의 변화여부를 알아보기 위해 '10년 전과 비교하여 아주머니가 하는 품앗이는 어떠냐'는 질문을 하였다. 그 결과 '훨씬 줄었다' 49.3%, '약간 줄었다' 10.7%로 줄었다는 응답이 60.0%로 절반을 넘었으며 늘었다는 응답은 17.3%이었다(〈표 5-45〉 참조).

<표 5-45> 10년 전과 비교한 품앗이

단위: 명(%)

구 분	물걸리	율문리	계
훨씬 줄었다	30(63.8)	7(25.0)	37(49.3)
약간 줄었다	6(12.8)	2(7.1)	8(10.7)
전과 비슷하다	8(17.0)	9(32.2)	17(22.7)
약간 늘었다	2(4.3)	6(21.4)	8(10.7)
훨씬 늘었다	1(2.1)	4(14.3)	5(6.6)
계	47(100.0)	28(100.0)	75(100.0)

자료: <표 5-5>와 같음.

　품앗이가 줄어든 이유는 영농기계화로 인한 것이 54.5%로 절반이 넘었으며 일손부족으로 인한 '자기 일이 많아서'가 25.0%, 그리고 노령화/건강 때문 11.4%의 순이었다(<표 5-46> 참조). 반면에 품앗이가 늘었다고 응답한 농가는 13가구인데 늘어난 이유로는 일손 부족(6농가: 46.1%)이 가장 많고, 품삯 절감을 위한 경제적 사정과 하우스 농사의 증가(각각 3농가: 각 23.1%) 등이 꼽혔다(부록 Ⅰ-47표 참조).

<표 5-46> 품앗이 줄어든 이유

단위: 명(%)

구 분	물걸리	율문리	계
영농 기계화	19(52.8)	5(62.5)	24(54.5)
자기일이 많아서	10(27.8)	1(12.5)	11(25.0)
노령화/ 건강	4(11.1)	1(12.5)	5(11.4)
기 타	3(8.3)	1(12.5)	4(9.1)
계	36(100.0)	8(100.0)	44(100.0)

자료: <표 5-5>와 같음.

　다음은 피고용노동(품삯일)의 변화를 알아보기 위해 '아주머니의 품삯일은 10년 전에 비하여 어떠냐'고 질문하였다. 그에 대하여 '훨씬 줄었다' 22.4%,

'약간 줄었다' 13.8%로 품삯일이 줄었다는 응답은 36.2%이나, 늘었다는 응답은 '훨씬 늘었다' 43.1%, '약간 늘었다' 8.6%로서 응답자 58가구의 절반이 넘는 51.7%가 품삯일이 늘었다고 답하였다(〈표 5-47〉 참조).

〈표 5-47〉 10년 전과 비교한 품삯일

단위: 명(%)

구 분	물걸리	율문리	계
훨씬 줄었다	7(16.7)	6(37.5)	13(22.4)
약간 줄었다	5(11.9)	3(18.8)	8(13.8)
전과 비슷하다	5(11.9)	2(12.5)	7(12.1)
약간 늘었다	3(7.1)	2(12.5)	5(8.6)
훨씬 늘었다	22(52.4)	3(18.8)	25(43.1)
계	42(100.0)	16(100.0)	58(100.0)

자료: 〈표 5-5〉와 같음.

품삯일이 줄어든 이유는 영농기계화가 45.0%로 가장 많았고, 그 다음은 노령화로 인한 건강상의 이유로 품삯일을 못하는 경우가 35.0%였다(부록 Ⅰ-53표 참조).

품삯일이 늘어난 이유로는 응답가구 30농가 중 80.0%에 해당하는 24농가가 생활이 어려워서라고 응답하여 품삯일을 하게 되는 제1의 동기는 경제적 이유였다(〈표 5-48〉 참조).

품삯일을 하는 이유는 생활이 어렵거나 돈이 더 필요한 경제적 이유가 94.8%로 절대적으로 품삯일이 늘어난 가구의 이유를 뒷받침하고 있으며 응답자 중 3명(5.2%)은 시간적 여유가 있어서 품삯일을 한다고 하였다(〈표 5-49〉 참조).

〈표 5-48〉 품삵일이 늘어난 이유

단위: 명(%)

구 분	물걸리	율문리	계
생활이 어려워	22(84.6)	2(50.0)	24(80.0)
인력부족	2(7.7)	0	2(6.7)
하우스 농사	1(3.8)	1(25.0)	2(6.7)
기 타	1(3.8)	1(25.0)	2(6.7)
계	26(100.0)	4(100.0)	30(100.0)

자료: 〈표 5-5〉와 같음.

〈표 5-49〉 품삵일 하는 이유

단위: 명(%)

구 분	물걸리	율문리	계
생활이 어려워서	19(44.2)	4(26.7)	23(39.6)
돈이 더 필요해서	24(55.8)	8(53.3)	32(55.2)
시간적 여유가 있어서	0	3(20.0)	3(5.2)
계	43(100.0)	15(100.0)	58(100.0)

자료: 〈표 5-5〉와 같음.

(3) 가사노동

가사일의 변화상태를 파악하기 위해 '10년 전과 비교한 가사일은 어떤지'를 질문하였다. 그에 대하여 '힘들어 졌다'는 반응(9.1%)에 비하여 '훨씬 편해졌다' 52.0%, '약간 편해졌다' 22.5%로 편해졌다는 응답이 몇 곱절 더 많은 74.5%에 달하였다. 특히 중산간지인 물걸리의 농가여성들은 편해졌다는 반응이 80.7%로서 율문리 농가여성의 반응(65.9%)보다 훨씬 높았는데 이는 낙후된 중산간지가 가전제품의 공급이나 주택개량의 효과를 더 많이 본 결과로 분석된다(〈표 5-50〉 참조).

〈표 5-50〉 10년 전과 비교한 가사일

단위: 명(%)

구 분	물걸리	율문리	계
훨씬 편해졌다	33(57.9)	18(43.9)	51(52.0)
야간 편해졌다	13(22.8)	9(22.0)	22(22.5)
전과 비슷하다	5(8.8)	11(26.8)	16(16.3)
약간 힘들어졌다	1(1.7)	1(2.4)	2(2.0)
훨씬 힘들어졌다	5(8.8)	2(4.9)	7(7.1)
계	57(100.0)	41(100.0)	98(100.0)

자료: 〈표 5-5〉와 같음.

가사일이 편해졌다는 응답자에 대하여 편해진 이유를 질문한 결과 〈표 5-51〉와 같이 '가전제품 보급'이 57.5%로 가장 높았고 그 다음으로는 '주택과 부엌개량'이 39.7%로 가사일이 편해진 이유의 전부라 해도 과언이 아닐 정도이다(합계 97.2%).

그러나 남편이 가사를 도와주는 정도가 10년 전에 비해 훨씬 많아졌음을 감안할 때 (〈표 5-67〉 참조) 농가여성의 가사가 편해진 이유에는 남편의 도움도 적지 않게 작용했다고 볼 수 있다.

〈표 5-51〉 가사일이 편해진 이유

단위: 명(%)

구 분	물걸리	율문리	계
농사일이 줄어서	0	0	0
가전제품보급	32(69.6)	10(37.0)	42(57.5)
주택/부엌개량	14(30.4)	15(55.6)	29(39.7)
가공식품 등 생활편리	0	1(3.7)	1(1.4)
식구가 줄어서	0	1(3.7)	1(1.4)
계	46(100.0)	27(100.0)	73(100.0)

자료: 〈표 5-5〉와 같음.

가사일이 힘들어졌다는 12농가의 경우에는 '농사일이 많아져서'와 '고령화'가 각각 4농가(44.4%)로 주된 이유였으며 자녀 성장으로 인한 뒷바라지 때문(1 농가)도 이유로 꼽혔다(부록 Ⅰ-64표 참조).

(4) 농산물 판매활동

농가의 농산물 판매량은 10년 전에 비하여 '훨씬 늘었다'고 응답한 사람이 35.1%, '약간 늘었다'가 19.8%로 늘었다는 응답이 54.9%이었다. 반면에 '훨씬 줄었다' 12.1%, '약간 줄었다' 6.6%로, 줄었다는 응답이 18.7%로서 상업농으로서의 전환을 잘 나타내고 있다(〈표 5-52〉 참조). 그에 따라 농가여성이 직접 판매하는 빈도도 늘었다는 응답이 48.6%, 줄었다는 응답은 34.3%로 늘어난 농가가 많았다.

〈표 5-52〉 10년 전과 비교한 농산물 판매량

단위: 명(%)

구 분	물걸리	율문리	계
훨씬 줄었다	5(9.6)	6(15.4)	11(12.1)
약간 줄었다	1(1.9)	5(12.8)	6(6.6)
전과 비슷하다	15(28.9)	9(23.1)	24(26.4)
약간 늘었다	10(19.2)	8(20.5)	18(19.8)
훨씬 늘었다	21(40.4)	11(28.2)	32(35.1)
계	52(100.0)	39(100.0)	91(100.0)

자료: 〈표 5-5〉와 같음.

(5) 그 밖의 역할변화

농사일, 가사일, 농산물 판매, 농외취업 등 노동과 관계된 역할 이외에 농가 경영과 관련하여 농가여성들이 어떠한 역할을 수행하고 있는지 조사하였다. 그 결과 컴퓨터 조작이나 영농설계, 영농일지기록, 회계처리, 농사정보취득, 영농 기술교육 및 농기계조작 교육 등 전통적으로 남성의 영역으로 치부되던 영역에 여성들이 진출하여 역할이 변화하고 있음을 알 수 있다(〈표 5-53〉 참조).

〈표 5-53〉 그 밖의 역할들

단위: 명

구 분	물걸리		율문리		계		10년 전과 비교 (부인의 활동)	
	부인이	남편이	부인이	남편이	부인이	남편이	물걸리	율문리
컴퓨터	0	1	3	3	3	4	0	3
영농설계	16	39	16	26	32	65	6	6
영농자금관리	22	40	21	26	43	66	6	4
영농일지기록	4	22	10	19	14	41	1	4
생활자금관리	49	13	35	15	84	28	7	5
가계부기록	19	3	20	1	39	4	5	4
회계처리	8	8	11	7	19	15	2	6
농사정보취득	9	34	15	27	24	61	1	6
영농기술교육	9	28	5	32	14	60	3	2
농기계교육	2	25	3	23	5	48	0	2

주: 10년 전과 비교: 10년 전 또는 결혼 전까지는 하지 않았으나 지금은 하고 있는 여성 수.
자료: 〈표 5-5〉와 같음.

2) 역할변화의 요인분석

(1) 농사일 참여이유

농가의 부인들이 왜 농사일을 하는지 그 이유를 질문하였다. 그 결과 가장 큰 이유는 '돈을 더 벌기 위해서'라고 응답하여(40.9%) 무엇보다도 경제적 이유가 농가여성의 역할을 결정짓는 가장 큰 요인임을 보여주었다. 그 다음은 '일손이 부족해서'(38.3%)이었다. 대다수 농가여성들이 일을 힘들어하면서도 (81.9%, 〈표 5-59〉 참조) 경제적 이유와 일손부족 때문에 농사일에 참여해야 하는 게 농촌의 현실임을 잘 나타내고 있다. 또한 농사일 참여의 이유를 연령 대별로 분석해 보면 30대와 40대의 중년층 부인들은 경제적 이유를 농사참여의 으뜸 이유로 꼽았는데 이는 이 연령대에 경제적 수요가 왕성하기 때문인 것으로 분석된다. 반면에 50대 이상의 노년층은 '일손부족'이 생산노동참여의 주된 이유라고 응답하여 자녀출가, 이농에 따라 노년의 여성들이 생산노동에 참여할 수밖에 없는 농촌현실을 반영하고 있다(〈표 5-54〉 참조).

〈표 5-54〉 농사일을 하는 이유

단위: 명(%)

구 분	20대	30대	40대	50대	60세 이상	계
일손 부족	4(66.6)	9(45.0)	7(24.1)	12(42.8)	12(37.5)	44(38.3)
일이 좋아서	1(16.7)	0	1(3.4)	1(3.6)	1(3.1)	4(3.5)
여가 이용	1(16.7)	0	0	1(3.6)	4(12.5)	6(5.2)
돈 더 벌려고	0	10(50.0)	18(62.1)	11(39.3)	8(25.0)	47(40.9)
남편권유	0	0	1(3.4)	0	1(3.1)	2(1.7)
기 타	0	1(5.0)	2(6.9)	3(10.7)	6(18.8)	12(10.4)
계	6(100.0)	20(100.0)	29(100.0)	28(100.0)	32(100.0)	115(100.0)

자료: 〈표 5-5〉와 같음.

(2) 농업에 대한 만족도

농업에 있어서 여성의 역할이 점점 증대되고 있는 상황에서 여성이 농업을 어떻게 보고 있는지, 농사일에 대한 선호와 노동에 대한 인식이 어느 정도인지를 파악하는 것은 앞으로 농가여성들의 역할이 어떻게 변화될 것인지, 그리고 그 변화의 요인은 무엇인지를 도출하는데 중요한 단서가 될 수 있다.

먼저 농가여성의 농업에 대한 만족도를 알아보기 위해 '아주머니 댁이 농사를 지으시는 것에 대하여 만족하십니까?'라는 질문을 던졌다. 이에 대하여 전체응답자 116명 중 7명이 '매우 만족한다'고 하여 6.0%, '대체로 만족' 30.2%, '그저 그렇다' 48.3%, '약간 불만' 9.5%, '매우 불만' 6.0%로 나타났다. 이를 만족과 불만으로 나누어보면 만족하는 편이 36.2%이고 불만족하는 편은 15.5%로 만족이 두 배 이상 높은 경향을 보였다. 특히 도시근교이며 하우스 농사 위주의 영농을 하여 소득이 비교적 높은 율문리에서는 '매우 불만'인 사람이 단 1명도 없어 물걸리의 10.8%와 좋은 대조를 보여주었다. 이로 미루어 농가의 소득이 어느 정도 보장이 되고 생활여건이 호전된다면 농업도 얼마든지 만족할 수 있는 생활수단이 됨을 유추할 수 있다.

<표 5-55> 농업에 대한 만족도

단위: 명(%)

구 분	본 연구			조사①	조사②	조사③
	물걸리	율문리	계			
매우 만족	3(4.6)	4(7.8)	7(6.0)	(15.1)	(4.0)	(2.7)
대체로 만족	22(33.8)	13(25.5)	35(30.2)	(30.0)	(30.4)	(18.9)
그서 그렇다	26(40.0)	30(58.8)	56(48.3)	(35.2)	(29.6)	(36.9)
약간 불만	7(10.8)	4(7.8)	11(9.5)	(15.4)	(25.5)	(16.2)
매우 불만	7(10.8)	0	7(6.0)	(4.4)	(10.5)	(25.2)
계	65(100.0)	51(100.0)	116(100.0)	(100.0)	(100.0)	(100.0)

주: 조사① 농협중앙회, 전게서, 1984, 30쪽.
　　② 한국여성개발원, 전게서, 1987, 158쪽.
　　③ 김종숙·정명채, 전게서, 1992, 57쪽.

농업에 대한 만족도 조사는 기존의 여러 연구에서도 시도되었는데 <표 5-55>에서 보듯이 1992년의 연구(조사③)까지는 농업에 대한 여성의 만족도가 점점 떨어졌으나 본 조사에서는 36.2%(매우 만족 + 대체로 만족)로 만족도가 높게 나왔다(<그림 5-6> 참조). 이는 지역여건과 조사표본(전국조사, 사례조사)의 규모에 따른 차이일 수도 있으나 농업여건 및 인식의 변화에 따른 결과로 보여진다. 특히 조사대상지역 농가여성과의 인터뷰를 통해서 IMF사태로 인한 도시근로자의 대량실업, 생계위협 등의 보도가 농가여성들에게 상대적 안정직업으로서의 농업에 대한 인식을 새롭게 함으로써 만족도에 영향을 미쳤음을 감지할 수 있었다.

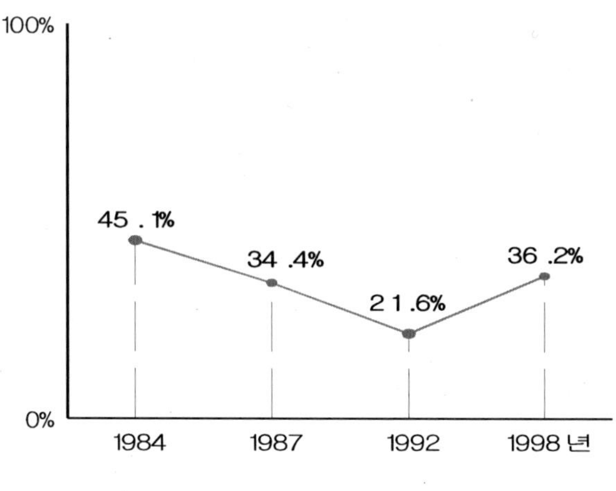

〈그림 5-6〉 농업에 대한 만족도 추이

농업에 대한 만족도를 연령대와 학력, 경영규모별로 분석해보면 뚜렷한 차이점을 발견하기 어려웠다. 대체로 농업에 대한 만족도는 연령이나 학력에 무관하고, 농지규모(소유 및 경영)가 클수록 농업에 대한 만족도가 큰 것이 일반적인 것으로 이해되었다.

그러나 김종숙·정명채의 연구(1992)에서는 영농규모와 농업의 만족도 사이에는 별다른 관계가 없었으며 본 연구에서도 영농규모와 농업에 대한 만족도 사이에 별다른 관계가 나타나지 않았다. 이는 단순히 영농규모만으로 농사의 질이나 삶의 질을 평가할 수 없기 때문이다(〈표 5-56〉 및 〈표 5-57〉 참조).

〈표 5-56〉 연령대별 농업만족도

단위: 명(%)

구 분	매우 만족	비교적 만족	그저 그렇다	약간 불만	매우 불만	계
20대	0	2(33.3)	3(50.0)	1(16.7)	0	6(100.0)
30대	1(5.0)	5(25.0)	11(55.0)	2(10.0)	1(5.0)	20(100.0)
40대	3(10.0)	7(23.3)	19(63.3)	0	1(3.3)	30(100.0)
50대	1(3.6)	9(32.1)	13(46.4)	3(10.7)	2(7.1)	28(100.0)
60세 이상	2(6.3)	12(37.5)	10(31.2)	5(15.6)	3(9.4)	32(100.0)
계	7(6.0)	35(30.2)	5648.3)	11(9.5)	7(6.0)	116(100.0)

자료: 〈표 5-5〉와 같음.

〈표 5-57〉 영농규모별 농업만족도

단위: 명(%)

구 분	매우만족	비교적 만족	그저 그렇다	약간불만	매우 불만	계
0.5ha 이하	2(8.0)	6(24.0)	13(52.0)	2(8.0)	2(8.0)	25(100.0)
0.5~1ha 이하	2(7.1)	10(35.7)	10(35.7)	5(17.9)	1(3.6)	28(100.0)
1~1.5ha 이하	2(8.7)	5(21.7)	14(60.9)	1(4.4)	1(4.4)	23(100.0)
1.5~2ha 이하	0	8(42.1)	8(42.1)	2(10.5)	1(5.3)	19(100.0)
2ha 초과	1(4.8)	6(28.6)	11(52.4)	1(4.8)	2(9.5)	21(100.0)
계	7(6.0)	35(30.2)	56(48.3)	11(9.5)	7(6.0)	116(100.0)

자료: 〈표 5-5〉와 같음.

오히려 시설하우스 중심이며 근교평야지대인 율문리의 경우에는 1ha평 이하의 소농에서 만족도가 높게 나타났다. 이로 미루어 볼 때 영농규모가 큰 것이 여성의 영농참여를 가중시키는 반면에 생활의 질이나 소득 면에서 기대에 미치지 못하기 때문에 만족도가 낮게 나타나는 것으로 믿어진다.

(3) 농사일과 노동에 대한 인식

이상에서 살펴본 바와 같이 농가여성들이 자기집에서 농사를 짓는 것에 대해서는 만족하는 편이 불만족하는 것보다 두 배 이상이나 빈도가 높을 만큼 가업으로서의 농업에 대해 비교적 만족해하는 현상을 보였다. 그러면서도 농가

184

여성 자신이 직접 농사일을 하는 데 대해서는 '매우 싫다' 12.3%, '약간 싫다' 19.3%로 싫다는 반응이 31.6%를 나타낸 반면에, 좋다는 응답은 22.8%에 지나지 않아 농업에 대한 만족도보다 뒤떨어지고 있다(〈표 5-58〉 참조).

〈표 5-58〉 농사일이 좋은지 싫은지

단위: 명(%)

구 분	물걸리	율문리	계
매우 싫다	10(15.6)	4(8.0)	14(12.3)
약간 싫다	8(12.5)	14(28.0)	22(19.3)
그저 그렇다	27(42.2)	25(50.0)	52(45.6)
약간 좋다	12(18.8)	4(8.0)	16(14.0)
매우 좋다	7(10.9)	3(6.0)	10(8.8)
계	64(100.0)	50(100.0)	114(100.0)

자료: 〈표 5-5〉와 같음.

이러한 현상은, 농업이 자급자족할 수 있고, 정신적으로 안정되고, 노력한 만큼 생산이 된다는 장점이 있으나 노동이 과하다는 게 단점이 라고 응답한 김종숙·정명채(1992)의 연구결과에 비추어 볼 때 가업으로서는 농사일을 어느 정도 만족스럽게 생각하나 개인의 노동으로서는 별로 만족하지 않는다는 해석을 하게 한다.

농사일에 대한 좋고 싫음(선호도)은 농가의 영농규모나 농가여성의 연령층과는 별다른 상관관계가 없었다.

다음은 농사일을 포함하여 농외취업, 가사일 등 일을 하는 게 어떠한지 질문하고 아울러 노동에 대하여 어떠한 입장인지를 조사하여 서로간의 관계를 밝혀보았다. 그 결과 조사대상부인의 44.8%는 '너무 힘들다', 37.1%는 '약간 힘들다'고 응답함으로써 81.9%의 농가여성들이 일하는 것이 '힘들다'고 응답하였다(〈표 5-59〉 참조).

<표 5-59> 일(농사일, 농외취업, 가사일)이 힘드는지 여부

단위: 명(%)

구 분	물걸리	율문리	계
너무 힘들다	25(38.5)	27(52.9)	52(44.8)
약간 힘들다	23(35.4)	20(39.2)	43(37.1)
그저 그렇다	16(24.6)	4(7.9)	20(17.2)
쉬운 편이다	1(1.5)	0	1(0.9)
아주 쉽다	0	0	0
계	65(100.0)	51(100.0)	116(100.0)

자료: <표 5-5>와 같음.

그러나 일하는 것을 힘들어하면서도 '능력만 있으면 적극적으로 일(농사일이나 농외취업)해야 한다'는 주부가 30.8%, '여자도 어느 정도는 일을 하는 게 좋다'는 주부가 32.5%로 농사일이나 농외취업의 경제 활동을 할 의사가 있는 여성이 모두 63.3%를 차지하여 농촌여성들이 일에 임하는 적극적인 자세를 엿볼 수 있다.

또한 일에 대한 생각을 연령대별로 분석해 보면, '능력만 있으면 적극적으로 일하겠다'와 '여자도 어느 정도는 해야 한다'는 응답이 20대 주부는 100%, 30대는 70.0%, 40대는 63.3%, 50대는 60.7%, 그리고 60세 이상은 54.5%로 나타났다(<표 5-60> 참조). 이는 노동능력이 있는 20~30대의 젊은층들이 노동에 대한 적극성과 농업을 통해서 노력한 만큼 대가를 얻을 수 있다는 자신감으로 인하여 노동이나 농업 자체에 대한 부정적 인식이 그만큼 적을 수 있기 때문이다.

〈표 5-60〉 일(농사일, 농외취업, 가사일)에 대한 생각

단위: 명(%)

구 분	능력만 있으면 적극적으로	어느 정도는 하는 게 좋다	여자는 집안일만 해야	모르겠다	계
20대	2(33.3)	4(66.7)	0	0	6(100.0)
30대	8(40.0)	6(30.0)	4(20.0)	2(10.0)	20(100.0)
40대	7(23.3)	12(40.0)	5(16.7)	6(20.0)	30(100.0)
50대	8(28.6)	9(32.1)	5(17.9)	6(21.4)	28(100.0)
60세 이상	11(33.3)	7(21.2)	9(27.3)	6(18.2)	33(100.0)
계	36(30.8)	38(32.5)	23(19.6)	20(17.1)	117(100.0)

자료: 〈표 5-5〉와 같음.

(4) 추후 농사일 참여에 대한 의사

다음으로는, 추후의 노동참여에 대한 의향과 경제적 이유가 노동참여에 미치는 영향을 알아보기 위해 '앞으로 농사일을 어떻게 할 것인지'를 질문하였다 (〈표 5-61〉 참조).

〈표 5-61〉 농사일에 대한 추후의 계획

단위: 명(%)

구 분	20대	30대	40대	50대	60 이상	계
경제적여유가 생기면 안하겠다	1(16.7)	12(60.0)	10(33.3)	6(21.4)	8(24.2)	37(31.6)
여유가 있어도 농사일 하겠다	4(66.6)	7(35.0)	18(60.0)	21(75.0)	23(69.7)	73(62.4)
모르겠다	1(16.7)	1(5.0)	2(6.7)	1(3.6)	2(6.1)	7(6.0)
계	6(100.0)	20(100.0)	30(100.0)	28(100.0)	33(100.0)	117(100.0)

자료: 〈표 5-5〉와 같음.

그 결과 '경제적 여유가 생기면 농사일은 안하겠다'고 응답한 사람은 조사대상자 117명 중 37명으로 31.6%에 달했으나 '경제적으로 여유가 있더라도 시간과 건강 등 형편이 되면 농사일을 하겠다'는 응답이 62.4%나 되어 경제적 이유가 충족되면 노동을 안하겠다는 의사보다 경제여건에 불구하고 형편만 허락

하면 계속 농사일을 하겠다는 의견이 2배나 많았다. 이러한 응답결과는 앞에서 조사한 '일에 대한 생각(〈표 5-60〉 참조)'과 일치되는 경향을 보이고 있다.

그러나 이러한 반응은 농가여성들이 일을 힘들어하고(81.9%, 〈표 5-59〉 참조) 농사일을 싫어하는(31.6%, 〈표 5-58〉 참조) 응답 결과와 일견 모순된 현상처럼 보이는데 이에 대하여는 여러 가지 해석이 가능할 것이다. 그 첫째는 우리나라 농촌여성들의 체질화된 근면성[150]에서 그 해답을 찾을 수 있을 것이다. 이 근면성이야말로 경제적 이유 이상으로 농촌여성들이 생산노동에 참여하는 주요인이 된다. 그 외에도 농사만이 갖는 일의 매력이나 즐거움도 일부 작용했을 것으로 짐작된다.

지역별로는 근교평야지의 여성들(60.8%) 이상으로 농사여건이 어려운 중산간지의 여성들(63.6%)도 농사일에 대해 적극성을 보였으며(부록 Ⅰ-38표 참조), 연령별로는 젊은 층일수록 일에 대해 적극적이나(〈표 5-60〉 참조), 농사일에 대해서는 50대 이후의 노년층이 오히려 선호도가 높은 경향을 보였다(〈표 5-61〉 참조). 이는 우리나라 농촌여성 중 중장년 이후의 노년층 여성들이 농사일에 대한 내성과 전통적으로 이어져온 근면성이 더 강한 것에 기인한 것이라 분석된다.

---

[150] 우리나라 농촌여성은 거의 대부분 초인간적인 중노동 속에서 그들의 역사를 살아왔다. 이는 영세한 경지에서 그 산출물을 한계껏 끌어올려야 하는 극단적 노동집약적 경영방식인 우리나라의 耕土體系가 갖는 숙명이다. 이러한 경토체계하에서 빈곤산업으로서의 생계농업에 대한 희생적 존재로서 여성들에게 주어진 것은 강요된 근면성이었고 이 근면성이야말로 그들에 있어 유일한 생존의 방편이었다. 이는 유구한 역사를 통해 한국여성들에게 체질화되고 세대에서 세대로 전승되는 뚜렷한 사회적 규율(social discipline)로 내면화된 것이라 생각된다. 그런 근면성이 오늘날에 이르러 어느 정도 퇴색했을지 모르나, 모든 가족과 집단을 통해 하나의 가치체계로 이어져온 행동신조이며, 분명히 이것은 사회 내지 경제발전에 있어 중요한 경제외적 요인이다(이근수, "농촌여성노동력의 잠재력과 활용방안", 『농촌경제』 제5권 제2호, 농촌경제연구원, 1982, 55~57쪽).

(5) 노동상황의 변화

위에서 살펴본 바와 같이 농가여성들의 노동역할이 늘어나고 또한 농가여성들이 노동에 대하여 힘겨워하고 있음을 알 수 있다. 그러나 일반적으로 전체 농촌여성들의 노동상황이 어느 정도로 인식되고 있는지를 알아보기 위하여 '농촌주부들의 노동(농사일, 농외취업, 가사일 등)이 옛날에 비하여 어떻다고 생각하느냐'고 질문하였다. 이에 대하여 58.1%의 응답자는 '훨씬 편해졌다'고 하였고 23.1%는 '약간 편해졌다'고 응답하여 전체적으로 81.2%가 농촌여성들의 노동상황이 예전에 비해 편해졌다고 생각하고 있다. 반면에 힘들어 졌다는 응답은 12.8%에 불과하였다(〈표 5-62〉 참조).

〈표 5-62〉 농가여성들의 노동이 옛날에 비해 어떠한가?

단위: 명(%)

구 분	물걸리	율문리	계
훨씬 편해졌다	48(72.7)	20(39.2)	68(58.1)
약간 편해졌다	12(18.2)	15(29.4)	27(23.1)
전과 비슷하다	2(3.0)	5(9.8)	7(6.0)
약간 힘들어졌다	1(1.5)	6(11.8)	7(6.0)
훨씬 힘들어졌다	3(4.6)	5(9.8)	8(6.8)
계	66(100.0)	51(100.0)	117(100.0)

자료: 〈표 5-5〉와 같음.

이는 농촌의 자본주의화나 산업화가 농촌여성에게 2중 3중으로 노동의 강도만을 가중시키는 게 아니라 농촌여성들을 노동으로부터 편하게 해주는 기능도 강함을 의미하며, 또한 농촌여성들의 역할 증대가 반드시 고통만을 의미하는 것이 아님을 암시한다.

예전에 비하여 농촌여성이 편해진 이유는 '영농기계화'(50.5%), '가전제품의 보급'(35.8%), '주택·부엌개선'(10.5%), '영농시설과 기술의 개선'(2.1%)의 순으로 농촌의 문명화 내지는 산업화가 여성의 역할을 높이는 반면에 노동의 강도를 약화시키는데도 크게 도움이 됨을 알 수 있다(〈표 5-63〉 참조).

<표 5-63> 농가여성의 노동이 편해진 이유

단위: 명(%)

구　분	물걸리	율문리	계
영농기계화	27(45.0)	21(60.0)	48(50.5)
가전제품	26(43.3)	8(22.8)	34(35.8)
주택/부엌 개선	6(10.0)	4(11.4)	10(10.5)
식구 감소	0	1(2.9)	1(1.1)
영농시설/기술개선	1(1.7)	1(2.9)	2(2.1)
계	60(100.0)	35(100.0)	95(100.0)

자료: <표 5-5>와 같음.

반면에 예전에 비하여 농촌여성의 노동이 더 힘들어진 이유로는 응답자 14명 중 '하우스 농사' 4명(28.8%), '일손부족 및 고령화' 각각 3명(각각 21.4%)의 순으로 응답함으로써 이농과 농촌의 고령화 그리고 시설채소 재배로 인한 작목의 다양화와 노동의 주년화가 그 주된 원인으로 나타났다(부록 Ⅰ-88표 참조).

(6) 농기계와 역할변화

조사대상 지역의 농기계 소유현황은 <표 5-64>과 같다.

농기계 보유율은 인력분무기가 84.6%로 가장 높고 그 다음으로 경운기 (70.9%), 동력분무기(67.5%), 양수기(66.7%)의 순이다. 10년 전의 농기계 보유율과 비교해 보면 인력분무기는 58.1%에서 84.6%로, 경운기는 53.0%에서 70.9%로 늘어났으며, 파종기와 콤바인 등은 10년 전에 한 농가도 보유하지 않았으나 이제는 각각 3농가 및 8농가가 소유하고 있다. 또한 트랙터는 10년 전에 단 1농가가 가지고 있었으나 지금은 28농가(23.9%)가 보유하고 있어 농기계화의 정도를 짐작케 한다.

〈표 5-64〉 농기계소유현황(보유율)

단위: 대(%)

구 분	현 재			10년 전		
	물걸리	율문리	계	물걸리	율문리	계
경운기	48(72.7)	35(68.6)	83(70.9)	36(54.6)	26(51.0)	62(53.0)
양수기	41(62.1)	37(72.6)	78(66.7)	23(34.9)	32(62.8)	55(47.0)
인력분무기	63(95.5)	36(70.6)	99(84.6)	39(59.1)	29(56.9)	68(58.1)
동력분무기	46(69.7)	33(64.7)	79(67.5)	29(43.9)	27(52.9)	56(47.9)
이앙기	37(56.1)	9(17.7)	46(39.3)	13(19.7)	3(5.9)	16(13.7)
동력탈곡기	25(37.9)	0	25(21.4)	14(21.2)	2(3.9)	16(13.7)
파종기	2(3.0)	1(2.0)	3(2.6)	0	0	0
콤바인	7(10.6)	1(2.0)	8(6.8)	0	0	0
트랙터	15(22.7)	13(25.5)	28(23.9)	1(1.5)	0	1(0.9)
바인더	13(19.7)	1(2.0)	14(12.0)	3(4.6)	4(7.8)	7(6.0)

자료: 〈표 5-5〉와 같음.

조사농가의 여성들이 어느 정도 농기계를 이용하는지 알아보기 위해 '아주머니께서 직접 농기계를 다룹니까?'라고 질문한 결과 전체 응답자 117명 중 6명(5.1%)에 불과한 농가여성만 농기계를 다루었으며 절대 다수인 94.9%는 농기계를 다루지 않아 아직도 농기계는 남성의 전유물로 인식되고 있는 실정이다. 특기할 사항은 농기계를 다루는 6명의 농가여성 중 5명이 중산간지인 물걸리에 있었고 도시근교인 율문리에는 단 1명만이 농기계를 다루었다. 이는 율문리가 주로 하우스 중심의 농사를 짓는데 기인하는 것으로 판단된다(〈표 5-65〉참조). 농기계를 다룬 6사람 중 4명은 경운기를 다루어 가장 많았고 나머지는 분무기와 트랙터가 각 1명씩이었다.

〈표 5-65〉 농기계를 다루는지 여부

단위: 명(%)

구 분	물걸리	율문리	계
예	5(7.6)	1(2.0)	6(5.1)
아니오	61(92.4)	50(98.0)	111(94.9)
계	66(100.0)	51(100.0)	117(100.0)

자료: 〈표 5-5〉와 같음.

98.3%의 농가여성이 농사일을 하면서도 거의 대부분의 부인들이 농기계를 다루지 않는 이유로는 '농기계는 여자가 다루기 힘들어서'라는 응답이 29.7%로 가장 많았고 그 다음으로는 '사용법을 몰라서'가 27.9%로 앞으로 농기계가 여성으로서도 다루기 쉽게 만들어져야 함을 암시하고 있다. 또한 '농기계는 남편이 전담하므로'라는 응답도 21.6%로 높게 나타났는데(부록 Ⅰ-67표 참조) 이는 우리의 통념상 여자가 기계를 조작하는 것에 대한 남성들의 불안한 심리가 작용하여 여성들로 하여금 농기계를 아예 다루지 않게 하거나 조작법의 교육이 제대로 이루어지지 않은 결과로 분석된다.

기존의 연구들에서는 농기계가 주로 남성에 의해 이용됨으로써 여성들의 노동을 직접적으로 절감시키는 효과를 나타내지 않으며, 여성의 노동은 기계화가 되지 않는 신규작목재배에 집중되므로 오히려 생산활동이나 노동부담이 늘어날 것이라는 분석을 한 경우가 있는 반면에 농기계 보급으로 여성들의 농사일이 많이 줄어들었다는 결과도 있었다.[151] 그러나 본 연구에서는 농업의 기계화가 농가여성에게 매우 긍정적인 역할을 하고 있는 것으로 나타났다.

앞에서 본 바와 같이 예전에 비하여 농촌여성들을 편하게 만들어준 제1의 원인은 영농의 기계화이다. 이를 좀 더 자세히 분석하기 위해 '농기계가 들어와서 아주머니 일(농사일, 농외취업, 가사일 등)에 도움이 되었습니까'라는 질문과 '농기계가 들어와서 남편의 농사일이 편해졌습니까'라는 질문을 던졌다. 이에 대하여 자신의 일이 '훨씬 편해졌다'는 여성이 53.0%, '약간 편해졌다'가 31.3%로 응답자의 84.4%가 농기계 보급으로 일이 편해졌다고 했으며(〈표 5-66〉 참조), 남편에 대하여는 '훨씬 편해졌다' 71.3%, '약간 편해졌다' 25.7%로 절대다수인 97.0%의 응답이 농기계로 인하여 남편의 일이 편해졌다고 응답하여(부록 Ⅰ-68표 참조) 농기계화가 농촌의 남성은 물론 주부의 노동도 덜어주는 데 기여하고 있음을 나타내었다.

---

151) 김종숙 외, 전게서, 1992, 46쪽.

〈표 5-66〉 농기계가 들어와서 아주머니 일은?

단위: 명(%)

구 분	물걸리	율문리	계
훨씬 편해졌다	45(69.2)	16(32.0)	61(53.0)
약간 편해졌다	16(24.6)	20(40.0)	36(31.3)
별로 편해지지 않았다	3(4.6)	14(28.0)	17(14.8)
오히려 힘들어 졌다	1(1.5)	0	1(0.9)
계	65(100.0)	50(100.0)	115(100.0)

자료: 〈표 5-5〉와 같음.

특히, 조사대상 주부 117명 중 94.9%가 농기계를 다루지 않음에도 불구하고 영농기계화로 84.4%의 농가여성이 농기계로 인하여 일이 편해졌다고 응답한 것은 농기계의 도입이 농가여성의 농작업에 직접 영향을 주는 것은 아니나 노동수요의 계절적 편중현상을 완화하는 등 가족전반의 노동강도를 낮춰줌으로써 결국 편하게 하고 있음을 의미한다.

농기계로 인하여 농가여성이 편해진 이유로는 '시간이 남는 남편이 일을 도와줘서'(63.1%)가 으뜸이었으며, 농기계가 들어와서 도움이 안 되는 경우(18명: 15.7%), 그 이유로는 '여자들의 일은 주로 손작업임으로'(14명: 77.8%)가 가장 많았고 '기계사용으로 농사일이 더 늘어났으므로', '기계조작이 어려워서' 등의 이유도 일부 있었다(부록 Ⅰ-71 및 72표 참조).

(7) 남편의 태도와 역할변화

농가여성의 역할은 가정 내의 분위기(환경)에 의해서도 영향을 받는다. 특히 남편이 가사분담이나 부인의 노동참여에 대하여 어떠한 인식과 태도를 보이느냐가 중요하다.

먼저 남편의 가사에 대한 태도를 가사일 참여도로 조사하였는데, 남편이 가사일을 도와주는 정도는 10년 전의 연구(한국여성개발원, 1987)와 비교해 볼 때 많이 늘어났다. 본 연구에서는 남편이 가사일을 돕는 정도(많이 돕는다 +

조금 돕는다)는 물걸리가 59.0%, 율문리는 42.6%로서 물걸리가 약간 높은 것으로 나타났다. 이는 도시근교에 비해 영세한 중산간지의 가정에서 아내와 남편이 함께 일하지 않고는 생활을 영위하기 어려운 여건 때문인 것으로 분석된다(〈표 5-67〉 참조).

〈표 5-67〉 남편의 가사일 참여도

단위: 명(%)

구 분	본 연구			1987년 연구[1]
	물걸리	율문리	계	
많이 돕는다	10(17.9)	10(21.3)	20(19.4)	172(9.7)
조금 돕는다	23(41.1)	10(21.3)	33(32.0)	794(44.6)
거의 돕지 않는다	22(39.3)	22(46.8)	44(42.7)	333(18.7)
전혀 돕지 않는다	1(1.7)	5(10.6)	6(5.8)	483(27.1)
계	56(100.0)	47(100.0)	103(100.0)	1,782(100.0)

주: 1) 한국여성개발원, 전게서, 1987, 79쪽.

그럼에도 아직까지 남편이 가사일을 돕지 않는 비율이 48.5%에 이를 만큼 가사노동 분담률이 낮은 것은 남편이 가사일을 하는 데 대한 부인의 의식에도 원인이 있다고 하겠다.

조사결과 남편이 가사일을 많이 돕거나 부인과 똑같이 해주기를 바라는 여성은 33.0%이며 대부분(54.8%)의 여성들은 남편이 가끔 가사를 도와주면 된다고 생각하였다. 반면에 '남편은 농사일이나 바깥일만 하면 된다'는 반응도 12.2%나 되었는데 이러한 응답은 연령이 높을수록 많아서 가부장제의 영향 등 전통적인 가치관에서 여성 스스로가 아직 벗어나지 못하고 있음을 엿볼 수 있다(〈표 5-68〉 참조).

〈표 5-68〉 남편도 가사일을 분담해야 하나

단위: 명(%)

구 분	물걸리	율문리	계
남편도 똑같이 해야	11(17.2)	4(7.8)	15(13.0)
많이 도와야 한다	17(26.6)	6(58.8)	23(20.0)
가끔 도와주면 된다	33(51.5)	30(11.8)	63(54.8)
남편은 농사일이나 바깥일만 하면 된다	3(4.7)	11(21.6)	14(12.2)
계	64(100.0)	51(100.0)	115(100.0)

자료: 〈표 5-5〉와 같음.

 농가의 가사노동에서 남녀간에 노동분업이 이루어지기 위해서는 이와 같은 전통적인 가치관과 고정관념이 남녀모두로부터 깨어져야 할 것이며 학교교육이나 사회교육을 통해 이를 개선하기 위한 노력이 전개되어야 할 것이다.

 다음으로는 남편의 일에 대한 인식이 농가여성의 노동역할에 어떤 영향을 미치는 지를 알아보기 위해 '남편이 아주머니가 일(가사일 제외)을 하는 데 대하여 어떻게 생각하는 지'를 질문하였다. 또한 '남편이 가사일 이외의 일을 권장한다면 어떤 일을 바라는지'도 질문하였다.

 그 결과 남편의 23.3%는 가사일 이외에 아내가 일을 하기를 '적극 권장'하며, 49.5%는 '약간 권장'함으로써 72.8%가 아내가 일하기를 바라고 있다(〈표 5-69〉 참조).

 남편이 권장하는 일은 73.4%가 '농사일', 그리고 농사일과 농외취업 및 사회활동 등 모든 일에 아내의 참여를 바라는 남편도 17.3%나 되어 아내에게 일을 권장하는 남편(75명)의 90.6%가 아내의 농사일을 원하고 있어 농가여성의 생산노동참여의 중요한 동인이 됨을 나타냈다(〈표 5-70〉 참조).

<표 5-69> 부인의 가사일 이외의 일에 대한 남편의 태도

단위: 명(%)

구 분	물걸리	율문리	계
적극 권장	13(23.2)	11(23.4)	24(23.3)
약간 권장	29(51.8)	22(46.8)	51(49.5)
약간 반대	7(12.5)	11(23.4)	18(17.5)
적극 반대	0	1(2.1)	1(1.0)
모르겠다	7(12.5)	2(4.3)	9(8.7)
계	56(100.0)	47(100.0)	103(100.0)

자료: <표 5-5>와 같음.

<표 5-70> 남편이 주로 권하는 일

단위: 명(%)

구 분	물걸리	율문리	계
농사일	28(66.6)	27(81.8)	55(73.4)
농외취업	2(4.8)	1(3.0)	3(4.0)
사회활동	1(2.4)	3(9.1)	4(5.3)
전부 다	11(26.2)	2(6.1)	13(17.3)
계	42(100.0)	33(100.0)	75(100.0)

자료: <표 5-5>와 같음.

3) Decision Tree를 이용한 역할변화 분석

(1) 분석의 이론

물걸리와 율문리 2개 마을을 대상으로 한 설문조사를 이용하여 두개 마을 농촌여성의 역할변화의 요인분석을 실시하였다. 역할변화의 구체적인 요인분석을 위해서는 각 요인의 인과관계를 명확히 하여야할 필요성이 있다. 이러한 점을 감안하여 분석은 의사결정규칙(decision rule)을 도표화하여 관심의 대상이 되는 집단을 몇 개의 소집단으로 분류하거나 예측을 수행하는 분석방법인 의

196

사결정나무분석(decision tree)기법을 이용하였다.

의사결정나무분석은 다음의 응용분야에서 현재 유용하게 활용되고 있는 기법이다. 즉, 데이터를 비슷한 특성을 갖는 몇 개의 그룹으로 분할하여 각 그룹별 특성을 발견하고자 하는 경우나, 각 응답자가 어떤 집단에 속하는지를 파악하고자 하는 경우(예: 시장세분화, 고객세분화) 유용하게 사용된다. 그리고 관측개체를 여러 예측변수들에 근거하여 목표변수의 범주를 몇 개의 등급으로 분류하고자 하는 경우(예: 고객을 신용도에 따라 우량/불량으로 분류하는 것)에도 사용되고 있으며 자료로부터 규칙을 찾아내고 이를 이용하여 미래의 사건을 예측하고자 하는 경우에도 사용되고 있다. 또한 매우 많은 예측변수 중에서 목표변수에 큰 영향을 미치는 변수들을 골라내고자 하는 경우나, 여러 개의 예측변수들이 결합하여 목표변수에 작용하는 규칙(교호작용효과)을 파악하고자 하는 경우에도 사용된다. 이상과 같이 의사결정나무분석은 매우 다양한 분야에서 널리 활용되고 있으며 본 연구 역시 농촌여성의 역할변화에 영향을 미치는 많은 예측변수들 중에서 가장 큰 영향을 미치는 요인을 찾아내기 위하여 의사결정나무분석을 시도하였다.

의사결정나무분석을 위해서는 표본집단의 크기가 커야한다는 전제조건이 어느 정도 충족되어야 하지만 본 조사가 두 개 마을의 전수조사인 점을 감안하여 두 개 마을에 거주하는 농촌여성의 의식변화를 구체적으로 살펴본 후에 본 연구의 전반에 걸쳐 확인된 농촌여성의 의식변화와 어느 정도 부합되는지 확인해보고자 한다.

의사결정나무분석을 위해서는 CHAID(Kass, 1980)[152], CART(Breiman et al., 1984)[153], C4.5(Quinlan, 1993)[154]와 같은 다양한 알고리즘들이 제안되어

---

152) Kass, G., "An exploratory technique for investigating large quantities of categorical data", *Applied Statistics*. 29, 2, 1980, pp.119~127.

153) Breiman, L., J. H. Friedman, R. A. Olshen and C. J. Stone. (1984), Classification and regression trees, Wadsworth, Belmont.

154) Quinlan, J. R. *C4.5 programs for machine learning*. San Mateo, Morgan Kaufmann, 1993.

있으나 본 분석에서는 이러한 알고리즘의 장점을 결합한 SAS E-Miner 프로그램을 이용하여 분석을 수행하였다.

의사결정나무는 하나의 나무구조를 이루고 있으며, 마디(node)라고 불리는 구성요소들로 이루어져 있다. 마디는 그 기능에 따라 〈표 5-71〉와 같이 분류된다. 의사결정나무분석은 분석의 목적과 자료구조에 따라서 적절한 분리기준과 정지규칙을 지정하여 의사결정나무를 얻으며 분류오류를 크게 할 위험이 높거나 부적절한 추론규칙을 가지고 있는 가지를 제거하고 타당성 평가를 한 후 분석의 결과를 해석하게 된다.

〈표 5-71〉 의사결정나무의 구성요소

마 디	내 용
뿌리마디(root node)	나무구조가 시작되는 마디로서 전체자료로 이루어져 있음.
자식마디(child node)	하나의 마디로부터 분리되어 나간 2개 이상의 마디
부모마디(parent node)	자식마디의 상위마디
끝마디(terminal node)	각 나무줄기의 끝에 위치한 마디로 잎(leaf)이라고도 함.
중간마디(internal node)	나무구조의 중간에 있는 끝마디가 아닌 마디들
가지(branch)	하나의 마디로부터 끝마디까지 연결된 일련의 마디들

자료: 강현철 외, 『데이터 마이닝 - 방법론 및 활용』, 자유아카데미, 1999, 198-199쪽.

① 분리기준

분리기준은 하나의 부모마디로부터 자식마디들이 형성될 때, 예측변수의 선택과 범주의 병합이 이루어 질 기준을 의미한다. 이때 목표변수가 이산형이냐 연속형이냐에 따라 사용되는 분리기준이 달라지는데 이산형인 경우는 카이제곱 통계량을 이용하였으며 연속형인 경우에는 분산분석을 실시하여 F통계량을 이용하였다.

〈이산형인 경우〉

카이제곱 통계량의 p-값을 구하여 p-값이 가장 작은 예측변수와 그때의 최적분리에 의하여 자식마디를 형성하도록 한다. 카이제곱 통계량은 관측도수 (f_{ij})로 이루어진 $r \times c$분할표로부터 계산된다. 이러한 분할표로부터 Pearson의 카이제곱 통계량은

$$\chi^2 = \sum_{i,j} \frac{(f_{ij} - e_{ij})^2}{e_{ij}}$$

과 같이 정의된다. 여기서 e_{ij}는 분포의 동일성 또는 독립성의 가설하에서 계산된 기대도수를 말하며 다음과 같이 계산된다.

$$e_{ij} = \frac{f_{i.} \times f_{.j}}{f_{..}}$$

$f_{i.}$: 제i행째의 합계, $f_{.j}$: 제j열째의 합계, $f_{..}$: 총합계

〈연속형인 경우〉

분산분석의 F통계량을 구하여 p-값이 가장 작은 예측변수와 그때의 최적분리에 의해서 자식마디를 형성하도록 한다.

y_{ij}를 i번째 예측변수의 범주에 속하는 j번째 관측치의 목표변수의 값이라고 하고, $\bar{y}_i$를 i번째 범주의 평균, $\bar{y}$를 전체평균이라 할 때, 분산분석표는 다음과 같이 작성할 수 있다.

요 인	자유도	평방합	평균평방	분산비
설명변수	r-1	$SST = \sum_{i=1}^{r} n_i (\bar{y}_i - \bar{y})^2$	MST = SST/(r-1)	
오 차	n-r	$SSE = \sum_{i=1}^{r} \sum_{j=1}^{n_i} (y_{ij} - \bar{y}_i)^2$	MSE = SSE/(n-r)	$F = \dfrac{MST}{MSE}$
전 체	n-1	$TSS = \sum_{i=1}^{r} \sum_{j=1}^{n_i} (y_{ij} - \bar{y})^2$		

여기서 r은 예측변수의 범주 수, n_i는 i번째 범주의 관측개체 수, n은 전

체 관측치수임.

② 정지규칙

정지규칙은 더 이상 분리가 일어나지 않고 현재의 마디가 끝마디가 되도록 하는 여러 가지 규칙을 의미하는데 본 분석에서는 분석데이터수가 117개로 많지 않은 관계로 하나의 부모마디로부터 형성되는 자식마디의 개수를 2개로 제한(이지분리)하였으며 뿌리마디에서 끝마디까지의 깊이는 6을 넘지 않도록 설정하였다.

③ 가지치기

지나치게 많은 마디를 가지는 의사결정나무는 새로운 자료에 적용할 때 예측오차가 매우 클 가능성이 있다. 따라서 형성된 의사결정나무에서 적절하지 않은 마디를 제거하여, 적당한 크기의 부나무(subtree)구조를 가지는 의사결정나무를 최종적인 예측모형으로 선택하였다.

(2) 분석결과

농촌여성의 역할변화를 분석하기 위하여 가능한 모든 목표변수를 선정하고 예측변수는 목표변수를 제외한 설문문항의 모든 변수를 이용하여 의사결정나무분석을 수행한 결과 5개의 목표변수만이 통계적으로 유의적인 결과가 도출되었다. 즉, 여성의 농사일 증감여부, 거주지역, 소득, 연령, 남편의 가사분담여부 등이 최종적으로 목표변수로 채택되었다. 이러한 목표변수에 대하여 가장 큰 영향을 미치는 예측변수들을 도출하였으며 각각의 결과는 다음과 같다.

① 여성의 농사일 증감여부에 따른 역할변화

10년 전과 비교하여 여성의 농사일에 대한 증감여부가 역할 변화에 어떠한 차이가 있는지 분석한 것이 〈그림 5-7〉이다.

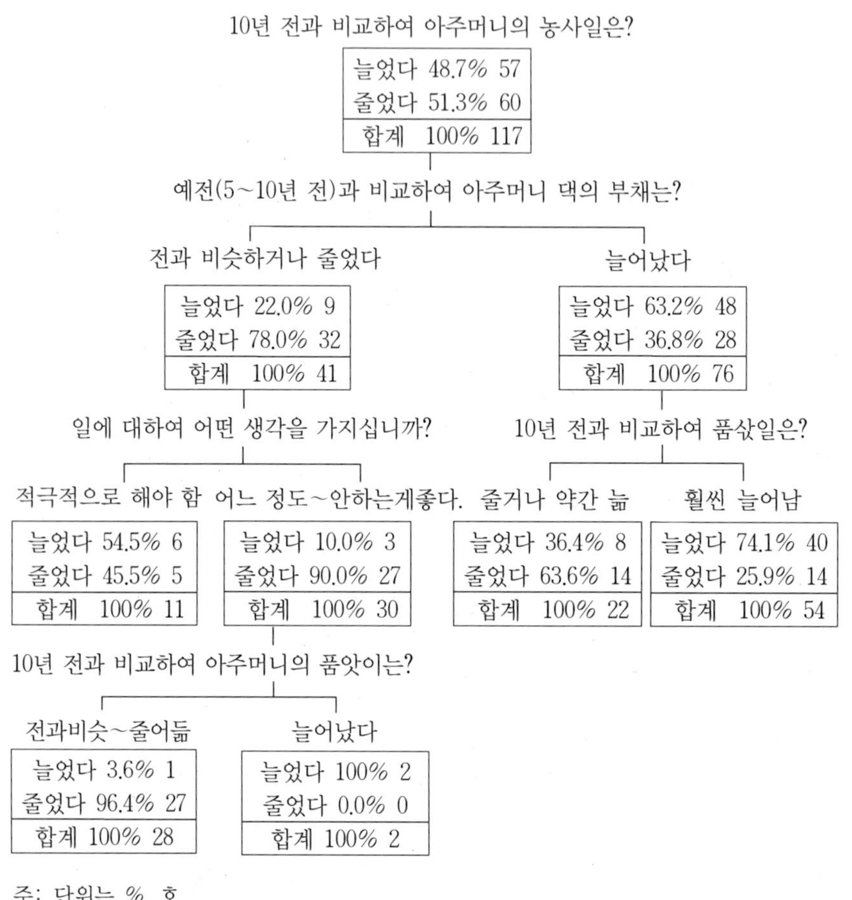

주: 단위는 %, 호
자료: 〈표5-5〉와 같음.

〈그림 5-7〉 여성의 농사일 증감여부가 역할변화에 미치는 영향

〈그림 5-7〉와 같이, 농사일 증감은 부채의 증감과 유의적 관계가 있는 것으로 나타났다. 즉, 부채가 줄은 농가의 경우 10년 전에 비하여 본인의 농사일도 줄어들었으며(78.0%) 농사일도 적극적으로 하기보다는 안하는 것이 좋다는 생각(41명 중 30명)을 가지고 있었다. 이러한 여성의 대부분은 10년 전과 비교하여 품앗이도 줄었다(96.4%)고 응답하였다.

반면에 부채가 늘어난 농가의 경우 10년 전과 비교하여 여성의 농사일도 늘었으며(63.2%) 10년 전과 비교한 품삯일도 훨씬 늘어난 것을 알 수 있다(76명 중 54명). 또한 부채가 늘어난 농가 중 10년 전과 비교하여 품삯일이 줄거나 약간 늘어난 농가의 여성과 부채가 줄어든 농가 중 10년 전과 비교하여 품앗이가 줄은 농가의 대부분이 10년 전과 비교하여 농사일도 줄었다고 응답하여 자가 농사일보다는 품앗이나 품삯일 등의 증감이 여성의 농사일 증감의 중요한 요인인 것으로 나타났다.

전체적으로 살펴보면 부채의 증가는 여성을 자신의 농사일뿐만 아니라 경제의 주체자로서 품삯과 같은 외부농사일에 적극적으로 참여하게 하는 요인으로 작용하고 있는 것으로 분석되었다.

② 거주지역별 농촌여성의 역할차이

거주지역별로 여성의 역할에 어떤 차이점이 나타나는지를 분석한 것이 〈그림 5-8〉이다. 유의성 있는 몇 가지 특징을 살펴보면, 품삯을 받고 남의 농사일을 하는 여성은 중산간지역인 물걸리 여성이 많았고(74.1%), 특히 부채가 적은 농가(4,500만 원 미만)가 더욱 적극적으로 남의 농사일을 하고 있는 것으로 나타났다(58명 중 50명: 86.2%). 또한 품삯을 받고 남의 일을 하는 여성 중 부채가 많은 농가(4,500만 원 이상)는 율문리가 많은데(75.0%) 이러한 율문리의 여성은 가사일, 농사나 농외취업 중 선택한다면 가사일만 하고 싶다고 한 반면 물걸리 여성은 농사나 농외취업을 희망하여 대조를 이루고 있다.

반면, 남의 농사일을 안하는 여성은 도시 근교인 율문리에 많았고(61.0%) 예전에 비하여 농사일이 힘들다고 응답한 여성도 율문리에 많은 것(85.2%)으로 나타났다. 즉, 도시근교의 여성은 중산간지역의 여성에 비하여 상대적으로 농사일이 적음에도 불구하고 농사일이 힘이 든다고 느끼고 있었으며 농사나 농외취업보다는 가사일을 선호하고 있었고, 반면에 남의 농사일을 안하는 물걸리 여성의 경우 농사일이 예전에 비하여 편해졌다고 느끼는 것으로 분석되었다.

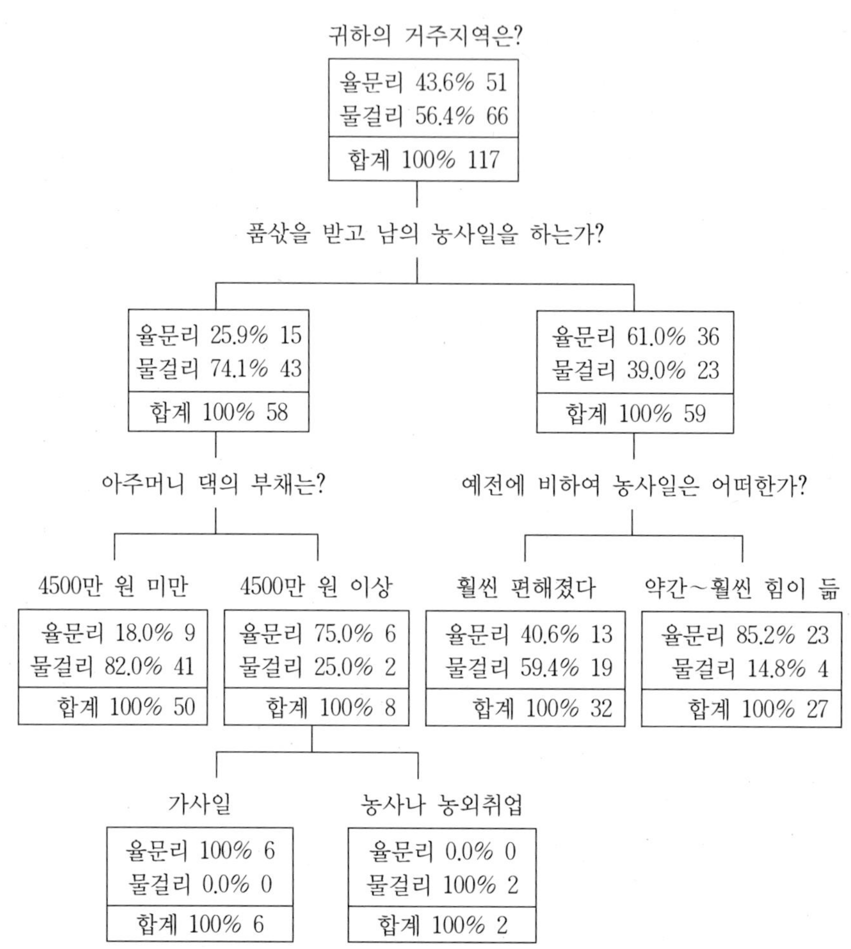

주: 단위는 %, 호.
자료: 〈표 5-5〉와 같음.

〈그림 5-8〉 거주지역별 농촌여성의 역할차이

③ 소득별 농촌여성의 역할차이

다음은 농가소득과 여성의 역할관계를 분석하였다(〈그림 5-9〉 참조).

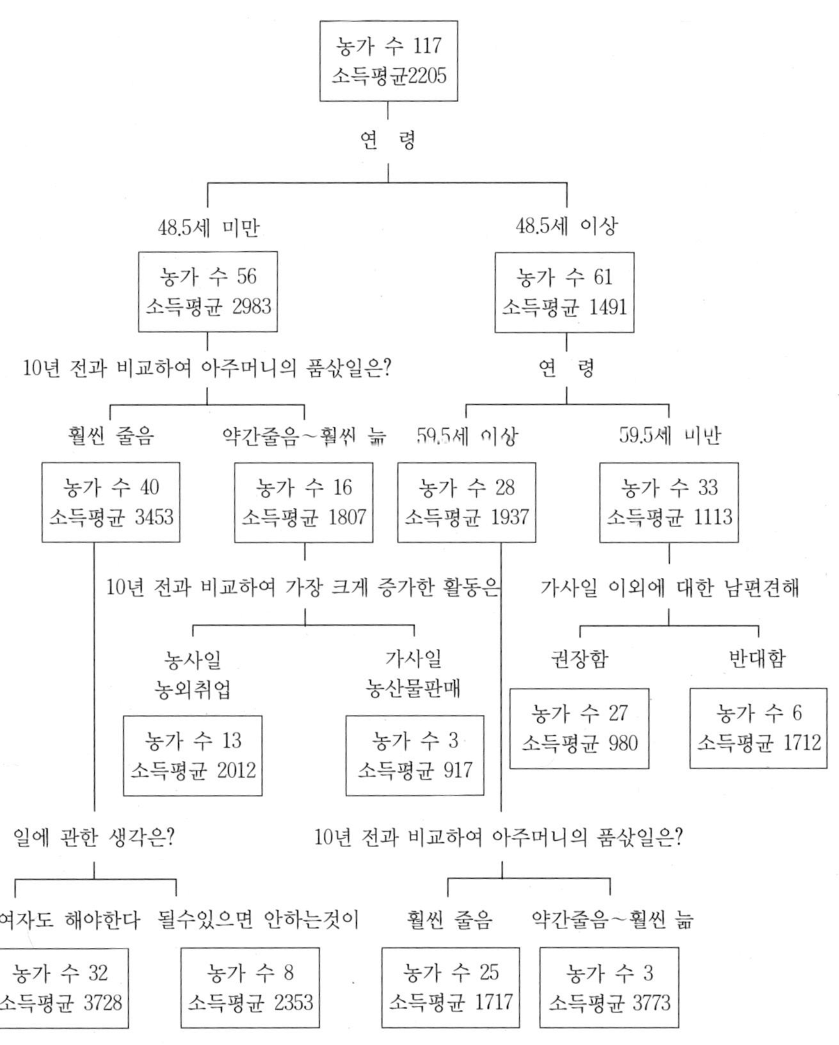

주: 단위는 호, 10,000원.
자료: 〈표 5-5〉와 같음.

〈그림 5-9〉 소득별 농촌여성의 역할차이

　율문리와 물걸리 117농가의 소득평균은 2,205만 원으로 나타났는데 농촌
여성의 나이가 젊은 농가(48.5세 미만)에서 소득이 높았으며(2,983만 원),

이 농가들 중 소득이 높은 농가(소득평균 3,453만 원)의 여성일수록 품삯일이 훨씬 줄은 것을 알 수 있다. 그러나 젊은 농가(48.5세 미만)중 소득이 낮은 농가(소득평균 1,807만 원)의 여성은 품삯일이 늘은 것으로 나타났으며 이들 농가의 대부분이 농사일과 농외취업이 10년 전과 비교하여 크게 증가한 것을 알 수 있다(16명 중 13명).

반면 농촌여성의 나이가 48.5세 이상의 농가는 소득평균이 1,491만 원으로 매우 낮았으며 59.5세 이상인 경우 1,113만 원으로 더욱 낮은 것을 알 수 있다. 특히 소득이 낮을수록 남편은 아내가 가사일 이외에 일하는 것을 적극적으로 권장하고 있으며 60세 미만 중 소득이 낮은 농가의 경우 여성의 품삯일이 줄은 것으로 나타났다.

이상을 통하여 소득이 높아질수록 여성의 일에 대한 부담은 경감하는 것을 알 수 있으며 여성의 연령이 높아질수록 농가 수입은 줄어드는 것을 알 수 있다. 또한 여성의 적극적인 일의 참여가 농가소득을 높이는 것을 알 수 있고 저소득일수록 남편은 여성의 일에 대한 참여를 적극 권장하는 것을 알 수 있다. 결국 상기에서 서술한(①, ②분석 참조) 부채의 증감여부와 연관되어 부채가 많거나 소득이 적은 농가의 여성은 경제의 주체자로서 농사일에 더욱 적극적으로 참여하고 있음을 알 수 있다.

④ 연령별 농촌여성의 역할변화

연령과 농촌여성의 역할차이에 대한 의사결정나무 분석은 50세 미만(47.9%)과 50세 이상(52.1%)으로 구분되어 결과가 나타났다(〈그림 5-10〉 참조).

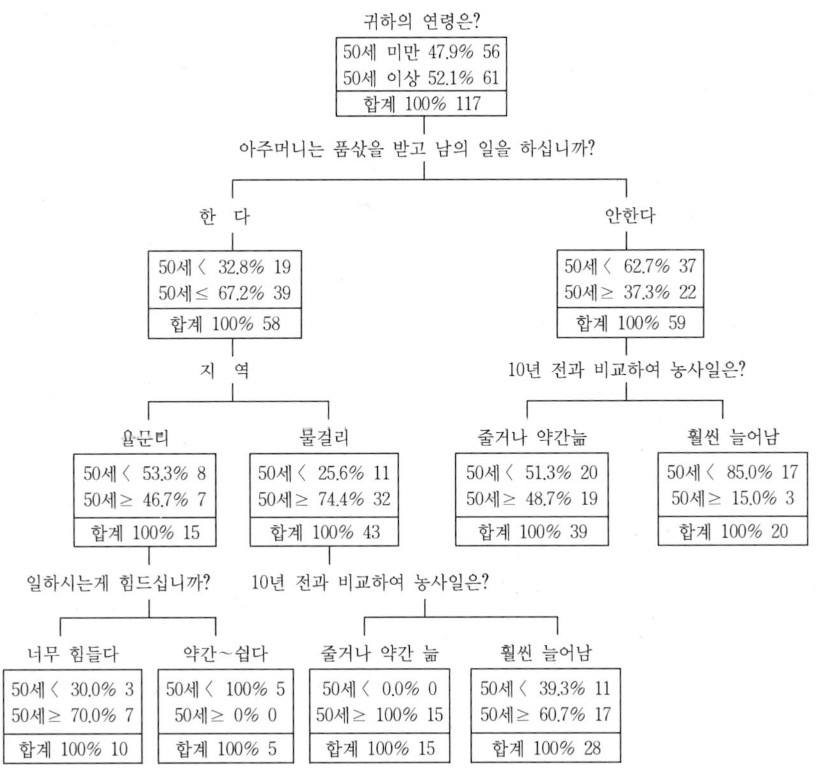

주: 단위는 %, 호.
자료: 〈표 5-5〉와 같음.

<그림 5-10> 연령별 농촌여성의 역할차이

〈그림 5-10〉에서와 같이 품삯을 받고 남의 일을 하는 여성은 중산간지역인 물걸리 여성이 많았으며(58명 중 43명), 특히 50세 이상의 여성(74.4%)이 많았다. 물걸리에서 남의 일을 하는 여성들 중 10년 전에 비하여 농사일이 줄거나 약간 늘었다고 생각하는 여성은 모두 50세 이상의 여성(15명)이었고, 농사일이 훨씬 늘었다고 응답한 여성은 모두 50세 미만(11명)의 여성들로 나타나 큰 대조를 이루고 있다. 또한 도시근교인 율문리 여성 중 남의 일을 하는 여성은 연령별로 큰 차이를 보이고 있지 않지만 50세 이상의 여성은 일하는 것이 힘들다고 느끼고 있으며(70.0%), 50세 미만의 여성은 약간 힘들거나 쉽다고

응답하였다.

또한 남의 일을 하지 않는 여성은 50세 미만(62.7%)이 많은 것으로 나타났으며 남의 일을 하지 않는 여성 중 50세 이상의 여성은 10년 전과 비교하여 농사일이 쉬어졌다고 느끼고 있었다(22명 중 19명). 즉, 도시 근교보다는 중산간지역에 거주하는 50세 이상의 고령층 여성이 남의 일을 많이 하는 것으로 나타났으며 중간산지역의 여성이 10년 전에 비하여 농사일이 늘어난 것으로 나타나 여성의 농사일 환경이 도시근교는 개선되고 있지만 중산간지역은 악화되고 있는 것으로 분석되었다.

⑤ 남편의 가사분담이 농촌여성에 미치는 영향

남편의 가사분담이 농촌여성에게 미친 영향을 분석한 것이〈그림 5-11〉이다.

남편이 가사를 도와주지 않는 여성의 경우 거의 혼자서 가사일을 하고 있었으며(70.2%) 10년 전과 비교하여 품앗이 일도 늘은 것으로 나타났고(82.1%) 품삯일도 본인이 모두 하는 것으로 나타났다. 반면 남편이 가사를 도와주는 경우 10년 전과 비교하여 품앗이 일도 줄은 것으로 나타났으며(55.6%) 품앗이 일이 늘었더라도 본인이 주로 품삯일을 하는 경우는 전혀 없는 것으로 나타났다(39명 중 0명).

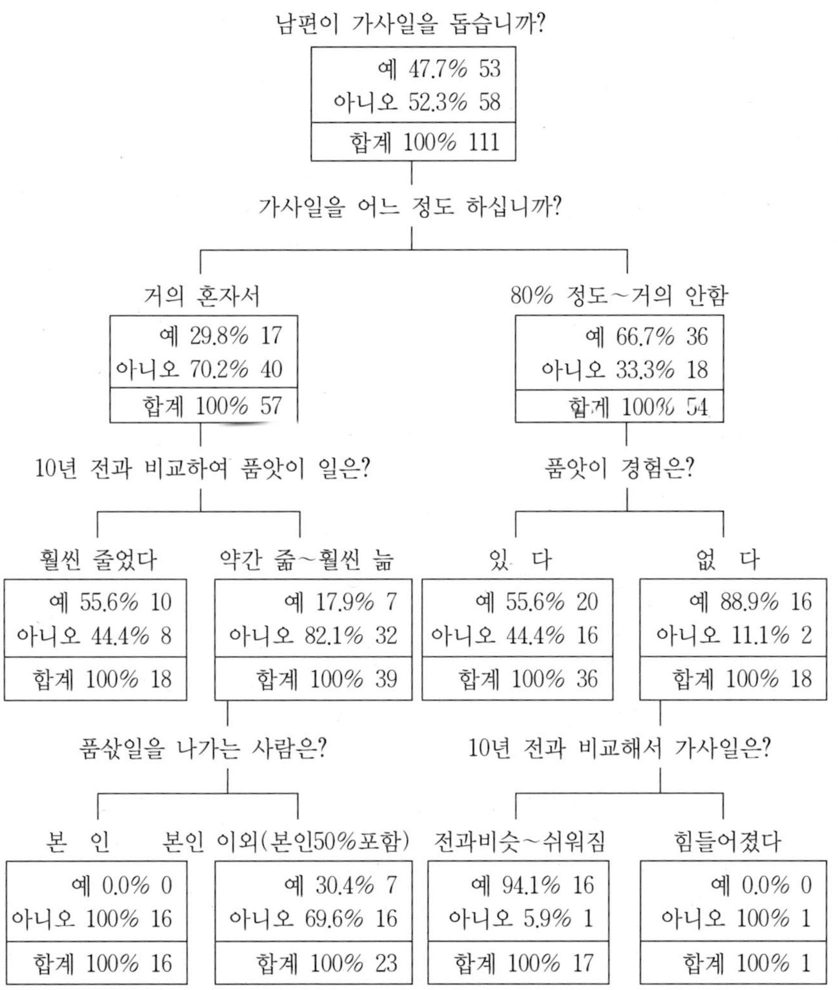

주: 단위는 %, 호.
자료: 〈표 5-5〉와 같음.

〈그림 5-11〉 남편의 가사분담이 농촌여성에 미치는 영향

또한 남편이 가사일을 도와주는 여성 중 품앗이 경험이 없는 여성이 많은 것으로 나타났으며(88.9%) 이러한 여성은 10년 전과 비교하여 가사일이 쉬어졌다고 느끼고 있었다(94.1%). 즉, 남편이 가사일을 돕겠다는 의식변화는 농촌여성의 가사일 뿐만 아니라 농사일에 있어서도 큰 도움을 받고 있는 것으로 분석되어 농촌여성의 역할변화에는 부부모두의 의식변화가 병행되어야 하는 것으로 판단된다.

Ⅵ. 요약 및 결론

우리나라 농촌여성의 역할과 변화요인은 시대와 상황에 따라 달라져왔다.
원시시대는 생존이 노동의 주목적이었으므로 여성이라고 해서 노동으로
부터 자유로울 수 없었으며, 따라서 남녀의 역할은 생리적·자연법적 조건
에 의해 분화되었다. 즉, 개별 인간들이 가지는 자연적 조건인 성(性)이나
연령 등에 따라 역할이 주어지고 분업이 이루어졌다.

또한 원시시대는 제도적인 남녀차별이나 계급적 착취가 없었으므로 여성이
남성과 거의 동등한 수준의 역할을 수행하였다. 그러나 농경이 본격적으로 발
달함에 따라 남성들이 생산의 주역으로 등장하게 되고 남녀의 사회적 지위와
역할도 달라지 게 되었으며 특히, 국가적 체계가 갖춰지면서 계층과 계급에 따
른 신분 간의 차별이 나타나 이때부터 여성들은 원시공동체 사회에서 누리던
지위를 상실하게 되었다.

역사의 진전과 더불어 사회적 제도가 틀을 갖추면서 우리의 여성들은 점
점 더 제도적·이념적 틀에 얽매이게 되었고, 역사적으로 가난과 지배층의
핍박 그리고 전쟁에 시달려온 농촌여성들은 가사라는 이름으로 생산노동에
매달려야 했다. 특히 유교가 사회전반에 영향을 미친 조선 중기 이후 한국
의 농촌여성들은 가부장제도하의 부부유별(夫婦有別)의 윤리, 남녀간의 내
외(內外)의 예(禮) 그리고 부계혈통이 강조되는 속에서 가내는 물론 사회
적으로도 남성에게 예속되고 불평등한 대우를 받아야만 했다.

근대 이전, 한국의 전통사회에서 여자들은 집안에 은둔하며 일을 하거나 눈
에 뜨이지 않을 정도의 소규모 집단행동에 참여하는 게 상례였다고 하나, 이는
소위 양반가에 속하는 여성들에게 해당되는 것이며 보통의 농촌여성들은 신분
과 남녀차별 속에서 제한적이기는 했어도 생산노동에 시달려야 했다.

구한말 우리나라에서 활약했던 헐버트(Homer B Hulbert) 목사가 「대한제
국 멸망사(1906)」에서 "600~700년에 걸친 주자학적 가치관이 가정에서 여성

의 존재를 매몰시켰다"고 기록한 것[155]을 봐도 전통적 한국여성들의 지위를 짐작할 수 있다.

이와 같이 한국의 전통사회에서 가사 이외의 생산노동에 참여했던 농촌여성들은 그 역할이 시대와 상황에 따라 달라졌는데, 경제적 이유 이외에 그 역할을 좌우한 주요 요인은 사회적·자연생리적 신분과 유교로 대표되는 종교·사상, 그리고 가부장제를 골간으로 하는 가정의 권력구조였다.

이러한 한국의 전통사회는 1876년 개항과 함께 서구 자본주의의 문화가 대량으로 유입되면서 큰 변화를 일으켰으며, 1894년의 갑오경장으로 봉건적 신분제도가 붕괴되는 등 본격적인 자본주의화는 한국의 농촌과 농민 그리고 농촌여성에게 많은 변화를 가져다주었다.

우리나라에서 여성의 사회진출이 두드러지고 여성에게 금지되었던 생산영역과 남성적 영역에까지 대거 참여하게 된 계기는, 개항으로 비롯된 한국자본주의의 형성과 전개, 일제치하와 6·25로 이어지는 전쟁, 그리고 세계자본주의 체제로 본격 편입되면서 시작된 1960년대 이후의 국가경제개발 및 산업화 과정에서였다.

특히 1970년대에 시작된 중화학공업 중심의 산업화와 도시화는 농촌인구의 대규모 이농을 초래하였고 그로 말미암아 농촌여성들이 농업생산 노동력으로 대거 투입되고 고착되어 오늘에 이르고 있는 것이다. 이때부터 농촌여성의 지위와 역할에 관한 문제가 활발히 논의되기 시작하였는데, 지금까지의 연구들은 농업생산에 있어서 여성의 역할증대라는 동일한 결론을 도출하고 있으며 그 역할변화의 요인으로서 이농에 따른 농촌인구의 감소 등 인구론적 접근을 한 것이 대부분이다.

또한 농촌여성의 노동투하 증대, 여성의 영농참여 확대, 노동의 과중한 부담, 가사와 생산노동의 항시적 이중부담, 심지어 자본에 의한 여성노동의 착취 등, 자본주의화 내지는 산업화가 여성의 노동강도를 높이는 데 일조한 것으로 보는 부정적 시각이 주류를 이루고 있다.

그렇다면, 산업화와 경제개발이 되고, 소득이 높아지고 잘살게 되었는데도

---

155) 조선일보사, 『주간조선』, 1999. 5. 13일자, 75쪽.

농촌여성은 계속 과중한 노동에 시달리고 있는 것인지, 또한 각 연구마다 농촌여성의 노동부담이 심해지고 있다는데 과연 언제까지 지속될 것인지, 무엇이 농촌여성으로 하여금 생산노동에의 참여를 유도하는지, 농촌개발이 농촌여성의 노동강도를 높이는 기능만 한 것인지… 이러한 의문에 답하기 위해 시도된 본 연구는, 특히 개방화와 농촌구조개선의 시대로 표현되는 1990년대에 초점을 맞춰 소득증대, 상업적 영농, 기계화진전, 농외소득비중의 증대, 소비생활의 다양화, 농민의 의식변화 등 자본주의화(산업화)와 농촌개발이 농촌여성의 역할에 어떤 의미가 있으며, 또한 인구론적 요인 이외에 역할변화에 어떤 요인들이 어떻게 작용하고 있는지를 실증분석을 통해 밝혀보고자 하였다.

이상의 연구 결과를 요약하면 다음과 같다.

첫째, 농가여성노동력의 고령화가 계속 진전되어, 10년 전인 1987년의 전국단위 연구에서 9.9%였던 60세 이상의 고령자 점유비가 이번 조사에서는 28.3%로 나타났으며 중산간지역인 물걸리의 경우 36.3%나 되어 농촌노동력의 노령화 현상이 중산간지역으로 갈수록 심각함을 보여주었다. 그럼에도 불구하고 농가여성 거의 모두(98.3%)가 농사일에 직접 참여하고 있으며, 그중 79.1%가 주노동력으로서 농업생산역할을 담당하고 있다.

그러나 1984년, 1987년 및 1992년의 연구결과와 비교해 보면 여성이 주노동력으로 농사일에 참여하는 정도가 1984년의 65.6%에서 1987년에는 81.6%로 크게 늘어났고 그 후 1992년까지는 그대로인 81%로 유지되다가 이번 조사에서는 79.1%로 약간 낮아진 주목할 만한 현상을 보이고 있다. 이러한 조사결과는 전국 자료 또는 사례조사 자료로서 직접 비교하기 곤란한 측면이 있기는 하지만 농가여성의 농업노동 참여가 한계에 이른 것 아닌가 하는 분석을 낳게 한다.

둘째, 농가의 가족원수는 평균 4.1명으로 계속 줄어들고 가족 중에 농사일을 하는 사람 수 역시 2.2명에 불과하여 농가의 노동력은 거의가 부부노동 중심으로 변화되었다. 이는 가족 내의 성별노동 분업에 영향을 주어서 하우스 농사를 중심으로 '부부가 비슷하게' 농사에 참여하는 비중이 높았다. 또한 힘을 많이 쓰거나 위험한 작업에는 남편의 노동이 주로 이용되고, 비교적 섬세한 농작업

212

에는 농가여성의 역할이 강세를 보이고 있으나, 전통적으로 남성노동 분야였던 논농사에 여성의 참여가 높아진 반면에, 여성의 노동 분야였던 밭농사에 남성의 진출이 늘어났다. 10년 전까지 점점 늘어나던 여성의 품앗이 비중도 이번 조사에서는 약간 감소한 반면에 남편의 품앗이 참여도가 높아졌으며 피고용 농업노동 역시 같은 현상을 보임으로써 핵가족화가 남녀간에 노동참여의 구분을 없애고 평준화, 대등화되고 있음을 보여주었다.

셋째, 농가여성이 농사일에 참여하는 직접적인 동기는 역시 돈을 더 벌기 위한 경제적 이유가 으뜸으로 40.9%이었으며, 그 다음이 '일손이 부족'하기 때문이라고 38.3%가 응답해, 농가경제의 열악함과 이농 및 노령화로 인한 노동력 감소가 농가여성으로 하여금 생산노동에 참여케 하는 가장 큰 요인임을 확인시켰다.

넷째, 농가여성의 역할에 대한 여러 연구들은 농업의 자본주의화나 산업화가 결과적으로는 농가여성의 노동부담을 가중시키고 노동강도를 격화시키는 것으로 파악하였다. 심지어 농업과 가사의 기계화까지도 더 많은 생산노동에 여성을 몰아넣어 결국 여성의 노동참여를 증대시킨다고 하였다. 그러나 이번의 연구는 다른 결과를 보여주었다.

10년 전과 비교하여 조사한 결과, 농가여성의 역할 중 가장 중요해진 역할은 역시 농사일에 대한 참여로 나타났으며 농사일이 늘어났다는 여성(45.9%)이 줄어들었다는 여성(32.3%)보다 많았다. 또한 일(농사일, 가사일, 농외노동)하는 것이 힘들다는 부인이 81.9%로 절대 다수이면서도 예전에 비해서는 전체적으로 일이 편해졌다는 응답도 81.2%나 되었다.

농사일이 늘어난 이유로는 '이후 때문'이 가장 큰 요인(23.2%)인 반면에 농사일이 줄어든 제일의 요인으로는 '농업기계화'를 꼽았다(35.4%). 뿐만 아니라 가전제품 보급이나(57.5%) 주택·부엌개량(39.7%)으로 가사는 10년 전에 비해 편해졌다(74.5%)고 응답하였다. 이 같은 조사결과를 볼 때, 자본주의 발달에 의한 핵가족화, 농업의 상업화, 기계화, 그리고 농촌발전이 농가여성의 노동역할을 증대시키는 측면이 있는 반면에 노동의 강도와 상황을 개선시키는 양면을 가지고 있음을 보여준다.

　다섯째, 우리나라 농가여성들은 일하는 것을 힘들어하면서도(81.9%) 능력만 있으면 여성도 일해야 한다고 생각할 뿐 아니라(63.3%), 경제적 이유가 충족되면 노동을 안하겠다는 응답(31.6%)보다 경제적 여유가 있더라도 형편이 되면 농사일을 하겠다는 여성이 두 배나 더 많아(62.4%) 농가여성에게 있어서 노동이 반드시 고통만은 아니며 또한 경제적 이유 이외에도 노동참여의 요인이 있음을 보여주었다. 즉, 유구한 역사를 통해 전통적으로 이어 내려와 내면화되고 체질화된 한국여성의 근면성과 일에 대한 내성, 그리고 농사일만이 갖는 일의 매력이나 즐거움, 보람, 그리고 자아실현의 기대감 등도 노동참여의 요인으로 분석되었다.

　여섯째, 우리나라 농가여성들은 자신이 직접 농사일에 참여하는 것에 대하여는 싫다는 반응(31.6%)이 더 많으면서도, 가업(家業)으로서의 농업에 대해서는 불만족(15.5%)보다 두 배 이상이나 만족(36.2%)하다는 반응을 보였다. 특히 IMF사태 이후 도시근로자의 대량실업, 생계위협 등의 보도가 농가여성들에게 상대적 안정직업으로서의 농업의 장점을 평가하는 것으로 분석되었다. 또한 기술의 발달로 농업으로도 노력한 만큼 잘 살 수 있다는 인식이 높아 농촌개발 여하에 따라 농가여성의 일에 대한 적극적인 참여를 기대할 수 있다고 판단된다.

　일곱째, 우리나라 농가의 남편들 중 72.8%(75명)는 아내가 가사일 이외에 더 많은 일을 해주기를 바라고 있고, 그중 90.6%(55명)가 아내의 농사일 참여를 권장하고 있다. 그러나 남편이 아내의 가사일을 돕는 것은 절반(51.4%)수준에 머물러 남편의 가부장적 의식과 아내에게 노동을 권장하는 태도가 농가여성의 노동참여를 증대시키는 한 요인임을 나타냈다. 또한 농가여성 자신도 남편이 가사일에 참여하는 것을 적극적으로 바라지 않아 여성의 의식에도 문제가 있는 것으로 나타났다.

　여덟째, 지금까지의 우리나라 농가여성의 역할문제는 주로 생산노동을 중심으로 하였으며 그 노동은 단순한 농작업의 범위를 크게 벗어나지 못하였다. 그러나 이번의 연구에서 컴퓨터 조작이나 영농설계, 농사정보취득, 회계처리 등 여성의 역할이 노동에서 경영분야로 확대되는 현상을 보여주었는바, 이러한 역할은 여성이 남성에 비해 열등할 아무런 이유가 없으므로 곧 도래될 21세기의 정보화시대에는 여성의 역할이 보다 더 주도적으로 바뀔 것으로 예측된다.

아홉째, 1960년대 이후 농림업취업자의 성별구성비는 지속적으로 남성의 비율이 줄어들고 여성의 비율은 늘어났으나 1998년에는 그 반대 현상이 일어났으며, 농가의 노동투하량(가족노동)도 같은 현상을 보여 매우 의미 있는 변화를 나타냈다. 1997년에 IMF사태가 발생하였음을 감안할 때 이러한 변화는 남성노동력의 도시이출 감소 및 귀농, 그리고 농촌여성의 고령화로 인한 노동투하의 감소 등이 복합적으로 작용한 것으로 판단된다. 따라서 IMF 이후 농업에 대한 만족도가 상승한 결과와 더불어, 사회·경제적 특수 여건이 여성의 역할변화에 한 요인으로 작용함을 보여주었다.

이상에서 우리나라 농촌여성의 역할이 역사적으로 어떻게 변화해 왔고 그 변화의 요인은 무엇인지를 고찰함과 아울러, 강원지역의 2개 마을을 통해 1990년대의 농촌발전이 농가여성의 역할에 어떻게 작용했는지를 살펴보았다.

본 연구는 농가여성의 생산노동참여를 중심으로 포괄적으로 접근하였으나, 앞으로 농촌여성에 관한 연구는 생산노동 뿐만 아니라 가사노동을 비롯한 여성의 여타 활동 상호간의 연관성을 심도 있게 다루어야 할 것으로 생각되며, 특히 젊은 세대와 고령층 간의 인식의 차이가 엿보이고 소득이 높은 농가와 낮은 농가 사이에도 여성의 역할에 차이가 있는 것으로 판단되는바, 연령층별 또는 소득 계층별로 세분하여 농촌여성문제에 접근해야 할 것으로 보인다.

이번 연구를 통하여 농가여성에게 있어서 노동이 반드시 고통은 아니며 또한 생각보다 농업에 대한 긍지와 만족감이 큰 것으로 나타났다. 또한 이제 우리나라 농가는 가족노동력 중심에서 부부노동력 중심으로 전환되면서 여성의 역할증대나 성별역할분담이라는 차원을 넘어 '부부 공동경영'의 형태로 발전될 것으로 판단된다. 따라서 정부는 농업에 대한 사회적 인식을 높여 여성 스스로가 자기를 실현하는 가치 있는 직업으로 농업을 선택할 수 있도록 사회적 분위기를 조성함과 아울러, 공동경영인으로서의 전문 영농기술은 물론 컴퓨터 취급 등 정보화능력과 회계 등의 경영관리능력을 키울 수 있도록 기술 및 의식교육을 실시하여야 할 것이다.

또한 농가여성이 농사보조자로서의 위치를 벗어나 공동 농업경영주로서의 역할을 다 하게 하기 위해서는 남성에게도 그를 뒷받침할 수 있는 의식계발이 필요하며, 특히 여성의 참여도가 높은 섬세한 농작업을 기계화하고 주거개선과 부엌의 자동화 등 노동의 강도를 완화시키는 대책도 마련되어야 할 것이다. 그리고 새로운 소득원 개발로 농가소득을 높이는 지원책이 강구되어야 한다. 왜냐하면, 소득 증대야말로 농업의 기계화나 주거환경의 개선을 가능케 하며, 또한 여성으로 하여금 농업에 대한 만족도를 높이고 생산에의 참여에서 보람과 자아실현의 기대를 충족시킬 수 있는 지름길이기 때문이다.

1992년 일본은 「신 농산어촌 여성 2001년을 향하여」라는 중장기 비전을 발표하였는 데, 미래의 여성농업인은 가정과 지역생활에서 적극적인 활동을 하는 것은 물론 생산현장에서 '농사일에 긍지를 가지고 충실감을 얻으며 일에 충분한 능력을 발휘하고 지역의 농림수산업 방침 결정에 참여하는' 여성이라고 하였다.[156] 우리나라에서도 21세기 '신 농가여성'상을 정하고 그를 실현하기 위해 정부의 적극적인 지원과 농가여성 자신의 노력이 있어야 할 것이다.

---

156) 김종숙, "일본 농촌개발과 여성의 역할", 『농촌경제강의』, 여성최고농업경영자과정 교재, 경상대학교 농과대학, 1995, 480.

참고문헌

1. 국내문헌

강동진(1982),『한국농업의 역사』, 한길사.

강성의(1993), "지역개발과 여성의 경제활동변화에 관한 일 연구", 여자대학교 대학원 석사논문.

강영오(1997), "여성농업인의 사회적 지위향상을 위한 정책과제", 『한여농창립 1주년기념 자료집』, 한국여성농업인 중앙연합회.

강원사회연구회(1997),『강원사회의 이해』, 한울아카데미.

강정일(1997), "농정개혁의 평가와 향후과제", 『농촌경제』, 제20권 제4호, 한국농촌경제연구원.

강현철 외(1999),『데이터 마이닝 - 방법론과 활동』, 자유아카데미.

고종태·김경량(1995), "농촌경제의 활성화를 위한 소고", 『산업과경제』, 제6집, 강원대학교산업경제연구소.

고황경 외(1962),『한국농촌가족의 연구』, 서울대학교 출판부.

국제문화재단 편(1982),『한국의 사회』, 시사영어사.

권광식 외(1995),『한국의 농업정책: 세계화속의 한국농업의 나아갈 길』, 미래사.

권영자(1995), "광복 이후의 사회변천과 여성", 『한국여성발전50년』, 정무장관(제2)실.

김경덕(1998),『농업인력의 현황 분석과 중장기 수급전망』, 한국농촌경제연구원.

김경미(1991), "농촌에 있어서 여성과 사회교육", 『한국농업교육학회지』, 제23권 제4호.

김대웅 역(1985), 『가족의 기원: 루이스 모간의 이론을 바탕으로』, 아침.

김대환(1971), "농촌여성의 노동력의 실태 및 이용에 관한 연구", 이화여자대학교 농촌문제연구소.

김동일 외(1982), 『한국 농촌주민의 삶의 질』, 한국농촌경제연구원.

김동희 역(1986), 『세계여성사』, 백산서당.

김동희(1995), "한국자본주의와 농민·농촌문제", 『한국농업50년의 회고와 전망』, 한국농촌경제연구원.

김문식(1995), "한국농업의 회고와 반성", 『한국농업50년의 회고와 전망』, 한국농촌경제연구원.

김석민 외(1991), 『한국자본주의와 농업문제』, 아침.

김성수 외(1987), "농촌여성의 역할증대에 관한 연구", 『농시논문집』.

김성훈 편저(1995), 『WTO와 한국농업』, 비봉출판사.

김영옥·김이선(1999), 『21C여성농업인의 전문인력화를 위한 정책연구』, 한국여성개발원.

김용섭(1982), 『한국 근대농업사 연구』, 일조각.

김윤환(1981), 『현대자본주의론』, 청사.

김이선(1997), "농촌여성의 당면과제와 전망", 농정연구포럼.

______(1997), 『개방농정체제에서 여성의 농업참여에 관한 연구-충청남도 3개 마을 사례연구』, 한국여성개발원.

김인숙(1993), "농가의 생활수준과 생활만족수준 및 이에 따른 농가유형분석", 동국대학교 대학원 박사논문.

김인숙·최은숙(1991), "농촌여성노동의 화폐적 가치평가를 위한 일 연구", 『대한가정학회지』, 제29권 2호.

김정호(1993), 『농가의 정의에 관한 연구』, 한국농촌경제연구원.

______(1997), "농업구조정책의 성과와 과제", 『농촌경제』, 제20권 제4호,

한국농촌경제연구원.

김종숙·정명채 (1992),『농촌여성의 의식변화와 역할에 관한 연구-충남지역 4개 마을을 중심으로』, 한국농촌경제연구원.

김종숙·민상기(1994),『농업에 대한 국민의식과 사회적 인식제고방안』, 한국농촌경제연구원.

김종숙(1995), "일본 농촌개발과 여성의 역할",『농촌경제강의』, 여성최고 농업경영자과정 교재, 경상대학교 농과대학.

김종택(1984),『조선의 여인』, 문화출판사.

김주수 (1982), "농촌여성의 농업생산참여의 실태와 문제점",『농촌경제』, 제5권 제2호, 한국농촌경제연구원.

______(1984), "한국의 농촌여성 발전을 위한 논고",『여성연구』, 제2권 제3호, 한국여성개발원.

______외(1993),『농촌여성의 사회의식』, 한국농어촌사회연구소.

______(1994),『한국농촌의 여성과 가족』, 한울아카데미.

______역(1995),『여성노동의 역사』, 이화여자대학 출판부.

______(1996), "농촌여성과 일-그 체계와 보상",『한국여성과 일』, 이화여자대학교.

김준보(1993),『한국근대경제사 특강』, 연세대학교 출판부.

______(1993),『한국자본주의사 연구』Ⅰ·Ⅱ, 일조각.

김채윤(1982), "사회계층",『한국의 사회』, 한국문화시리즈 6, 시사영어사.

김태호 외(1994),『농촌사회문제론』, 농림수산정보센터.

김한구(1982), "농촌여성의 사회경제활동의 실태와 문제점",『농촌경제』, 제5권 제2호, 한국농촌경제연구원.

김홍주(1992), "현단계 농업노동의 실태와 농민의 가족문제",『농촌사회』제2집.

농림부(1997), 『1997년도 농업정책방향』.

______(1997), 『농정개혁 백서』.

______외(1997), 『농정개혁성과와 농어촌발전방향』, 제5차 농정개혁추진회의 보고자료.

농림수산부(1994), 『농림수산사업 통합실시요령』, 제1권.

농정연구포럼(1994), "농업인력문제의 실상과 인력정책의 방향."

농촌진흥청(1994), 『농가여성 및 경영주의 생활시간분석보고서』.

농협중앙회(1984), 『농촌부녀자의 의식과 역할』.

__________(1986), 『농촌사회구조의 변화와 농협』.

__________(1996), 『농업구조개선사업의 평가와 과제』, 농업금융세미나자료.

박미해(1997), 『사회학자들이 본 남성과 여성』, 한울아카데미.

박민선(1984), "농가의 의사결정과 부녀자의 역할", 『농협조사월보』 8월호, 농협중앙회.

______(1996), "농촌여성과 협동조합의 역할", 『농협조사월보』 1월호, 농협중앙회.

______(1996), "프랑스의 여성농민정책", 『농촌사회』 제6집.

______(1999), "EC회원국의 여성농업인 정책", 농촌여성의 능력개발과 복지증진방안심포지엄 자료, 한국농촌생활과학회 · 농촌생활연구소.

박석두(1996), 『한말－일제 초 농촌사회구조와 사회조직에 관한 연구』, 한국농촌경제연구원.

박영규(1997), 『고려왕조실록』, 들녘.

박용옥(1975), 『이조 여성사』, 한국일보사.

박진도(1994), 『한국자본주의와 농업구조』, 한길사.

박진환(1987), 『경제발전과 농촌경제』, 화갑기념논문집.

______(1995), "한국의 경제발전과 농업", 『한국농업50년의 회고와 전망』,

한국농촌경제연구원.

박찬숙(1997), "김영삼 정부의 여성농민정책 평가 및 개선방향", 『'97대선 여성농민 정책과제 토론회』, 전국여성농민회총연합.

박현채(1985), 『한국 자본주의와 노동문제』, 돌베개.

______(1988), "한국경제 전개의 현단계와 농업·농민문제", 『농업정책연구』, 5권 2호.

______(1988), 『한국 농업·농민문제(Ⅰ)』, 한국농어촌사회연구소 편.

배진한(1977), "농촌노동력 유출과 노동시장", 서울대학교 사회과학대학 석사 논문.

설동훈(1993), "한국농촌의 가족구성과 생활실태", 『농촌사회』, 한국농촌사회 학회.

성진근(1995), 『WTO시대, 한국농업의 장래』, 을유문화사.

셀라 레웬학, 김주숙 옮김(1995), 『여성노동의 역사』, 이화여자대학 출판부.

스타벤하겐, 김대웅·장영배 옮김(1983), 『농업사회의 구조와 변동』, 백산 서당.

신채호(1977), 『조선상고사』 상·하, 삼성미술문화재단.

신효중(1997), "ESA에서의 농업과 경제적 인센티브제도", 『산업과 경제』 제7집 제2호, 강원대하교 산업경제연구소.

신해식(1995), "강원지역의 농가차입구조에 관한 경제분석", 『농업정책연구』, 한국농업정책학회.

여성한국사회연구회(1995), 『가족과 한국사회』, 경문사.

유병규(1997), "한국자본주의 발전과 농지제도", 『농촌사회』 제7집, 한국농 촌사회학회, 일신사.

윤수종(1990), "한국농업생산에서의 노동조직의 변화과정에 관한 연구", 서울 대학교 대학원 박사학위논문.

이근수(1982), "농촌여성노동력의 잠재력과 활용방안", 『농촌경제』, 제5권 제2호, 한국농촌경제연구원.

이금옥(1994), "농촌여성의 생활개선조직활동의 참여와 개선방안", 『농촌생활 과학』, 농촌진흥청 농촌영양개선연수원.

이만갑(1981), 『한국농촌사회연구』, 다락원.

이민수 역(1984), 『삼국유사』상, 삼성미술문화재단.

________(1985), 『삼국유사』하, 삼성미술문화재단.

이명희(1985), 『여성과 노동』, 동녘.

이병오 외(1997), 『농산물 신물류혁명』, 농민신문사.

이배용(1995), "유교적 전통과 변형속의 가족윤리와 여성의 지위", 『여성학 논집』 제12집, 이화여자대학교 한국여성연구원.

______(1999), 『우리나라 여성들은 어떻게 살았을까』 1·2권, 청년사.

이영기(1992), "한국농업의 구조적 변화에 관한 연구: 1970년대 후반~1980년 대 말", 서울대학교 대학원 박사학위논문.

이영대(1997), "여성농민의 농업전문인력화를 위한 정책과제", 『'97대선 여 성농민 정책과제 토론회』, 전국여성농민회총연합.

이은순 (1993), "농촌여성의 역할과 사회교육요구에 관한 연구", 순천향대 석 사논문.

이현재 외(1997), 『경제발전론』, 법문사.

이효재(1997), "농촌지역사회 발전을 위한 여성의 역할", 『한국문화연구원 논총』.

임병윤(1993), 『한국인의 농업관』 -한국농업의 역사와 정책, 홍진.

장우환(1997), "중산간지역 농촌의 활성화방안", 『농민과 사회』 통권15호, 한국농어촌사회연구소.

전승규(1982), "농촌여성의 가사노동실태와 개선방안", 『농촌경제』, 제5권 제2호, 한국농촌경제연구원.

전운성(1990), "한국의 농업구조문제와 농지제도개선", 『한국사회과학연구』, 제30집, 강원대학교.

______역(1991), 『일본농업경제사』, 강원대학교 출판부.

______(1992), "강원지역 농업구조의 변화와 특징", 『강원사회의 이해』, 한 울아카데미.

______(1999), 『세계의 토지제도와 식량』, 한울아카데미.

정기환(1997), 『농가여성의 노동력구조와 경제활동 실태』, 한국농촌경제연 구원.

______(1993), 『농가의 성격변전에 관한 연구 – 산업화에 의한 가족농의 구 조적 변화분석』, 한국농촌경제연구원.

정기환·김성호(1992), 『촌락 및 농가실태 조사결과』, 한국농촌경제연구원.

정무장관(제2)실(1995), 『한국여성발전50년』.

______(1997), 『여성백서』.

정복조 외(1995), "위탁영농회사의 영농수지에 관한 실증적 연구", 『농업정 책연구』 제22권 제1호, 한국농업정책학회.

정영일(1995), "농업구조변화와 전망", 『한국농업50년의 회고와 전망』, 광 복50주년 기념학술대회 자료, 한국농촌경제연구원.

정용복(1992), "사회변화와 농촌여성의 역할", 『농촌생활과학』 추계호, 농 촌진흥청농촌영양개선 연수원.

정현백(1989), "새로 쓰는 여성의 역사", 여성2호, 창작과 비평사.

조경원(1995), "조선시대 여성교육의 분석", 『여성학논집』 제12집, 이화여 자대학교 한국여성연구원.

조관일·전운성(1997), "농촌개발과 농촌여성 노동력의 성격변화에 관한 고찰", 『산업과 경제』 제7집 제2호, 강원대학교 산업경제연구소.

______(1999), "우리나라 전통사회 농촌여성의 역할변화에 관한 역사적 고 찰", 『농촌개발연구』, 제3집, 강원대학교.

______(1999), “농촌여성의 역할변화에 관한 연구”, 『산업과 경제』 제16호, 강원대학교 산업경제연구소.

조기준(1979), 『한국경제사』, 일신사.

______(1991), 『한국자본주의 발전사』, 대왕사.

조선일보사(1998), 『월간조선』, 9월호.

______(1999), 『주간조선』, 5월 13일자, 5월 20일자, 6월 3일자.

조옥라(1991), “농촌여성의 경제활동증가가 가족구조에 미치는 영향”, 『한국의 사회와 역사』, 일지사.

______(1997), “여성농민연구 회고와 전망”, 『여성농민연구』 창간호.

조은(1986), “가부장제와 경제 - 가부장제의 자본주의적 변용과 한국의 여성노동”, 『한국여성학』, 제2집, 한국여성학회.

______외(1997), 『근대가족의 변모와 여성문제』, 서울대학교 출판부.

조형(1981), “농촌사회의 변화와 농촌여성”, 『한국사회개발연구 Ⅴ』, 고려대학교 출판부.

조혜정(1988), 『한국의 여성과 남성』, 문학과 지성사.

주봉규(1983), 『한국농업경제사 연구』, 선진문화사.

주종환(1990), 『한국자본주의론』, 한울아카데미.

______(1990), 『한국자본주의사론』, 한울아카데미.

차성환(1984), “고려 말·조선조 가치체계의 변동과 사회계층”, 『사회학연구』 1집, 대영사.

최민호(1990), 『농촌개발론』, 농촌개발연구회 편, 형설출판사.

최양부((1986), “산업사회화 과정에서 한국농업의 성격변화와 과제”, 『현대사회와 가족』, 아산사회복지재단.

최우영(1994), “조선사회 지배구조와 유교이데올로기”, 『한국사회구조의 전통과 변화』, 한국사회연구회.

최은숙(1988), "한국 농촌여성의 역할과 지위의 변화", 『한국농업교육학회지』 제20권 2호.

최재석(1988), 『한국사회의 변동연구』, 일지사.

______(1990), 『한국농촌사회 연구』, 일지사.

최종후 외(1999), 『데이터 마이닝 - 기능과 사용법』, 자유아카데미.

최호진(1980), 『한국경제사』, 박영사.

통계청·한국인구학회 (1997), 『인구변화와 한국사회의 미래』, 세미나자료.

통계청(1997), 『한국의 사회지표』.

______(1998), "통계로 보는 여성의 삶", 7월 보도자료.

하현강(1985), "한국여성상의 형성", 『한국여성의 전통상』, 김열규 외, 민음사.

한경혜(1994), "미래의 농촌여성: 발전적 변화를 위하여", 『농촌생활과학』 동계호, 농촌진흥청 농촌영양개선 연수원.

한국고문서학회(1997), 『조선시대 생활사』, 역사비평사.

한국농촌경제연구원(1980), 『한국농업의 근대화과정』.

______(1995), 『한국농업50년의 회고와 전망』, 광복50주년 기념학술대회자료.

______(1997), 『농촌경제』, 제20권 제4호(겨울).

______(1997), 『농정개혁중간평가 - 산업별 변화와 과제』

한국농어촌사회연구소(1988), 『한국농업·농민문제연구』, 연구사.

한국사회사연구회(1994), 『한국사회구조의 전통과 변화』, 문학과 지성사.

한국여성개발원(1987), 『농촌여성의 노동실태에 관한 연구』.

______(1988), 『여성과 직업』.

______(1989), 『여성연구』, 제7권 제2호(여름).

______(1990), 『현대사회와 여성의 역할』.

______(1990), 『우리농촌과 여성』

______(1993),『농촌가족의 변화와 지속에 관한 연구』.

한국여성농민연구소(1997), "'97대선 여성농민 정책과제 토론회"자료.

______(1997),『여성농민 연구』창간호.

______(1998),『여성농민 연구』, 봄호.

한국여성연구소 (1996),『한국여성과 일』, 이화여자대학교 출판부.

한국여성연구회 (1994),『여성학 강의』, 동녘.

한국역사연구회 (1997),『고려시대 사람들은 어떻게 살았을까』, 청년사.

______(1997),『조선시대 사람들은 어떻게 살았을까』, 청년사.

______(1998),『삼국시대 사람들은 어떻게 살았을까』, 청년사.

한국정신문화연구원(1994),『한국민족문화 대백과사전』15권 및 18권, 웅진 출판사.

한정자(1994), "농촌사회 변화와 여성의 삶",『농촌생활과학』, 동계호, 농촌 진흥청 농촌영양개선 연수원.

현의송(1991),『일본의 농업·농촌·농협』, 극동문화.

홍동식 외(1982),『농촌사회학』, 법문사.

2. 외국문헌

家の光協會(1986),『變貌する農村と婦人』.

農山漁家生活改善研究會(1992),『農業·農村の變化に伴う農村婦人の役割平價 に關する調査報告書』.

農政ジャーナリストの會(1993),『変わるか, 農業·農村と女性』, 農林統計協會.

農村生活總合研究センター(1992),『野菜作農家婦人の勞動と生活』.

農村女性問題研究會(1992),『むらを動かす女性たち』, 家の光協會.

大門正克(1997), 『近代日本と農村社會』, 日本經濟評論社.

滿永光子(1995), 『現代日本農村生活論』, 農林統計協會.

富民協會・每日新聞社(1982), 『農業と經濟』, 9月号.

成瀬龍夫(1989), 『生活樣式の經濟理論』, 御茶の水書房.

岩崎 徹(1997), 『農業雇用と地域勞働市場』, 北海道大學図書刊行會.

岩本田輝・大藤修編(1996), 『家族と地域社會』, 早稻田大學出版部.

女性史總合研究會(1995), 『日本女性生活史』, 第4卷・5卷, 東京大學出版部.

日本村落研究學會(1995), 『家族農業經營における女性の自立』, 農山漁村文化
    協會.

鳥居泰彥(1988), 『經濟發展理論』, 東洋經濟新報社.

佐藤慶幸(1996), 『女性と協同組合の社會學』, 文眞堂.

Anderson, Mary(1985), "Technology Transfer: Implications for Women",
    In Overholt et al.

Bagchi, Deipica(1993), "The Household and Extrahousehold Work of
    Rural Women in a Changing Resource Environment in Madhya
    Pradesh, India", In Raju and Bagchi.

Boserup, Ester(1970), *Woman's Role in Economic Development*, NewYork
    St. Martin's Press.

Breiman, L., J. H. Friedman, R. A. Olshen and C. J. Stone(1984),
    Classification and regression trees, Wadsworth, Belmont.

Brydon, Lynne(1989), "Gender and Rural Product", *Women in the Third
    World: Gender Issues in Rural and Urban Areas*, Aldershot.

Buttel, Friedrick H., Olaf F. Larson, and Gilbert W. Gillespie Jr.,(1990),
    The Sociology of Agriculture, Connecticut; Green Wood Press.

Carney, Judith, and Michael Watts(1991), "Disciplining Women? Rice, Mechanization, and the Evolution of Mandinka Gender Relations in Senegambia".

Chayanov, A, V.,(1996), *The Theory of Peasant Economy*, R. E. F. Smith, Daniel Thorner, and basile kerblay (edss). Homewood, IL.: Richard Irwin.

Deere, C.D(1987), "The Division of Labor by Sex in Agriculture", *The political Economy of Peasantry*, Dept. of Sociology, Univ, of Korea.

European Commission(1994), Final Report From The Commission on the Implementation of Council Directive of December 1986(86/613 /EEC) on the Application of The principle of Equal Treatment Between Men and Women Engaged in an Activity, Brussels.

European Commission(1997), "Assisting Spouses of the Self-Employed", Report of the Two Round Tables Organized by the European Commision, Brussels.

Frank, Ellis(1993), *Farm Housholds and Agrarian Development*, Cambridge University.

Henderson, Helen(1995), *Gender and Agricultural Development*, The University of Arizona Press.

Jones, Calvin, and Rachel Rosenfeld.,(1981), *American Farm Women: Findings from a Survey*, Nationa Opinion Reserch Center.

Kass, G(1980), "An exploratory technique for investigating large quantities of categorical data", *Applied Statistics*.

Nash, June(1988), "Implications of Technological Change for Household and Rural Develoment", *The Struggles of Latin American Women*, ed. Connie Weil.

Overbeek, G., S. Efstratoglou, M.S.Haugen and E. Saraceno(1998), "Labour Situation and Strategies of Farm Women in Diversified Rural Areas of Europe", Executive Summery(AIRCT94-2412), The Hague, LEI-DLO.

Quinlan, J. R(1993), *C4.5 programs for machine learning*, San Mateo, Morgan Kauf-mann.

Sachs, Carolyn E.,(1983), *The invisible farmers*, Totowa, NJ: Rowman and Allanheld.

Simpson, Ida Harper, John Wilson, and Kristina Young, "The sexual division of farm household labour: a replication and extention", *Rural Sociology 53(summer)*.

Stamp, Patrica(1990), *Technology, Gender, and Power in Africa*, Ottawa: International Development Research Centre.

<부 록>

Ⅰ. 설문 단순분석결과

〈일반사항〉

1. 조사대상자(농가여성)의 연령

단위: 명(%)

구 분	물걸리	율문리	계
20대	5(7.6)	1(2.0)	6(5.1)
30대	7(10.6)	13(25.5)	20(17.1)
40대	12(18.2)	18(35.3)	30(25.6)
50대	18(27.3)	10(19.6)	28(23.9)
60세 이상	24(36.3)	9(17.7)	33(28.3)
계	66(100.0)	51(100.0)	117(100.0)

2. 조사대상자가 생각하는 자기의 직업

단위: 명(%)

구 분	물걸리	뮬문리	계
주 부	2(3.0)	4(7.8)	6(5.1)
농 업	63(95.5)	46(90.2)	109(93.2)
기 타	1(1.5)	1(2.0)	2(1.7)
계	66(100.0)	51(100.0)	117(100.0)

3. 조사대상자의 결혼년도

단위: 명(%)

구 분	물걸리	율문리	계
1977년 이전(20년 이상)	50(75.8)	31(60.8)	81(69.2)
1978~1987년(10년 이상)	10(15.1)	14(27.4)	24(20.5)
1988년 이후(10년 미만)	6(9.1)	6(11.8)	12(10.3)
계	66(100.0)	51(100.0)	117(100.0)

4. 조사대상자의 학력

단위: 명(%)

구 분	물걸리	율문리	계
무 학	21(31.8)	7(13.7)	28(23.9)
초 등	28(42.4)	24(47.1)	52(44.4)
중 등	13(19.7)	11(21.6)	24(20.5)
고 등	4(6.1)	8(15.7)	12(10.3)
대학 이상	0	1(1.9)	1(0.9)
계	66(100.0)	51(100.0)	117(100.0)

5. 조사대상자의 종교

단위: 명(%)

구 분	물걸리	율문리	계
불 교	21(31.8)	25(49.0)	46(39.3)
기독교	6(9.1)	4(7.8)	10(8.6)
천주교	1(1.5)	0	1(0.9)
기 타	1(1.5)	1(2.0)	2(1.7)
없 음	37(56.1)	21(41.2)	58(49.5)
계	66(100.0)	51(100.0)	117(100.0)

6. 남편 생존여부

단위: 명(%)

구 분	물걸리	율문리	계
있다	56(84.9)	47(92.2)	103(88.0)
없다	10(15.1)	4(7.8)	14(12.0)
계	66(100.0)	51(100.0)	117(100.0)

7. 남편의 연령

단위: 명(%)

구 분	물걸리	율문리	계
20대	0	1(2.1)	1(1.0)
30대	6(10.7)	11(23.4)	17(16.5)
40대	17(30.4)	14(29.8)	31(30.1)
50대	12(21.4)	9(19.2)	21(20.4)
60세 이상	21(37.5)	12(25.5)	33(32.0)
계	56(100.0)	47(100.0)	103(100.0)

8. 남편의 학력

단위: 명(%)

구 분	물걸리	율문리	계
무 학	6(10.7)	3(6.4)	9(8.7)
초 등	27(48.2)	18(38.3)	45(43.7)
중 등	16(28.6)	8(17.0)	24(23.3)
고 등	5(8.9)	17(36.2)	22(21.4)
대학 이상	2(3.6)	1(2.1)	3(2.9)
계	56(100.0)	47(100.0)	103(100.0)

9. 남편의 종교

단위: 명(%)

구 분	물걸리	율문리	계
불 교	16(28.6)	22(46.8)	38(36.9)
기독교	4(7.1)	1(2.1)	5(4.8)
천주교	1(1.8)	0	1(1.0)
기 타	0	1(2.1)	1(1.0)
없 음	35(62.5)	23(48.9)	58(56.3)
계	56(100.0)	47(100.0)	103(100.0)

10. 생계책임자

단위: 명(%)

구 분	물걸리	율문리	계
본 인	10(15.2)	3(5.9)	13(11.1)
남 편	55(83.3)	46(90.1)	101(86.3)
시 부	0	1(2.0)	1(0.9)
아 들	1(1.5)	1(2.0)	2(1.7)
계	66(100.0)	51(100.0)	117(100.0)

11. 가구당 가족원수 분포(본인 포함)

단위: 호(%)

구 분	물걸리	율문리	계
1~2명	21(31.8)	10(19.6)	31(26.5)
3~4명	20(30.3)	19(37.3)	39(33.3)
5~6명	29(28.8)	15(29.4)	34(29.1)
7명 이상	6(9.1)	7(13.7)	13(11.1)
계	66(100.0)	51(100.0)	117(100.0)

12. 가구당 가족원수의 변화

단위: 호(%)

구 분	현 재	5년 전	10년 전
1~2명	31(26.5)	17(14.5)	10(8.5)
3~4명	39(33.3)	40(34.2)	43(36.8)
5~6명	34(29.1)	47(40.2)	43(36.8)
7명 이상	13(11.1)	13(11.1)	21(17.9)
계	117(100.0)	117(100.0)	117(100.0)
평 균	4.1명	4.5명	4.9명

13. 조사대상가구의 가족형태

단위: 호(%)

구 분	물걸리	율문리	계
단신가족	5(7.6)	0	5(4.3)
부부가족	14(21.2)	8(15.7)	22(18.8)
부부 + 자녀	25(37.9)	20(39.2)	45(38.5)
부부중1 + 자녀	3(4.5)	2(3.9)	5(4.3)
(편)부모 + 부부 + 자녀	14(21.2)	15(29.4)	29(24.8)
(편)부모 + 부부 중1 + 자녀	0	1(2.0)	1(0.8)
(편)부모 + (편)부부	1(1.5)	1(2.0)	2(1.7)
(편)부모 + 손자녀	1(1.5)	0	1(0.8)
기타 확대가족	3(4.6)	4(7.8)	7(6.0)
계	66(100.0)	51(100.0)	117(100.0)

14. 가구당 농사일 하는 사람 수

단위: 호(%)

구 분	물걸리	율문리	계
1~2명	56(84.8)	38(74.5)	94(80.3)
3~4명	10(15.2)	13(25.5)	23(19.7)
계	66(100.0)	51(100.0)	117(100.0)

15. 가구당 농사일 하는 사람 수의 변화

단위: 호(%)

구 분	현 재	5년 전	10년 전
1~2명	94(80.3)	81(69.2)	72(61.5)
3~4명	23(19.7)	35(29.9)	43(36.7)
5~6명	0	1(0.9)	1(0.9)
7명 이상	0	0	1(0.9)
계	117(100.0)	117(100.0)	117(100.0)
평 균	2.2명	2.4명	2.5명

16. 농사인원 증가사유

단위: 호(%)

구 분	물걸리	율문리	계
결 혼	2(66.7)	2(40.0)	4(50.0)
자녀 성장	1(33.3)	1(20.0)	2(25.0)
남편 귀농	0	1(20.0)	1(12.5)
기 타	0	1(20.0)	1(12.5)
계	3(100.0)	5(100.0)	8(100.0)

17. 농사인원 감소사유

단위: 호(%)

구 분	물걸리	율문리	계
남편 사망	6(22.2)	3(17.6)	9(20.5)
시부모 사망	2(7.4)	7(41.1)	9(20.5)
자녀 분가	13(48.1)	2(11.8)	15(34.1)
군 입대	0	2(11.8)	2(4.5)
취 업	4(14.8)	1(5.9)	5(11.4)
고 령	1(3.7)	2(11.8)	3(6.8)
기 타	1(3.7)	0	1(2.2)
계	27(100.0)	17(100.0)	44(100.0)

18. 아주머니 댁은 언제부터 농사를 지었나

단위: 명(%)

구 분	물걸리	율문리	계
10년 이내	1(1.5)	3(5.9)	4(3.4)
11~20년 이내	1(1.5)	5(9.8)	6(5.1)
21~30년 이내	1(1.5)	2(3.9)	3(2.6)
31년 이상	63(95.5)	41(80.4)	104(88.9)
계	66(100.0)	51(100.0)	117(100.0)

19. 조사대상농가의 경지규모별 분포(논, 밭 및 과수원)

단위: 명(%)

구 분	물걸리	율문리	계
0.5ha 이하	8(12.1)	17(33.3)	25(21.4)
0.5ha~1ha 이하	11(16.7)	17(33.3)	28(23.9)
1ha~1.5ha 이하	13(19.7)	11(21.6)	24(20.5)
1.5ha~2ha 이하	18(27.3)	1(2.0)	19(16.2)
2ha 초과	16(24.2)	5(9.8)	21(17.9)
계	66(100.0)	51(100.0)	117(100.0)

20. 경지면적 증감상황

단위: 명(%)

구 분	물걸리	율문리	계
그대로	35(53.0)	28(54.9)	63(53.8)
증 가	17(25.8)	17(33.3)	34(29.1)
감 소	14(21.2)	6(11.8)	20(17.1)
계	66(100.0)	51(100.0)	117(100.0)

21. 조사대상농가의 평균소득

단위: 천 원

구 분	물걸리	율문리	평 균
총수입	18,250	26,973	22,052
농사수입	16,998	23,571	19,863
농사 외 수입(기타수입포함)	1,252	3,402	2,189

22. 조사대상농가의 연간소득분포

단위: 호(%)

구 분	물걸리	율문리	계
500만 원 이하	5(7.6)	2(3.9)	7(6.0)
500~1,000만 원 이하	10(15.2)	7(13.7)	17(14.5)
1,000~2,000만 원 이하	29(43.9)	15(29.4)	44(37.6)
2,000~3,000만 원 이하	13(19.7)	8(15.7)	21(18.0)
3,000~4,000만 원 이하	5(7.6)	10(19.6)	15(12.8)
4,000 만 원 초과	4(6.0)	9(17.7)	13(11.1)
계	66(100.0)	51(100.0)	117(100.0)

23. 농작업종류별, 가족의 농사일 참여도

〈합산〉 단위: 명(%)

구 분	논농사	일반 밭농사	하우스 농사	계
주로 본인이	10(11.4)	18(18.8)	4(7.3)	32(13.4)
주로 남편이	46(52.2)	8(8.3)	4(7.3)	58(24.3)
부부가 비슷하게	29(33.0)	69(71.9)	44(80.0)	142(59.4)
다른 가족이	3(3.4)	1(1.0)	3(5.4)	7(2.9)
계	88(100.0)	96(100.0)	55(100.0)	239(100.0)

〈논농사〉

구 분	물걸리	율문리	계
주로 본인이	6(10.7)	4(12.5)	10(11.4)
주로 남편이	27(48.2)	19(59.4)	46(52.2)
부부가 비슷하게	21(37.5)	8(25.0)	29(33.0)
다른 가족이	2(3.6)	1(3.1)	3(3.4)
계	56(100.0)	32(100.0)	88(100.0)

〈일반밭농사〉

구 분	물걸리	율문리	계
주로 본인이	9(14.1)	9(28.1)	18(18.8)
주로 남편이	6(9.4)	2(6.3)	8(8.3)
부부가 비슷하게	48(75.0)	21(65.6)	69(71.9)
다른 가족이	1(1.5)	0	1(1.0)
계	64(100.0)	32(100.0)	96(100.0)

〈하우스 농사〉

구 분	물걸리	율문리	계
주로 본인이	1(5.3)	3(8.3)	4(7.3)
주로 남편이	0	4(11.1)	4(7.3)
부부가 비슷하게	17(89.4)	27(75.0)	44(80.0)
다른 가족이	1(5.3)	2(5.6)	3(5.4)
계	19(100.0)	36(100.0)	55(100.0)

24. 농기계 소유현황

단위: 대(%)

구 분	현 재			10년 전		
	물걸리	율문리	계	물걸리	율문리	계
경운기	48(72.7)	35(68.6)	83(70.9)	36(54.6)	26(51.0)	62(53.0)
양수기	41(62.1)	37(72.6)	78(66.7)	23(34.9)	32(62.8)	55(47.0)
인력분무기	63(95.5)	36(70.6)	99(84.6)	39(59.1)	29(56.9)	68(58.1)
동력분무기	46(69.7)	33(64.7)	79(67.5)	29(43.9)	27(52.9)	56(47.9)
이앙기	37(56.1)	9(17.7)	46(39.3)	13(19.7)	3(5.9)	16(13.7)
동력탈곡기	25(37.9)	0	25(21.4)	14(21.2)	2(3.9)	16(13.7)
파종기	2(3.0)	1(2.0)	3(2.6)	0	0	0
콤바인	7(10.6)	1(2.0)	8(6.8)	0	0	0
트랙터	15(22.7)	13(25.5)	28(23.9)	1(1.5)	0	1(0.9)
바인더	13(19.7)	1(2.0)	14(12.0)	3(4.6)	4(7.8)	7(6.0)

25. 도시의 보통가정과 비교한 생활만족도

단위: 명(%)

구 분	물걸리	율문리	계
아주 잘 사는 편	1(1.5)	1(2.0)	2(1.7)
잘 사는 편	9(13.6)	4(7.8)	13(11.1)
비슷하다	18(27.3)	30(58.8)	48(41.0)
못사는 편	27(40.9)	14(27.5)	41(35.0)
아주 못사는 편	11(16.7)	2(3.9)	13(11.1)
계	66(100.0)	51(100.0)	117(100.0)

26. 조사대상농가의 부채규모

단위: 호(%)

구 분	물걸리	율문리	계
없음	10(15.1)	6(11.8)	16(13.7)
500만 원 이하	12(18.2)	12(23.5)	24(20.5)
500~1,000만 원 이하	12(18.2)	1(2.0)	13(11.1)
1,000~2,000만 원 이하	11(16.7)	10(19.6)	21(17.9)
2,000~3,000만 원 이하	11(16.7)	4(7.8)	15(12.8)
3,000~5,000만 원 이하	6(9.1)	13(25.5)	19(16.2)
5,000만 원 초과	4(6.0)	5(9.8)	9(7.7)
계	66(100.0)	51(100.0)	117(100.0)

27. 부채의 증감 정도

단위: 호(%)

구 분	물걸리	율문리	계
훨씬 줄었다	13(20.0)	5(10.4)	18(15.9)
약간 줄었다	1(1.5)	2(4.2)	3(2.7)
전과 비슷하다	7(10.8)	13(27.1)	20(17.7)
약간 늘었다	6(9.2)	11(22.9)	17(15.0)
훨씬 늘었다	38(58.5)	17(35.4)	55(48.7)
계	65(100.0)	48(100.0)	113(100.0)

28. 기상시간

단위: 명(%)

구 분	농번기		보통 때		겨울 농한기	
	부 인	남 편	부 인	남 편	부 인	남 편
오전 4시 이전	19(16.2)	10(9.7)	1(0.8)		2(1.7)	
4시30분 이전	12(10.3)	16(15.5)	1(0.8)	1(1.0)	1(0.9)	2(1.9)
5시 이전	45(38.4)	40(38.8)	16(13.7)	17(16.5)	7(6.0)	5(4.9)
5시30분 이전	15(12.8)	15(14.6)	14(12.0)	11(10.7)	4(3.4)	3(2.9)
6시 이전	23(19.7)	17(16.5)	58(49.6)	43(41.7)	38(32.5)	30(29.1)
6시30분 이전	1(0.9)	4(3.9)	12(10.3)	11(10.7)	20(17.1)	18(17.5)
7시 이전	2(1.7)	1(1.0)	13(11.1)	18(17.5)	37(31.6)	29(28.2)
7시30분 이전			1(0.8)	1(1.0)	4(3.4)	6(5.8)
7시30분 이후			1(0.8)	1(1.0)	4(3.4)	10(9.7)
계	117(100.0)	103(100.0)	117(100.0)	103(100.0)	117(100.0)	103(100.0)

29. 취침시간

단위: 명(%)

구 분	농번기		보통 때		겨울농한기	
	부 인	남 편	부 인	남 편	부 인	남 편
오후 8시 이전	1(0.8)	3(2.9)	4(3.4)	6(5.8)	5(4.3)	9(8.7)
8시30분 이전	1(0.8)	2(1.9)	1(0.9)	2(1.9)	2(1.7)	2(1.9)
9시 이전	17(14.5)	10(9.7)	26(22.2)	28(27.2)	21(18.0)	22(21.4)
9시30분 이전	2(1.7)	5(4.9)	7(6.0)	7(6.8)	7(6.0)	7(6.8)
10시 이전	32(27.4)	34(33.0)	45(38.5)	30(29.1)	41(35.0)	31(30.1)
10시30분 이전	11(9.4)	14(13.6)	8(6.8)	8(7.8)	8(6.8)	5(4.9)
11시 이전	34(29.1)	26(25.2)	21(18.0)	16(15.5)	23(19.7)	17(16.5)
11시30분 이전	5(4.3)	2(1.9)	1(0.8)	1(1.0)	3(2.6)	3(2.9)
11시30분 이후	14(12.0)	7(6.8)	4(3.4)	5(4.9)	7(6.0)	7(6.8)
계	117(100.0)	103(100.0)	117(100.0)	103(100.0)	117(100.0)	103(100.0)

〈농업노동상황〉

30. 농사일 참여 여부

단위: 명(%)

구 분	물걸리	율문리	계
농사일 한다	65(98.5)	50(98.0)	115(98.3)
농사일 안한다	1(1.5)	1(2.0)	2(1.7)
계	66(100.0)	51(100.0)	117(100.0)

31. 농사일 참여의 정도

단위: 명(%)

구 분	물걸리	율문리	계
전적으로 맡아서 일한다	11(16.9)	5(10.0)	16(13.9)
다른 가족과 비슷하게 한다	37(56.9)	38(76.0)	75(65.2)
다른 가족을 돕는 정도이다	13(20.0)	5(10.0)	18(15.7)
아주 조금밖에 안한다	4(6.2)	2(4.0)	6(5.2)
계	65(100.0)	50(100.0)	115(100.0)

32. 농사일이 좋은지 싫은지

단위: 명(%)

구 분	물걸리	율문리	계
매우 싫다	10(15.6)	4(8.0)	14(12.3)
약간 싫다	8(12.5)	14(28.0)	22(19.3)
그저 그렇다	27(42.2)	25(50.0)	52(45.6)
약간 좋다	12(18.8)	4(8.0)	16(14.0)
매우 좋다	7(10.9)	3(6.0)	10(8.8)
계	64(100.0)	50(100.0)	114(100.0)

33. 언제부터 직접 농사를 지었나

단위: 명(%)

구 분	물걸리	율문리	계
1977년 이전(20년 이전)	46(70.8)	25(50.0)	71(61.7)
1978~1987년(10년 이전)	10(15.4)	15(30.0)	25(21.7)
1988년 이후(10년 이내)	9(13.8)	10(20.0)	19(16.5)
계	65(100.0)	50(100.0)	115(100.0)

34. 농가여성이 직접 농사일을 하는 이유 (1, 2순위합산)

단위: 명(%)

구 분	물걸리	율문리	계
일손부족	36(37.9)	31(36.5)	67(37.2)
일이 좋아서	7(7.4)	2(2.3)	9(5.0)
여가 이용	5(5.2)	7(8.2)	12(6.7)
돈을 더 벌려고	30(31.6)	40(47.1)	70(38.9)
남편이 권해서	3(3.2)	5(5.9)	8(4.4)
기 타	14(14.7)	0	14(7.8)
계	95(100.0)	85(100.0)	180(100.0)

35. 10년 전과 비교한 농가여성의 농사일

단위: 명(%)

구 분	물걸리	율문리	계
훨씬 줄었다	12(21.4)	7(17.5)	19(19.8)
약간 줄었다	6(10.7)	6(15.0)	12(12.5)
전과 비슷하다	11(19.7)	10(25.0)	21(21.8)
약간 늘었다	6(10.7)	8(20.0)	14(14.6)
훨씬 늘었다	21(37.5)	9(22.5)	30(31.3)
계	56(100.0)	40(100.0)	96(100.0)

36. 10년 전과 비교, 농사일 줄어든 이유 (1, 2순위합산)

단위: 명(%)

구 분	물걸리	율문리	계
경작면적 감소	7(24.1)	4(21.0)	11(22.9)
농사 기계화	13(44.9)	4(21.0)	17(35.4)
노동력을 사서함	2(6.9)	4(21.0)	6(12.5)
노동 회피	2(6.9)	1(5.3)	3(6.3)
농사법 개선	3(10.3)	4(21.0)	7(14.6)
다른 가족 도움	0	1(5.3)	1(2.1)
기 타	2(6.9)	1(5.3)	3(6.3)
계	29(100.0)	19(100.0)	48(100.0)

37. 10년 전과 비교, 농사일 늘어난 이유(1, 2순위합산)

단위: 명(%)

구 분	물걸리	율문리	계
경작면적 증가	9(20.9)	7(26.9)	16(23.2)
논농사 때문	1(2.3)	0	1(1.5)
일반밭농사 때문	2(4.7)	2(7.7)	4(5.8)
하우스 농사 때문	6(14.0)	10(38.5)	16(23.2)
새로운 작물재배	11(25.5)	3(11.5)	14(20.2)
품삯일 때문	7(16.3)	1(3.9)	8(11.6)
일할 식구 감소	7(16.3)	3(11.5)	10(14.5)
계	43(100.0)	26(100.0)	9(100.0)

38. 농사일에 대한 앞으로의 계획

단위: 명(%)

구 분	물걸리	율문리	계
경제적 여유가 생기면 안하겠다	19(28.8)	18(35.3)	37(31.6)
여유가 생겨도 농사일하겠다	42(63.6)	31(60.8)	73(62.4)
모르겠다	5(7.6)	2(3.9)	7(6.0)
계	66(100.0)	51(100.0)	117(100.0)

39. 10년 전과 비교한 남편의 농사일

단위: 명(%)

구 분	물걸리	율문리	계
훨씬 줄었다	13(27.6)	5(13.5)	18(21.4)
약간 줄었다	7(14.9)	2(5.4)	9(10.7)
전과 비슷	7(14.9)	14(37.8)	21(25.0)
약간 늘었다	6(12.8)	9(24.3)	15(17.9)
훨씬 늘었다	14(29.8)	7(18.9)	21(25.0)
계	47(100.0)	37(100.0)	84(100.0)

40. 10년 전과 비교, 남편의 농사일이 줄어든 이유(1, 2순위합산)

단위: 명(%)

구 분	물걸리	율문리	계
경작면적감소	8(26.7)	2(20.0)	10(25.0)
농사기계화	14(46.7)	2(20.0)	16(40.0)
노동력을 사므로	1(3.3)	1(10.0)	2(5.0)
일을 안해서	2(6.7)	1(10.0)	3(7.5)
농사법 개선	4(13.3)	1(10.0)	5(12.5)
다른 가족 도움	0	1(10.0)	1(2.5)
기 타	1(3.3)	2(20.0)	3(7.5)
계	30(100.0)	10(100.0)	40(100.0)

41. 10년 전과 비교, 남편의 농사일이 늘어난 이유(1, 2순위합산)

단위: 명(%)

구 분	물걸리	율문리	계
경작면적증가	8(24.2)	7(28.0)	15(25.9)
논농사 때문	1(3.0)	1(4.0)	2(3.4)
일반 밭농사 때문	3(9.1)	3(12.0)	6(10.3)
하우스 농사 때문	6(18.2)	11(44.0)	17(29.3)
새로운 작물재배 때문	11(33.3)	1(4.0)	12(20.7)
품삯일 때문	2(6.1)	1(4.0)	3(5.2)
노동력감소	2(6.1)	1(4.0)	3(5.2)
계	33(100.0)	25(100.0)	58(100.0)

42. 영농형태별, 작업단계별 분업체계

단위: 명(%)

구 분	논농사			일반밭농사			하우스 농사		
	주로 부인이	주로 남편이	서로 비슷	주로 부인이	주로 남편이	서로 비슷	주로 부인이	주로 남편이	서로 비슷
논/밭갈이	8(16.7)	32(66.7)	8(16.7)	5(17.9)	20(71.4)	3(10.7)	1(3.0)	30(90.9)	2(6.1)
씨앗심기	10(21.7)	11(23.9)	25(54.4)	7(25.0)	4(14.3)	17(60.7)	10(31.3)	6(18.8)	16(50.0)
모내기	8(16.7)	18(27.5)	22(45.8)	3(15.0)	4(20.0)	13(65.0)	4(12.1)	12(36.4)	17(51.5)
농약살포	8(16.7)	19(39.6)	21(43.8)	5(17.9)	11(39.3)	12(42.9)	1(3.1)	21(65.6)	10(31.3)
김매기	15(31.3)	10(20.8)	23(47.9)	15(53.6)	1(3.6)	12(42.9)	14(42.4)	2(6.1)	17(51.5)
수확하기	8(16.3)	13(26.5)	28(57.1)	8(28.6)	0	20(71.4)	4(12.1)	2(6.1)	27(81.8)
건조하기	10(20.0)	7(14.3)	32(65.3)	6(46.2)	0	7(53.8)	1(33.3)	0	2(66.7)
선별포장	9(20.0)	12(26.7)	24(53.3)	11(44.0)	3(12.0)	11(44.0)	12(36.4)	4(12.1)	17(51.5)
판매	10(20.8)	25(52.1)	13(27.1)	7(25.0)	16(57.1)	5(17.9)	2(6.1)	15(45.5)	16(48.5)

43. 품앗이 참여 여부

단위: 명(%)

구 분	물걸리	율문리	계
경험 있다	49(74.2)	34(66.7)	83(70.9)
경험 없다	17(25.8)	17(33.3)	34(29.1)
계	66(100.0)	51(100.0)	117(100.0)

44. 품앗이 작업의 종류

단위: 명(%)

구 분	물걸리	율문리	계
논/밭갈이	1(2.0)	0	1(1.2)
씨뿌리기(파종)	15(30.6)	10(29.4)	25(30.1)
모내기(모종)	11(22.5)	15(44.1)	26(31.3)
김매기	12(24.5)	6(17.7)	18(21.7)
수확하기	2(4.1)	1(2.9)	3(3.6)
농작업 전부	8(16.3)	2(5.9)	10(12.0)
계	49(100.0)	34(100.0)	83(100.0)

45. 10년 전과 비교한 품앗이

단위: 명(%)

구 분	물걸리	율문리	계
훨씬 줄었다	30(63.8)	7(25.0)	37(49.3)
약간 줄었다	6(12.8)	2(7.1)	8(10.7)
전과 비슷하다	8(17.0)	9(32.2)	17(22.7)
약간 늘었다	2(4.3)	6(21.4)	8(10.7)
훨씬 늘었다	1(2.1)	4(14.3)	5(6.6)
계	47(100.0)	28(100.0)	75(100.0)

46. 10년 전과 비교, 품앗이 줄어든 이유

단위: 명(%)

구 분	물걸리	율문리	계
영농 기계화	19(52.8)	5(62.5)	24(54.5)
자기일이 많아서	10(27.8)	1(12.5)	11(25.0)
노령화/ 건강	4(11.1)	1(12.5)	5(11.4)
기 타	3(8.3)	1(12.5)	4(9.1)
계	36(100.0)	8(100.0)	44(100.0)

47. 10년 전과 비교, 품앗이 늘어난 이유

단위: 명(%)

구 분	물걸리	율문리	계
인건비 절감	1(33.3)	2(20.0)	3(23.1)
일손부족	2(66.7)	4(40.0)	6(46.1)
하우스 농사 증가	0	3(30.0)	3(23.1)
기 타	0	1(10.0)	1(7.7)
계	3(100.0)	10(100.0)	13(100.0)

48. 품앗이는 주로 누가하나

단위: 명(%)

구 분	물걸리	율문리	계
주로 부인	19(32.2)	18(41.9)	37(36.3)
부부가 비슷	29(49.1)	16(37.2)	45(44.1)
주로 남편	7(11.9)	9(20.9)	16(15.7)
기타 가족	4(6.8)	0	4(3.9)
소 계	59(100.0)	43(100.0)	102(100.0)
품앗이 없다	7(10.6)	8(15.7)	15(12.8)
계	66(100.0)	51(100.0)	117(100.0)

49. 품삯일 참여 여부

단위: 명(%)

구 분	물걸리	율문리	계
한 다	43(65.2)	15(29.4)	58(49.6)
안한다	23(34.8)	36(70.6)	59(50.4)
계	66(100.0)	51(100.0)	117(100.0)

50. 품삯일 작업의 종류

단위: 명(%)

구 분	물걸리	율문리	계
논/밭갈이	2(4.7)	0	2(3.5)
파 종	5(11.6)	1(7.1)	6(10.5)
모내기(모종)	4(9.3)	2(14.3)	6(10.5)
농약살포	0	0	0
김매기	10(23.3)	4(28.6)	14(24.6)
수 확	8(18.6)	4(28.6)	12(21.0)
선별 포장	1(2.3)	2(14.3)	3(5.3)
농사일 전부	13(30.2)	1(7.1)	14(24.6)
계	43(100.0)	14(100.0)	57(100.0)

51. 품삯일 하는 이유

단위: 명(%)

구 분	물걸리	율문리	계
생활이 어려워서	19(44.2)	4(26.7)	23(39.6)
돈이 더 필요해서	24(55.8)	8(53.3)	32(55.2)
시간적 여유가 있어서	0	3(20.0)	3(5.2)
계	43(100.0)	15(100.0)	58(100.0)

52. 10년 전과 비교한 품삯일

단위: 명(%)

구 분	물걸리	율문리	계
훨씬 줄었다	7(16.7)	6(37.5)	13(22.4)
약간 줄었다	5(11.9)	3(18.8)	8(13.8)
전과 비슷하다	5(11.9)	2(12.5)	7(12.1)
약간 늘었다	3(7.1)	2(12.5)	5(8.6)
훨씬 늘었다	22(52.4)	3(18.8)	25(43.1)
계	42(100.0)	16(100.0)	58(100.0)

53. 10년 전과 비교, 품삯일 줄어든 이유

단위: 명(%)

구 분	물걸리	율문리	계
영농기계화	4(36.4)	5(55.6)	9(45.0)
자기농사가 많아서	2(18.2)	0	2(10.0)
노령화(건강)	4(36.4)	3(33.3)	7(35.0)
기 타	1(9.0)	1(11.1)	2(10.0)
계	11(100.0)	9(100.0)	20(100.0)

54. 10년 전과 비교, 품삯일 늘어난 이유

단위: 명(%)

구 분	물걸리	율문리	계
생활이 어려워	22(84.6)	2(50.0)	24(80.0)
인력부족	2(7.7)	0	2(6.7)
하우스 농사	1(3.8)	1(25.0)	2(6.7)
기 타	1(3.8)	1(25.0)	2(6.7)
계	26(100.0)	4(100.0)	30(100.0)

55. 품삯일은 주로 누가하나

단위: 명(%)

구 분	물걸리	율문리	계
주로 부인	29(53.7)	11(47.8)	40(51.9)
부부 비슷	16(29.6)	2(8.7)	18(23.4)
주로 남편	4(7.4)	10(43.5)	14(18.2)
기타 가족	5(9.3)	0	5(6.5)
소 계	54(100.0)	23(100.0)	77(100.0)
품삯일 없다	12(18.2)	28(54.9)	40(34.2)
계	66(100.0)	51(100.0)	117(100.0)

〈농외소득 상황〉

56. 농외취업여부

단위: 명(%)

구 분	물걸리	율문리	계
한 다	1(1.5)	4(7.8)	5(4.3)
안한다	65(98.5)	47(92.2)	112(95.7)
계	66(100.0)	51(100.0)	117(100.0)

57. 농외취업을 안하는 이유

단위: 명(%)

구 분	물걸리	율문리	계
농사일이 바빠서	18(28.1)	28(59.6)	46(41.5)
마땅한 일자리 없어서	39(60.9)	5(10.6)	44(39.6)
고령화/건강 때문에	4(6.3)	6(12.8)	10(9.0)
집안일이 많아서	3(4.7)	5(10.6)	8(7.2)
남편이 원치 않아서	0	3(6.4)	3(2.7)
계	64(100.0)	47(100.0)	111(100.0)

〈가사활동 상황〉

58. 가사일 참여의 정도

단위: 명(%)

구 분	물걸리	율문리	계
거의 혼자 한다	35(53.0)	28(54.9)	63(53.8)
80% 정도 담당	21(31.8)	20(39.2)	41(35.0)
50% 정도 담당	8(12.1)	2(3.9)	10(8.5)
30% 정도 담당	2(3.0)	0	2(1.7)
거의 안한다	0	1(2.0)	1(0.9)
계	66(100.0)	51(100.0)	117(100.0)

59. 가사일이 어떻습니까

단위: 명(%)

구 분	물걸리	율문리	계
매우 싫다	3(4.6)	3(5.9)	6(5.1)
약간 싫다	10(15.1)	12(23.5)	22(18.8)
그저 그렇다	34(51.5)	30(58.8)	64(54.7)
약간 좋다	12(18.2)	2(3.9)	14(12.0)
매우 좋다	7(10.6)	4(7.8)	11(9.4)
계	66(100.0)	51(100.0)	117(100.0)

60. 남편도 가사일을 분담해야 하나

단위: 명(%)

구 분	물걸리	율문리	계
남편도 똑같이 해야	11(17.2)	4(7.8)	15(13.0)
많이 도와야 한다	17(26.6)	6(58.8)	23(20.0)
가끔 도와주면 된다	33(51.5)	30(11.8)	63(54.8)
남편은 농사일이나 바깥일만 하면 된다	3(4.7)	11(21.6)	14(12.2)
계	64(100.0)	51(100.0)	115(100.0)

61. 남편의 가사일 참여도

단위: 명(%)

구 분	물걸리	율문리	계
많이 돕는다	10(17.9)	10(21.3)	20(19.4)
조금 돕는다	23(41.1)	10(21.3)	33(32.0)
거의 돕지 않는다	22(39.3)	22(46.8)	44(42.7)
전혀 돕지 않는다	1(1.7)	5(10.6)	6(5.8)
계	56(100.0)	47(100.0)	103(100.0)

62. 10년 전과 비교한 가사일

단위: 명(%)

구 분	물걸리	율문리	계
훨씬 편해졌다	33(57.9)	18(43.9)	51(52.0)
약간 편해졌다	13(22.8)	9(22.0)	22(22.5)
전과 비슷하다	5(8.8)	11(26.8)	16(16.3)
약간 힘들어졌다	1(1.7)	1(2.4)	2(2.0)
훨씬 힘들어졌다	5(8.8)	2(4.9)	7(7.1)
계	57(100.0)	41(100.0)	98(100.0)

63. 10년 전과 비교, 가사일이 편해진 이유

단위: 명(%)

구 분	물걸리	율문리	계
농사일이 줄어서	0	0	0
가전제품보급	32(69.6)	10(37.0)	42(57.5)
주택/부엌개량	14(30.4)	15(55.6)	29(39.7)
가공식품 등 생활편리	0	1(3.7)	1(1.4)
식구가 줄어서	0	1(3.7)	1(1.4)
계	46(100.0)	27(100.0)	73(100.0)

64. 10년 전과 비교, 가사일이 힘들어진 이유

단위: 명(%)

구 분	물걸리	율문리	계
농사일이 많아져서	2(33.3)	2(66.7)	4(44.4)
자녀들 뒷바라지	0	1(33.3)	1(11.1)
나이들어서	4(66.7)	0	4(44.4)
계	6(100.0)	3(100.0)	9(100.0)

〈농기계 관련〉

65. 농기계를 직접 다루는지 여부

단위: 명(%)

구 분	물걸리	율문리	계
예	5(7.6)	1(2.0)	6(5.1)
아니오	61(92.4)	50(98.0)	111(94.9)
계	66(100.0)	51(100.0)	117(100.0)

66. 다루어 본 농기계

단위: 명(%)

구 분	물걸리	율문리	계
경운기	3(60.0)	1(100)	4(66.6)
분무기	1(20.0)	0	1(16.7)
트랙터	1(20.0)	0	1(16.7)
계	5(100.0)	1(100.0)	6(100.0)

67. 농기계를 안 다루는 이유

단위: 명(%)

구 분	물걸리	율문리	계
기계가 없어서	3(5.0)	6(11.8)	9(8.1)
사용법을 몰라서	20(33.3)	11(21.6)	31(27.9)
여자가 다루기 힘들어	21(35.0)	12(23.5)	33(29.7)
여자가 할 일이 아님	8(13.3)	5(9.8)	13(11.7)
농기계는 남편이 전담	8(13.3)	16(31.4)	24(21.6)
기 타	0	1(1.9)	1(0.9)
계	60(100.0)	51(100.0)	111(100.0)

68. 농기계보급으로 남편의 일은

단위: 명(%)

구 분	물걸리	율문리	계
훨씬 편해졌다	48(85.7)	24(53.3)	72(71.3)
약간 편해졌다	8(14.3)	18(40.0)	26(25.7)
별로 편해지지 않았다	0	2(4.5)	2(2.0)
오히려 힘들어 졌다	0	1(2.2)	1(1.0)
계	56(100.0)	45(100.0)	101(100.0)

69. 농기계 보급으로 농가여성의 일은

단위: 명(%)

구 분	물걸리	율문리	계
훨씬 편해졌다	45(69.2)	16(32.0)	61(53.0)
약간 편해졌다	16(24.6)	20(40.0)	36(31.3)
별로 편해지지 않았다	3(4.6)	14(28.0)	17(14.8)
오히려 힘들어졌다	1(1.5)	0	1(0.9)
계	65(100.0)	50(100.0)	115(100.0)

70. 농기계 보급으로 농가여성이 편해진 일은

단위: 명(%)

구 분	물걸리	율문리	계
농사일	60(100)	34(91.9)	94(96.9)
농외취업	0	1(2.7)	1(1.0)
가사일	0	2(5.4)	2(2.1)
계	60(100.0)	37(100.0)	97(100.0)

71. 농기계 때문에 농가여성이 편해진 이유

단위: 명(%)

구 분	물걸리	율문리	계
시산이 남는 남편이 도와줘서	16(45.7)	25(83.3)	41(63.1)
직접 기계를 다루므로	3(8.6)	0	3(4.6)
기 타	16(45.7)	5(16.7)	21(32.3)
계	35(100.0)	30(100.0)	65(100.0)

72. 농기계가 들어와서 도움이 안되는 이유(1, 2순위합산)

단위: 명(%)

구 분	물걸리	율문리	계
여자들 일은 주로 손작업임으로	2(33.3)	12(66.7)	14(58.3)
기계사용으로 오히려 농사일이 늘어서	1(16.7)	3(16.7)	4(16.7)
기계조작이 어려워서	3(50.0)	2(11.1)	5(20.8)
농사일이 편해진 만큼 농외일을 하므로	0	1(5.5)	1(4.2)
계	6(100.0)	18(100.0)	24(100.0)

〈노동관련 종합〉

73. 농업에 대한 만족도

단위: 명(%)

구 분	물걸리	율문리	계
매우 만족	3(4.6)	4(7.8)	7(6.0)
대체로 만족	22(33.8)	13(25.5)	35(30.2)
그저 그렇다	26(40.0)	30(58.8)	56(48.3)
약간 불만	7(10.8)	4(7.8)	11(9.5)
매우 불만	7(10.8)	0	7(6.0)
계	65(100.0)	51(100.0)	116(100.0)

74. 일(농사일, 농외취업, 가사일)이 힘드는지 여부

단위: 명(%)

구 분	물걸리	율문리	계
너무 힘들다	25(38.5)	27(52.9)	52(44.8)
약간 힘들다	23(35.4)	20(39.2)	43(37.1)
그저 그렇다	16(24.6)	4(7.9)	20(17.2)
쉬운 편이다	1(1.5)	0	1(0.9)
아주 쉽다	0	0	0
계	65(100.0)	51(100.0)	116(100.0)

75. 일이 힘들다면 어떤 일 때문?

단위: 명(%)

구 분	물걸리	율문리	계
농사일	43(89.6)	43(91.4)	86(90.5)
농외취업	0	2(4.3)	2(2.1)
가 사	2(4.2)	2(4.3)	4(4.2)
기 타	3(6.2)	0	3(3.2)
계	48(100.0)	47(100.0)	95(100.0)

76. 여가시간에 하는 일은

단위: 명(%)

구 분	물걸리	율문리	계
특별한 일 없다	6(9.1)	5(9.8)	11(9.4)
신문, 잡지, 책구독	6(9.1)	3(5.8)	9(7.7)
TV, 라디오 시청	45(68.2)	26(51.0)	71(60.7)
이웃과 논다	5(7.6)	11(21.6)	16(13.7)
잠잔다	0	4(7.8)	4(3.4)
농산물 팔러간다	1(1.50	1(2.0)	2(1.7)
농외소득 올릴 일	3(4.5)	1(2.0)	4(3.40
계	66(100.0)	51(100.0)	117(100.0)

77. 시간적 여유가 생기면 제일 하고 싶은 일은

단위: 명(%)

구 분	물걸리	율문리	계
농사일을 더	3(4.5)	3(5.9)	6(5.1)
농외취업	17(25.8)	6(11.8)	23(19.7)
농산물 판매	0	1(2.0)	1(0.9)
자녀들과 함께	11(16.7)	15(29.4)	26(22.2)
나 자신을 위해	9(13.6)	16(31.3)	25(21.4)
집안일	13(19.7)	6(11.8)	19(16.2)
부녀활동/사회활동	1(1.5)	1(2.0)	2(1.7)
그냥 쉬고 싶다	12(18.2)	3(5.9)	15(12.8)
계	66(100.0)	51(100.0)	117(100.0)

78. 일(농사일, 가사일 및 농외취업)에 대한 생각

단위: 명(%)

구 분	물걸리	율문리	계
능력만 있으면 적극적으로 일해야 한다	24(36.4)	12(23.5)	36(30.8)
어느 정도는 하는 게 좋다	21(31.8)	17(33.3)	38(32.5)
여자는 집안일만 하면 좋겠다	12(18.2)	11(21.6)	23(19.6)
모르겠다	9(13.6)	11(21.6)	20(17.1)
계	66(100.0)	51(100.0)	117(100.0)

79. 댁에서 누가 가장 일을 많이 하나

단위: 명(%)

구 분	물걸리	율문리	계
본 인	30(45.4)	19(37.3)	49(41.9)
남 편	32(48.5)	27(52.9)	59(50.4)
시 부	4(6.1)	2(3.9)	6(5.1)
본인과 남편이 같다	0	3(5.9)	3(2.6)
계	66(100.0)	51(100.0)	117(100.0)

80. 부인의 가사일 이외의 일에 대한 남편의 태도

단위: 명(%)

구 분	물걸리	율문리	계
적극 권장	13(23.2)	11(23.4)	24(23.3)
약간 권장	29(51.8)	22(46.8)	51(49.5)
약간 반대	7(12.5)	11(23.4)	18(17.5)
적극 반대	0	1(2.1)	1(1.0)
모르겠다	7(12.5)	2(4.3)	9(8.7)
계	56(100.0)	47(100.0)	103(100.0)

81. 가사일 이외에 남편이 특히 권하는 일

단위: 명(%)

구 분	물걸리	율문리	계
농사일	28(66.6)	27(81.8)	55(73.4)
농외취업	2(4.8)	1(3.0)	3(4.0)
사회활동	1(2.4)	3(9.1)	4(5.3)
전부 다	11(26.2)	2(6.1)	13(17.3)
계	42(100.0)	33(100.0)	75(100.0)

82. 남편이 일을 반대한다면 특히 어떤 일

단위: 명(%)

구 분	물걸리	율문리	계
농사일	2(28.6)	2(16.7)	4(21.1)
농외취업	2(28.6)	8(66.7)	10(52.6)
사회활동	1(14.3)	1(8.3)	2(10.5)
전부 다	2(28.6)	1(8.3)	3(15.8)
계	7(100.0)	12(100.0)	19(100.0)

83. 한 가지 일만 선택한다면

단위: 명(%)

구 분	물걸리	율문리	계
농사일	14(21.2)	6(11.8)	20(17.1)
농외취업	10(15.2)	6(11.8)	16(13.7)
가사일	42(63.6)	39(76.4)	81(69.2)
계	66(100.0)	51(100.0)	117(100.0)

84. 10년 전과 비교, 크게 증가한 활동

단위: 명(%)

구 분	물걸리	율문리	계
농사일	43(78.2)	30(73.1)	73(76.0)
농외취업	1(1.8)	2(4.9)	3(3.1)
가사일	9(16.4)	7(17.1)	16(16.7)
농산물 판매	0	2(4.9)	2(2.1)
기타 소득활동	2(3.6)	0	2(2.1)
계	55(100.0)	41(100.0)	96(100.0)

85. 그 밖의 활동 추이

단위: 명

구 분	물걸리		율문리		계		10년 전과 비교 (부인의 활동)	
	부인이	남편이	부인이	남편이	부인이	남편이	물걸리	율문리
컴퓨터	0	1	3	3	3	4	0	3
영농설계	16	39	16	26	32	65	6	6
영농자금관리	22	40	21	26	43	66	6	4
영농일지기록	4	22	10	19	14	41	1	4
생활자금관리	49	13	35	15	84	28	7	5
가계부기록	19	3	20	1	39	4	5	4
회계처리	8	8	11	7	19	15	2	6
농사정보취득	9	34	15	27	24	61	1	6
영농기술교육	9	28	5	32	14	60	3	2
농기계교육	2	25	3	23	5	48	0	2

주: 10년 전과 비교: 10년 전 또는 결혼 전까지는 하지 않았으나 지금은 하고 있는 농가 부인수.

86. 농촌여성들의 노동이 옛날에 비해 어떠한가

단위: 명(%)

구 분	물걸리	율문리	계
훨씬 편해졌다	48(72.7)	20(39.2)	68(58.1)
약간 편해졌다	12(18.2)	15(29.4)	27(23.1)
전과 비슷하다	2(3.0)	5(9.8)	7(6.0)
약간 힘들어졌다	1(1.5)	6(11.8)	7(6.0)
훨씬 힘들어졌다	3(4.6)	5(9.8)	8(6.8)
계	66(100.0)	51(100.0)	117(100.0)

87. 옛날과 비교, 농촌여성이 편해졌다고 생각하는 이유

단위: 명(%)

구 분	물걸리	율문리	계
영농기계화	27(45.0)	21(60.0)	48(50.5)
가전제품	26(43.3)	8(22.8)	34(35.8)
주택/부엌 개선	6(10.0)	4(11.4)	10(10.5)
식구 감소	0	1(2.9)	1(1.1)
영농시설/기술개선	1(1.7)	1(2.9)	2(2.1)
계	60(100.0)	35(100.0)	95(100.0)

88. 옛날과 비교, 농촌여성이 힘들어졌다고 생각하는 이유

단위: 명(%)

구 분	물걸리	율문리	계
일손부족	0	3(30.0)	3(21.4)
하우스 농사	0	4(40.0)	4(28.6)
작목증가	1(25.0)	0	1(7.1)
고령화	2(50.0)	1(10.0)	3(21.4)
농외취업	0	0	0
가사와 농사겸업	1(25.0)	1(10.0)	2(14.3)
기 타	0	1(10.0)	1(7.2)
계	4(100.0)	10(100.0)	14(100.0)

〈농산물 판매〉

89. 농가의 농산물 판매여부

단위: 명(%)

구 분	물걸리	율문리	계
그렇다	61(92.4)	47(92.2)	108(92.3)
아니다	5(7.6)	4(7.8)	9(7.7)
계	66(100.0)	51(100.0)	117(100.0)

90. 10년 전과 비교한 농산물 판매량

단위: 명(%)

구 분	물걸리	율문리	계
훨씬 줄었다	5(9.6)	6(15.4)	11(12.1)
약간 줄었다	1(1.9)	5(12.8)	6(6.6)
전과 비슷하다	15(28.9)	9(23.1)	24(26.4)
약간 늘었다	10(19.2)	8(20.5)	18(19.8)
훨씬 늘었다	21(40.4)	11(28.2)	32(35.1)
계	52(100.0)	39(100.0)	91(100.0)

91. 농가여성의 직접 판매여부

단위: 명(%)

구 분	물걸리	율문리	계
그렇다	14(21.5)	16(31.4)	30(25.9)
아니다	51(78.5)	35(68.6)	86(74.1)
계	65(100.0)	51(100.0)	116(100.0)

92. 10년 전과 비교한 판매빈도

단위: 명(%)

구　분	물걸리	율문리	계
훨씬 줄었다	2(13.3)	8(40.0)	10(28.6)
약간 줄었다	1(6.7)	1(5.0)	2(5.7)
전과 비슷하다	1(6.7)	5(25.0)	6(17.1)
약간 늘었다	10(66.6)	5(25.0)	15(42.9)
훨씬 늘었다	1(6.7)	1(5.0)	2(5.7)
계	15(100.0)	20(100.0)	35(100.0)

93. 월 평균 판매회수

단위: 명(%)

구　분	물걸리	율문리	계
3회 이하	12(85.7)	8(50.0)	20(66.7)
5회 이하	2(14.3)	4(25.0)	6(20.0)
10회 이하	0	3(18.8)	3(15.0)
15회 이하	0	1(6.3)	1(3.3)
계	14(100.0)	16(100.0)	30(100.0)

Ⅱ. 설 문 서

우리나라 농촌여성의 역할변화에 관한 사회경제적 연구

주 소	도 군 읍(면) 리	지대구분	①도시근교 ②평야지 ③중산간지
응답자성명		전화번호	
조사자성명		전화번호	
조사일시	년 월 일, 시~시	조사결과	①적극협조 ②협조 ③비협조

〈☞설문조사자에게〉

◎ 조사대상자는 농가 주부입니다.(1가구 1인)

◎ 사전에 본 설문서를 자세히 읽어보시고 내용을 숙지하신 후에 조사대상자를 면접하셔야 합니다.

◎ 조사대상자와 충분한 면접을 통하여 충실한 조사가 되도록 최선을 다해 주시기 바랍니다.

◎ 질문 중에는 '10년 전과 비교하는' 것이 있습니다. 그런 경우, '꼭 10년 전'이 아니더라도 '대략 10년 전후'와 비교하시면 됩니다.

10년이 되지 않은 분은 가장 오래된 시점과 비교해 주십시오.

◎ 조사 대상자가 잘 모르시는 질문에 대하여는 다른 가족의 도움을 받아 기재하십시오.

Ⅰ. 일반사항

1. 가족사항

※ 친척이라도 함께 사는 사람은 모두 포함시키십시오. 직업은 농사일 하는지 여부, 농외취업 여부 등을 상세히 기재하십시오.

※ '동거여부'에 있어서 동거하지 않는 경우에는 그 이유를 기재하십시오.

※ 종교는 '기독교', '불교', '유교', '천도교' 등 구체적으로 기재하십시오.

구 분	본인과의 관계	성별	연령(만)	직업	결혼연도	학력	종교	동거여부 (○.×)
① 본인	본인	여						
② 남편	남편	남						
③ 성명 (　)								
④ 성명 (　)								
⑤ 성명 (　)								
⑥ 성명 (　)								
⑦ 성명 (　)								
⑧ 성명 (　)								

※ 생계책임자는 누구?: (　　).

2. 그동안 아주머니 댁의 가족 수는 어떻게 변화되었습니까? (아주머니 포함)

※ '증감사유'란에는 이농, 군입대, 사망, 혼인 등 증감사유와 인원을 구체적으로 기재하십시오.

구 분		현 재	5년 전	10년 전
총 가족 수		명	명	명
농사일을 하는 사람 수	몇 명?	명	명	명
	증감사유			

3. 아주머니 댁은 언제부터 농사를 지었습니까? (　　년 전부터)

4. 아주머니 댁에서 직접 경작하고 있는 농지는 얼마나 됩니까?

※ 자기 농지이든 남의 농지이든, 소유여하에 불구하고 실제로 경작하는 농지
   를 기재하십시오.

※ 10년 전과 비교하여 무엇이 늘고 줄었는지 '10년 전과 비교'란에 기재하십
   시오.

구 분	경작농지	10년 전과 비교
총 경작면적	평(자작 평, 소작 평)	
논	평(자작 평, 소작 평)	
밭	평(자작 평, 소작 평)	
과수원	평(자작 평, 소작 평)	
목장(축산)	소: 마리, 돼지: 마리, 닭: 마리	

5. 아주머니 댁에서 생산하는 작물은 몇 가지입니까?

※ 주요품목은 소득 비중이 큰 순서대로 적어주십시오.

현 재	5년 전	10년 전
(총 가지) (주요품목:)	(총 가지) (주요품목:)	(총 가지) (주요품목:)

6. 아주머니 댁의 지난 1년간 소득(수입)은 얼마나 됩니까?

※ '농사 외 수입' 및 '기타 수입'란에는 금액과 함께, 누가, 무엇 때문에 얻은
   소득인지도 기재하십시오.

단위: 만 원

구분	총수입 합계	농 사 수 입				농사 외 수입 (농외취업)	기타수입 (자녀보조, 소작료, 연금, 정부보조, 기타 등)
		농작물 수입	품삯 (농사일)	가축 수입	소계		
소득							

7. 아주머니 댁에서는 다음의 농사를 어떻게 하십니까?

※해당되는 번호에 ○표 하십시오.

구 분	가족노동				품앗이 한다	손품을 산다	기계품 산다
	주로 남편이 (남자) 한다	주로 본인이 한다	부부가 비슷하게 한다	다른 가족이 한다 (누구)			
논농사 (수도작)	1	2	3	4( )	5(남/여)	6(남/여)	7
일반 밭농사	1	2	3	4( )	5(남/여)	6(남/여)	7
하우스 농사	1	2	3	4( )	5(남/여)	6(남/여)	7
축 산	1	2	3	4( )	5(남/여)	6(남/여)	7

8. 아주머니 댁에서 소유하신 농기계(개인 소유이든 공동 소유이든)에 ○ 표 해주십시오.

농기계종류	소유여부		농기계종류	소유여부	
	현 재	10년 전		현 재	10년 전
① 경운기			⑥동력탈곡기		
②양수기			⑦파종기		
③인력분무기			⑧콤바인		
④동력분무기			⑨트랙터		
⑤이앙기			⑩바인더		

9. 아주머니 댁의 생활 정도는 우리나라 도시의 보통가정과 비교할 때 어느 정도에 속한다 고 생각하십니까?

　　1) 아주 잘사는 편이다.　　　2) 잘사는 편이다.

　　3) 비슷하다.　　　　　　　4) 못사는 편이다.

　　5) 아주 못사는 편이다.

10. 아주머니 댁의 부채(빚)는 모두 얼마입니까? (합계금액: 만 원)

11. 아주머니 댁의 부채는 예전(5~10년 전)에 비하여 어떻습니까?
    1) 훨씬 줄어들었다.   2) 약간 줄어들었다.
    3) 전과 비슷하다.   4) 약간 늘어났다.
    5) 훨씬 늘어났다.

12. 아주머니 댁의 기상시간은 언제입니까?

구 분	농번기	보통 때	겨울농한기
본 인	아침 시 분	아침 시 분	아침 시 분
남 편	아침 시 분	아침 시 분	아침 시 분

13. 아주머니 댁의 취침시간은 언제입니까?

구 분	농번기	보통 때	겨울농한기
본 인	밤 시 분	밤 시 분	밤 시 분
남 편	밤 시 분	밤 시 분	밤 시 분

Ⅱ. 농업노동 상황

14. 아주머니께서는 농사일을 직접 하십니까?
    1) 예   2) 아니오

15. ('예'라고 답한 경우)어느 정도 농사일을 하십니까?
※'다른 가족'이란 남편 등 가족 내 주노동종사자를 말합니다.

'아니오'라고 응답한 사람은 22번 질문으로 가십시오.

   1) 전적으로 맡아서 일한다.   2) 다른 가족과 비슷하게 일한다.

   3) 다른 가족을 돕는 정도로 일한다.   4) 아주 조금밖에 안한다.

   5) 기타 (   )

16. 아주머니께서는 하시는 농사일이 어떻습니까?

   1) 매우 싫다.   2) 약간 싫다.   3) 그저 그렇다.

   4) 약간 좋다.   5) 매우 좋다.

17. 아주머니께서는 언제부터 직접 농사일을 하셨습니까? (년도부터)

18. 아주머니께서는 왜 농사일을 하십니까?

※ 답이 2가지 이상일 때는 해당되는 응답번호에 ○표 하시고, 번호 앞에 중
   요도에 따라 순서를 기재하십시오.

   ______ 1) 일손이 부족해서

   ______ 2) 일하는 것이 좋아서

   ______ 3) 여가 시간에 달리 할 일이 없어서

   ______ 4) 돈을 더 벌기 위해

   ______ 5) 남편이 권해서

   ______ 6) 기타(   )

19. 지난 10년간 농산물시장 개방, 복합 영농, 농촌구조개선 등 농촌과 농업에
   많은 변화가 있었습니다. <u>아주머니가 직접 하시는 농사일</u>은 10년 전에 비
   해 어떻습니까?

   1) 훨씬 줄어들었다.   2) 약간 줄어들었다.

   3) 전과 비슷하다.   4) 약간 늘어났다.

   5) 훨씬 늘어났다.

20. 〈위 1), 2) 응답자에게〉 <u>아주머니의 농사일</u>이 줄어들었다면 무엇 때문입니까?

※ 답이 2가지 이상일 때는 해당되는 응답번호에 ○표 하시고, 번호 앞에 중
   요도에 따라 순서를 기재하십시오.

______ 1) 경작면적이 전체적으로 줄어들었기 때문이다.

______ 2) 농사가 기계화되었기 때문이다.

______ 3) 노동력을 사서하기 때문이다.

______ 4) 가급적 일을 안 하려고 하기 때문이다.

______ 5) 농사짓는 방법이 개선되었기 때문이다.

______ 6) 다른 가족(누구?:)의 도움 때문이다.

______ 7) 기타 (   )

21. 〈19번 질문 4), 5) 응답자에게〉 <u>아주머니의 농사일</u>이 늘어났다면 무엇
    때문입니까?

※ 답이 2가지 이상일 때는 해당되는 응답번호에 ○표 하시고, 번호 앞에 중
   요도에 따라 순서를 기재하십시오.

______ 1) 경작면적이 전체적으로 늘었기 때문이다.

______ 2) 논농사 때문이다.

______ 3) 밭농사(일반) 때문이다.

______ 4) 하우스 농사 때문이다.

______ 5) 새로운 작물(환금작물, 축산 등)재배 때문이다.

______ 6) 품삯일을 많이 하기 때문이다.

______ 7) 일할 식구가 줄었기 때문이다.

______ 8) 기타 (   )

22. (직접 농사일을 안 하신다면) 아주머니께서는 왜 농사일을 안 하십니까?

※ 답이 2가지 이상일 때는 해당되는 응답번호에 ○표 하시고, 번호 앞에 중
   요도에 따라 순서를 기재하십시오.

______ 1) 일하는 것이 싫어서

______ 2) 몸이 약해서

_____ 3) 다른 사람(가족 중에서)의 노동으로 충분하니까

_____ 4) 농사일을 몰라서

_____ 5) 고용 노동으로 농사를 짓기 때문에

_____ 6) 남편이 못하게 해서

_____ 7) 기타 (   )

23. ※ 모든 응답자에게 질문하십시오.

아주머니께서는 앞으로 농사일을 어떻게 하시겠습니까?

1) 경제적으로 여유가 생기면 농사일은 안하겠다.

2) 경제적으로 여유가 있더라도 시간과 건강 등 형편이 되면 농사일을 하겠다.

3) 모르겠다.

24. 아주머니 <u>남편의 농사일</u>은 10년 전에 비해 어떻다고 생각하십니까?

1) 훨씬 줄어들었다.   2) 약간 줄어들었다.

3) 전과 비슷하다.   4) 약간 늘어났다.

5) 훨씬 늘어났다.

25. 〈위 1), 2) 응답자에게〉 <u>남편의 농사일</u>이 줄어들었다면 무엇 때문입니까?

※ 답이 2가지 이상일 때는 해당되는 응답번호에 ○표 하시고, 번호 앞에 중
요도에 따라 순서를 기재하십시오.

_____ 1) 경작면적이 전체적으로 줄어들었기 때문이다.

_____ 2) 농사가 기계화되었기 때문이다.

_____ 3) 노동력을 사서하기 때문이다.

_____ 4) 가급적 일을 안하려고 하기 때문이다.

_____ 5) 농사짓는 방법이 개선되었기 때문이다.

_____ 6) 다른 가족(누구?:)의 도움 때문이다.

_____ 7) 기타 (   )

26. 〈24번 질문 4), 5) 응답자에게〉 <u>남편의 농사일</u>이 늘어났다면 무엇 때문입니까?

※ 답이 2가지 이상일 때는 해당되는 응답번호에 ○표 하시고, 번호 앞에 중요도에 따라 순서를 기재하십시오.

_______ 1) 경작면적이 전체적으로 늘었기 때문이다.

_______ 2) 논농사 때문이다.

_______ 3) 밭농사(일반) 때문이다.

_______ 4) 하우스 농사 때문이다.

_______ 5) 새로운 작물(환금작물, 축산 등)재배 때문이다.

_______ 6) 품삯일을 많이 하기 때문이다.

_______ 7) 일할 식구가 줄었기 때문이다.

_______ 8) 기타 (   )

27. 아주머니 댁의 주된 영농형태는 어떠하며(①논농사, ②일반 밭농사, ③ 하우스 농사) 주작목의 다음 작업은 주로 누가 합니까?

1) 논/밭갈이: 주로 부인이( ), 주로 남편이( ), 서로 비슷하게( )
2) 씨앗심기(파종): 주로 부인이( ), 주로 남편이( ), 서로 비슷하게( )
3) 모내기(모종):   주로 부인이( ), 주로 남편이( ), 서로 비슷하게( )
4) 농약살포: 주로 부인이( ), 주로 남편이( ), 서로 비슷하게( )
5) 김매기: 주로 부인이( ), 주로 남편이( ), 서로 비슷하게( )
6) 수확하기: 주로 부인이( ), 주로 남편이( ), 서로 비슷하게( )
7) 수확물 건조: 주로 부인이( ), 주로 남편이( ), 서로 비슷하게( )
8) 선별포장: 주로 부인이( ), 주로 남편이( ), 서로 비슷하게( )
9) 판매하기: 주로 부인이( ), 주로 남편이( ), 서로 비슷하게( )

28. 아주머니께서는 품앗이를 해 본 적이 있습니까?

1) 있다.   2) 없다.

29. (있다면) 아주머니께서는 품앗이할 경우 주로 어떤 일을 하십니까?

※ 품앗이를 안하는 사람은 33번 질문으로 가십시오.

(구체적으로(복수응답 가능):   )

30. 10년 전에 비하여 아주머니께서 하시는 품앗이가 어떻습니까?

    1) 훨씬 줄어들었다.   2) 약간 줄어들었다.

    3) 전과 비슷하다.   4) 약간 늘어났다.

    5) 훨씬 늘어났다.

31. 〈위 1), 2) 응답자에게〉 아주머니의 품앗이가 줄어들었다면 무엇 때문입니까?
    (   )

32. 〈30번 질문 4), 5) 응답자에게〉 아주머니의 품앗이가 늘어났다면 무엇 때
    문입니까?
    (   )

33. ※ 모든 응답자에게 질문하십시오.
    아주머니 댁에서 품앗이를 하러 가는 사람은 주로 누구입니까?
    1) 주로 남편   2) 부부가 비슷하다.
    3) 주로 본인   4) 기타 가족(누구:)

34. <u>아주머니께서</u>는 품삯을 받고 남의 집 농사일을 하십니까?
    1) 한다.   2) 안한다.

35. (한다면) 주로 어떤 일을 하십니까?
※ 품삯일을 안하는 사람은 40번 질문으로 가십시오.
    (구체적으로:)

36. (한다면) 왜 품삯일을 하십니까?
    1) 생활이 어려워서   2) 생활이 어렵지는 않으나 돈이 더 필요해서
    3) 시간적 여유가 있어서   4) 일하는 것이 좋아서
    5) 남편이 요구해서   6) 기타 (   )

37. <u>아주머니의 품삯일</u>은 10년 전에 비하여 어떻습니까?
   1) 훨씬 줄어들었다.   2) 약간 줄어들었다.
   3) 전과 비슷하다.   4) 약간 늘어났다.
   5) 훨씬 늘어났다.

38. 〈위 1), 2) 응답자에게〉 아주머니의 품삯일이 줄어들었다면 무엇 때문입니까?
   (   )

39. 〈37번 질문 4), 5) 응답자에게〉 아주머니의 품삯일이 늘어났다면 무엇 때
   문입니까?
   (   )

40. ※ 모든 응답자에게 질문하십시오.
   아주머니 댁에서 품삯일을 나가는 사람은 주로 누구입니까?
   1) 주로 남편   2) 부부가 비슷하다
   3) 주로 본인   4) 기타 가족(누구:)

Ⅲ. 농외소득 상황

41. <u>아주머니께서는</u> 농사일 이외에 다른 돈벌이(농외취업)를 하고 계십니까?
   1) 한다.   2) 했었는데 IMF 때문에 일자리를 잃었다.   3) 안한다.

42. 〈 위 1), 2) 응답자에게〉 어떤 일을 하십니까? (또는 했습니까?)
※ 농외취업을 안하는 사람은 54번 질문으로 가십시오.
   (구체적으로:)

43. 아주머니께서는 농외취업이 어떻습니까?

    1) 매우 싫다.　2) 약간 싫다.　3) 그저 그렇다.

    4) 약간 좋다.　5) 매우 좋다.

44. 아주머니께서는 언제부터 농외 돈벌이를 하셨습니까? (　　　년도부터)

45. 아주머니께서 일하시는 농외취업의 형태는 다음 중 어디에 해당합니까?

    1) 자영업　　2) 월급직　　3) 일용직　　4) 시간제

46. 아주머니께서 농외취업으로 얻는 수입은 1년간 얼마나 됩니까?

  (1년간　　　만 원)

47. 아주머니께서 농외취업을 하시는 이유는 무엇입니까?

※ 답이 2가지 이상일 때는 해당되는 응답번호에 ○표 하시고, 번호 앞에 중요도에 따라 순서를 기재하십시오.

    ＿＿＿＿ 1) 농사만으로 생활이 어려워서

    ＿＿＿＿ 2) 생활은 어렵지 않으나 돈이 더 필요해서

    ＿＿＿＿ 3) 시간적 여유가 있어서

    ＿＿＿＿ 4) 일하는 것이 좋아서

    ＿＿＿＿ 5) 남편이 요구해서

    ＿＿＿＿ 6) 기타(　　　　　　　　　　)

48. 10년 전에 비하여 아주머니께서 하시는 농외취업에 어떤 변화가 있습니까?

    1) 훨씬 줄어들었다.　　2) 약간 줄어들었다.

    3) 전과 비슷하다.　　4) 약간 늘어났다.

    5) 훨씬 늘어났다.

49. 〈위 1), 2) 응답자에게〉 아주머니의 농외취업이 줄어들었다면 무엇 때문입
   니까?
   (   )

50. 〈48번 질문 4), 5)응답자에게〉 아주머니의 농외취업이 늘어났다면 무엇 때
   문입니까?
   (   )

51. 아주머니께서는 농외취업에 대하여 앞으로 어떻게 하시겠습니까?
   1) 농사로 수지가 맞거나 생활에 여유가 생기면 농외취업을 그만두겠다.
   2) 농사로 수지가 맞더라도 시간이 있고, 일거리만 있다면 계속 농외취
      업을 하겠다.
   3) 모르겠다.

52. 아주머니께서는 농외취업을 하시는 것이 어떻습니까?
※ 답이 2가지 이상일 때에는 해당되는 응답번호에 ○표하시고, 번호 앞에 중
   요도에 따라 순서를 기재하십시오.
   _____ 1) 일이 가중되어 너무 힘이 든다.
   _____ 2) 힘이 들기는 하지만, 돈이 생겨서 더 좋다.
   _____ 3) 돈보다도 일을 함으로써 보람을 느낀다.
   _____ 4) 사정만 허락되면 당장 그만두고 싶다.
   _____ 5) 기타(   )

53. 아주머니께서 농외취업을 하심으로써 어떤 일에 지장을 가장 많이 받습니까?
   1) 농사일에 소홀해진다.   2) 집안일(가사)에 소홀해진다.
   3) 부녀회 등 부락 활동을 제대로 못한다. 4) 별다른 지장이 없다.
   5) 기타 (   )

54. (아주머니께서 농외취업을 안하고 계신다면) 농외취업을 하지 않으시는 이
    유는 무엇입니까?

※ 답이 2가지 이상일 때는 해당되는 응답 번호에 ○표 하시고, 번호 앞에 중
    요도에 따라 순서를 기재하십시오.
    _______ 1) 농사일이 바빠서
    _______ 2) 마땅한 일자리가 없어서
    _______ 3) 나이가 많아서, 또는 건강 때문에
    _______ 4) 집안일이 많아서
    _______ 5) 남편이 원하지 않아서
    _______ 6) 기타(   )

Ⅳ. 가사활동 상황

55. 아주머니께서는 가사일을 어느 정도 하십니까?
    1) 거의 혼자서 다 한다.   2) 80% 정도 담당한다.
    3) 50% 정도 담당한다.   4) 30% 정도 담당한다.
    5) 가사일은 거의 하지 않는다.

56. 아주머니께서는 가사 일이 어떻습니까?
    1) 매우 싫다.   2) 약간 싫다.   3) 그저 그렇다.   4) 약간 좋다.
    5) 매우 좋다.

57. 아주머니께서는 남편도 부인과 같이 밥짓기나 빨래, 설거지 등 가사일
    을 나누어 담당해야 한다고 생각하십니까?
    1) 똑같이 해야 한다.   2) 남편이 가끔씩 도와주면 된다.
    3) 남편이 가사일을 많이 도와야 한다.
    4) 남편은 농사일이나 밖의 일만 하면 된다.

58. 아주머니의 남편께서는 가사일을 어느 정도 도와줍니까?

    1) 많이 도와준다.   2) 조금 도와준다.

    3) 거의 도와주지 않는다.   4) 전혀 도와주지 않는다.

    5) 남편이 없다.   6) 기타(   )

59. 아주머니 댁의 가사일이 10년 전과 비교하여 어떻다고 생각하십니까?

    1) 훨씬 편해졌다.   2) 약간 편해졌다.

    3) 전과 비슷하다.   4) 약간 힘들어졌다.

    5) 훨씬 힘들어졌다.

60. 〈위 1), 2) 응답자에게〉 편해졌다면 그 이유는 무엇이라고 생각하십니까?

    1) 농사일이 줄어들어서   2) 가전제품이 보급되어서

    3) 주택 및 부엌시설 개량으로

    4) 가공식품 및 기성복의 보급 등으로 생활이 편리해져서

    5) 자녀의 결혼으로 식구가 줄어서   6) 가사일을 도와주는 사람이 있어서

    7) 기타 (   )

61. 〈59번 질문 4), 5) 응답자에게〉 힘들어졌다면 그 이유는 무엇이라고 생각
    하십니까?

    1) 농사일이 많아져서   2) 농외취업 때문에

    3) 자녀들의 뒷바라지가 많아져서   4) 일 할 사람이 줄어들어

    5) 나이가 들어서   6) 기타(   )

Ⅴ. 농기계 관련

62. 아주머니께서는 직접 농기계를 다루십니까?
　　1) 예　　　　　　2) 아니오

63. (직접 농기계를 다룬다면) 어떤 기계를 다루어 봤습니까?
※ '아니오'라고 응답한 사람은 65번 질문으로 가십시오.
　　(　　　　　　　　　　　　　)

64. 언제부터 농기계를 직접 다루기 시작하셨습니까?
　　(　　　　년도부터)

65. (직접 농기계를 다루지 않는다면) 그 이유는 무엇입니까?
　　1) 기계가 없어서
　　2) 기계의 사용방법을 몰라서
　　3) 여자가 다루기에는 힘이 들어서
　　4) 기계사용은 여자가 할 만한 일이 아니므로
　　5) 농기계 작업은 남편이 전담하므로
　　6) 기타 (　　　　　　　　)

66. 농기계가 들어와서 <u>남편의 농사일</u>이 편해졌습니까?
　　1) 훨씬 편해졌다.　　　　　　2) 약간 편해졌다.
　　3) 별로 편해지지 않았다.　　　4) 오히려 힘들어졌다.

67. 〈위 4) 응답자에게〉 오히려 힘들어졌다면 그 이유는 무엇입니까?
　　(　　　　　　　　　)

68. 농기계가 들어와서 <u>아주머니의 일</u>(농사일, 농외취업, 가사일 등)에 도움이
    되었습니까?
    1) 훨씬 편해졌다.   2) 약간 편해졌다.
    3) 별로 편해지지 않았다.   4) 오히려 힘들어졌다.

69. 〈위 1), 2) 응답자에게〉 농기계 때문에 <u>아주머니의 일이</u> 편해졌다면, 어떤
    일이 편해졌습니까?
※ 답이 2가지 이상일 때는 해당되는 응답번호에 ○표 하시고, 번호 앞에 중
    요도에 따라 순서를 기재하십시오.
    _____ 1) 농사일
    _____ 2) 농외취업
    _____ 3) 가사일
    _____ 4) 기타(   )

70. <u>아주머니의 일이</u> 편해졌다면 그 이유는 무엇입니까?
    1) 시간이 남은 남편이 일을 도와주므로
    2) 아주머니가 직접 기계를 다루어 농사일이 편해졌<u>으므로</u>
    3) 기타 (   )

71. 〈68번 질문 3), 4) 응답자에게〉 도움이 되지 않았다면 그 이유는 무엇입니까?
※ 답이 2가지 이상일 때는 해당되는 응답번호에 ○표 하시고, 번호 앞에 중
    요도에 따라 순서를 기재하십시오.
    _____ 1) 여자들의 일은 주로 손으로 하는 것이므로
    _____ 2) 기계사용으로 오히려 농사일이 더 늘어났으므로
    _____ 3) 기계 조작이 어려워서
    _____ 4) 농사일이 편해진 만큼 농외취업을 하게 되었으므로
    _____ 5) 다른 집에도 농기계가 들어와서 품을 팔 기회가 줄었으므로
    _____ 6) 기타 (   )

Ⅵ. 노동 관련 종합

72. 아주머니께서는 <u>아주머니 댁</u>이 농사를 지으시는 것에 대해서 만족하십니까?
    1) 매우 만족스럽게 생각한다.　　2) 비교적 만족스럽게 생각한다.
    3) 그저 그렇다.　　　　　　　　4) 약간 불만이다.
    5) 매우 불만이다.

73. 아주머니께서는 일(농사일, 농외취업, 집안일 등)하시는 게 힘드십니까?
    1) 너무 힘들다.　　2) 약간 힘들다.　　3) 그저 그렇다.
    4) 쉬운 편이다.　　5) 아주 쉽다.

74. 〈위 1), 2)항 응답자에게〉 힘이 드신다면 특히 어떤 일 때문입니까?
    1) 농사일　2) 농외취업　3) 가사　4) 기타(무엇?:　　　　　　)

75. 아주머니께서는 농사일이나 가사일이 바쁘지 않을 때는 주로 무엇을 하십니까?
    1) 특별히 하는 일 없다.　　　　2) 신문, 잡지, 책 등을 읽는다.
    3) TV를 보거나 라디오를 듣는다.　4) 이웃과 함께 논다.
    5) 여행을 한다.　　　　　　　　6) 잠을 잔다.
    7) 농산물을 팔러 나간다.　　　　8) 농외소득을 올릴 일을 한다.
    9) 기타 (　　　　　　)

76. 아주머니께서는 앞으로 시간적 여유가 생긴다면 제일 하시고 싶은 것이 무엇입니까?
    1) 농사일을 더 하고 싶다.
    2) 농외취업을 하여 소득을 더 올리고 싶다.
    3) 농산물을 팔러 나서겠다.

4) 자녀들과 함께 더 많은 시간을 보내고 싶다.

5) 나 자신의 발전을 위해 취미, 오락, 교양에 더 많은 시간을 보내고 싶다.

6) 집안일(가사)에 더 많은 시간을 보내고 싶다.

7) 부녀회 등 사회활동을 하고 싶다.

8) 그냥 쉬고 싶다.

77. 아주머니께서는 일(농사일, 농외취업)에 대하여 어떤 생각을 가지고 계십니까?

1) 능력만 있다면 여자도 적극적으로 농사일이나 농외취업을 해야 한다.

2) 여자도 어느 정도는 농사일이나 농외취업을 하는 게 좋다.

3) 여자는 집안일(가사일)만 하면 좋겠다.

4) 모르겠다.

78. 아주머니 댁에서 누가 가장 많이 일을 한다고 생각하십니까?
(농사일, 가사일, 농외취업 등을 통틀어)

1) 본인   2) 남편   3) 시아버지   4) 아들

5) 본인과 남편이 같다   6) 기타(누구?   )

79. 아주머니 <u>남편께서는</u> <u>가사일 이외에</u> 아주머니가 일하는 데 대하여(농사일, 농외취업, 사회활동) 어떻게 생각하십니까?

1) 일하기를 적극 권장한다.   2) 일하기를 약간 권하는 편이다.

3) 일하는 것을 약간 반대한다.   4) 일하는 것을 적극 반대한다.

5) 모르겠다.

80. 〈위 1), 2) 응답자에게〉 남편께서 <u>가사일 이외에</u> 일을 권장한다면 특히 어떤 일을 바라십니까?

1) 농사일   2) 농외취업   3) 사회활동   4) 전부 다

81. 〈79번 질문 3),4) 응답자에게〉 남편께서 일을 반대한다면 특히 어떤 일을
반대하십니까?
1) 농사일   2) 농외취업   3) 사회활동   4) 전부 다

82. 아주머니께서는 농사일, 농외취업, 가사일 중에서 한 가지만 선택한다
면 어느 일을 선택하시겠습니까?
1) 농사일   2) 농외취업   3) 가사일

83. 10년 전과 비교하여 아주머니의 활동(역할) 중 <u>가장 증대된 활동</u>은 무
엇입니까?
1) 농사일   2) 농외취업   3) 가사일
4) 농산물 판매 5) 사회활동   6) 기타 소득활동

84. 아주머니께서는 다음과 같은 활동을 어떻게 하고 계십니까?

구 분	아주머니가 직접 하는지 여부		한다면, 10년 전에도 했습니까?	안한다면, 누가 합니까?
1) 컴퓨터	①사용한다	②안한다		
2) 영농설계	①한다	②안한다		
3) 영농자금관리	①한다	②안한다		
4) 영농일지기록	①한다	②안한다		
5) 생활자금관리	①한다	②안한다		
6) 가계부기록	①한다	②안한다		
7) 회계처리(손익계산)	①한다	②안한다		
8) 농사정보 취득	①한다	②안한다		
9) 영농기술교육참여	①한다	②안한다		
10) 농기계교육 참여	①한다	②안한다		
11) 부녀회 활동	①한다	②안한다		
12) 기타 사회 활동	①한다	②안한다		
13) 민박	①한다	②안한다		

85. <u>일반적으로 농촌주부들의</u> 노동(농사일, 농외취업, 가사일을 통틀어)이 옛날에 비해서 어떻다고 생각하십니까?

※ 실제로 경험했거나 기억나는 한 가급적 오래된 과거(예: 10~20년 전) 와 비교해 주십시오.

   1) 훨씬 편해졌다.   2) 약간 편해졌다.   3) 전과 비슷하다.

   4) 약간 힘들어졌다.   5) 훨씬 힘들어졌다.

86. 〈위 1), 2) 응답자에게〉 농촌주부들이 편해졌다면 그 이유는 무엇입니까?

   (   )

87. 〈85번 질문 4), 5) 응답자에게〉 농촌주부들이 힘들어졌다면 그 이유는 무 엇입니까?

   (   )

Ⅶ. 농산물 판매

88. <u>아주머니 댁은 농사지은 농산물을 판매합니까?</u>

   1) 그렇다   2)아니다

89. (그렇다면) 10년 전에 비하여 판매하는 양은 어떻습니까?

   1) 훨씬 줄어들었다.   2) 약간 줄어들었다.

   3) 전과 비슷하다.   4) 약간 늘어났다.

   5) 훨씬 늘어났다.

90. 아주머니 댁에서 생산한 농산물을 <u>아주머니께서 직접</u> 장에 나가 파는 일이 있습니까?

   1) 있다   2) 없다

91. 10년 전에 비해 아주머니께서 판매하는 빈도가 늘었습니까?
    1) 훨씬 줄어들었다.   2) 약간 줄어들었다.
    3) 전과 비슷하다.   4) 약간 늘어났다.
    5) 훨씬 늘어났다.

92. 아주머니께서는 매월 몇 회나 시장에 농산물을 팔러 갑니까?
    (월   회)

Ⅷ. IMF 관련

93. 작년 말에 시작된 IMF사태 이전과 지금을 비교할 때 농사일, 농외돈벌이, 가
    정살림 등과 관련하여 변한 것은 무엇입니까? 구체적으로 기재해 주십시오.
    (   )

- 감사합니다 -

· 저자 ·

조관일
(趙寬一)

· 약 력 ·

강원대학교, 명지대 사회교육대학원, 강원대학원 졸업
농학사, 경영학석사, 경제학박사

강원대학교 겸임교수 역임
농협중앙회 강원지역본부장, 상무 역임
강원도 정무부지사 역임
(현) 강원발전연구원 초빙연구위원

· 주요논저 ·

『헝그리정신』
『나이가 경쟁력이 되게 하라』
『인간관계를 지배하는 9가지 법칙』
『서비스에 승부를 걸어라』
『인테크-창조적 인간관계의 기술』
  등 20여권

농촌발전과 여성의 역할

· 초판 인쇄	2006년 10월 30일
· 초판 발행	2006년 10월 30일
· 지 은 이	조관일
· 펴 낸 이	채종준
· 펴 낸 곳	한국학술정보㈜
	경기도 파주시 교하읍 문발리 526-2
	파주출판문화정보산업단지
	전화 031) 908-3181(대표) · 팩스 031) 908-3189
	홈페이지 http://www.kstudy.com
	e-mail(출판사업부) publish@kstudy.com
· 등 록	제일산-115호(2000. 6. 19)
· 가 격	18,000원

ISBN   89-534-5850-1 93520 (Paper Book)
       89-534-5851-X 98520 (e-Book)